应用型高等学校"十三五"规划教材

计算机文化基础

刘文胜　编著

华中科技大学出版社
中国·武汉

内 容 简 介

全书分为上、下两篇。上篇主要讲解计算机系统的基本组成,计算机硬件体系结构,以 CPU 为核心介绍存储设备、总线的基本组成及其工作原理;讲解计算机内部表示信息的基本方法及逻辑运算;介绍微机芯片技术的最新发展,演示 CPU、主板、内存等部件组装微机的完整过程;介绍计算机软件的基础知识、计算机科学与技术的应用典范和 Wi-Fi 拓展。下篇为精编 Office 和多媒体技术以及 Office 操作技能的教学,以任务驱动模式安排相应的知识点,旨在解决学生学习和工作中遇到的 OA 难题,提高论文制作水平和办公效率。为适应计算机应用的多元化发展,书中补充了相当数量的多媒体技术知识理论,这会对多媒体素材和数字视频制作等实战演练提供很大的帮助。

图书在版编目(CIP)数据

计算机文化基础/刘文胜编著. —武汉:华中科技大学出版社,2020.8
ISBN 978-7-5680-6440-8

Ⅰ.①计…　Ⅱ.①刘…　Ⅲ.①电子计算机-高等学校-教材　Ⅳ.①TP3

中国版本图书馆 CIP 数据核字(2020)第 144425 号

计算机文化基础
Jisuanji Wenhua Jichu

刘文胜　编著

策划编辑:范　莹
责任编辑:徐晓琦　刘艳花
封面设计:原色设计
责任校对:张会军
责任监印:徐　露
出版发行:华中科技大学出版社(中国·武汉)　　电话:(027)81321913
　　　　　武汉市东湖新技术开发区华工科技园　　邮编:430223
录　　排:武汉市洪山区佳年华文印部
印　　刷:武汉科源印刷设计有限公司
开　　本:787mm×1092mm　1/16
印　　张:19.75
字　　数:501 千字
版　　次:2020 年 8 月第 1 版第 1 次印刷
定　　价:48.00 元

前　言

　　"计算机文化基础"是高等院校非计算机专业开设的一门必修基础课,属于计算机基础理论和应用技术方面的入门课程。在硬件方面讲述了计算机组成和工作原理等内容,介绍了计算机科学与技术的应用和无线网络的 Wi-Fi 技术;在软件方面以 Office 办公软件为核心,介绍了文稿和表格处理、动画片和视频制作、多媒体实用技术等内容。

　　本书针对理工科学生的知识体系和教学实践要求,结合新世纪学生具备的计算机技能,对《计算机应用基础》中的"大众技能"(如键盘和鼠标的使用、汉字输入法的应用等)进行了大幅删减,增添了相当数量的多媒体热门技术。本书内容主要表现在两个方面:一是较为详细地阐述了电子数字计算机的数值运算方法和工作原理;二是较大篇幅地增添了多媒体创作与技能方面的知识,以实现突出重点、精简教材、合理达标的教学改革目标。

　　本书根据国家教改方针,计划授课约 40 学时(2～3 学分),全书分上、下两篇。上篇为"计算机组成与工作原理",第 1 章为微机系统概述,第 2 章为微机装配技术,第 3 章为微机软件系统概述,第 4 章为计算机科学与技术的拓展应用。讲授内容主要安排在第 1 章,该章主要讲解计算机的结构组成、工作原理,以及理工科学生必须了解的一些基础知识,如总线、接口、加法器等内容,其中,重点是计算机工作原理,难点是计算机中的数值表示和基本运算方法。第 2 章讲述微机的硬件选购与装配技术。第 3 章讲解计算机软、硬件方面的密切关系,关于计算机的组装过程,配有视频教学课件;软件方面的知识涵盖内容较多,着重介绍操作系统和病毒的防御。第 4 章介绍了计算机科学与技术对现代社会发展的重要贡献,并详细讲解了无线通信的典型应用——Wi-Fi 技术。当课时紧张时,第 2 章、第 3 章的内容可作为选讲处理,可安排学生课外阅读和小组讨论。

　　下篇为"精编 Office 与多媒体技术",其内容涉及广泛,重在学以致用。第 5 章至第 8 章着重讲解在学习和工作中需要掌握的 Office 操作技巧,解决日常办公中常碰到的疑难杂症,如Word 中公式的插入与文稿排版技术、Excel 中的表格绘制和函数运用、PowerPoint 的动画设置和视频制作技术、Visio 的矢量图形的绘制技巧等应用技术。第 9 章至第 15 章为多媒体技术,讲解多媒体的相关知识和实操技巧,这一部分内容安排的章节篇幅较小,主要是面对多媒体大型软件,而书中仅摘取工作需要的某些功能讲解,以解"燃眉之急",旨在"急用先学,立竿见影"。第 9 章着重讲解 PDF 文档的编排和代码转换。第 10 章和第 11 章是以多媒体基础知识阐述计算机文化,从专业的角度讲解多媒体素材获取的基本要求。第 12 章介绍了图像大师——Photoshop 和光影魔术手的操作技巧。第 13 章讲解了屏幕录像专家软件和 EV 录屏软件,可以帮助学生快速地掌握屏幕录制技术。第 14 章介绍了 Adobe Premiere、会声会影和Procoder 软件,讲解了影视剪辑的实操技巧。第 15 章讲解了"微信 PPT"H5 制作技术。书中还介绍了最新的计算机科学与技术和芯片制造,并选用 Office 2013 为学生呈现当今流行的计算机窗口页面,使学生快速地掌握新知识、新技能。

建议教学使用多媒体教室讲授计算机工作原理和数值运算,运用多媒体机房让学生及时地进行软件的实操演练。若教学课时较为紧张,可重点讲授文字处理和多媒体创作两个方面。其中第 5 章是针对学生在大学期间撰写论文和课程设计所安排的文稿处理技能训练的内容。在本课程教改调研时,老师们反映部分学生在大四的毕业设计中,其论文的格式与排版技术还不能达到规定要求,故对文字处理章节的教学和训练不能忽视。在多媒体技能训练方面,重点放在影视编辑和幻灯片(PPT)制作章节,以使学生在学习、社团活动和招聘竞标中做出图文并茂、音响震撼、情感动人的多媒体作品。

通过本书的学习和训练,学生能较系统地了解计算机基础知识和多媒体作品创作的操作技巧,提高自身获取新知识的能力,从而提高计算机文化素质,以适应未来工作的需要。同时为今后进一步学习“计算机科学与技术”“信息与通信工程”和“自动控制技术”等课程打下良好的基础。

本书的创作得到了何志伟教授、冯金垣教授的亲切指导,采纳了曹英烈主任、韦莉莉主任关于理工科学生计算机知识需求的教材修改意见,并邀请了年轻老师王羽、陈雪娇对教材进行了审阅、修订,在此一并表示感谢。特别是华中科技大学出版社及一丝不苟的编辑范莹老师,对贵方的鼎力相助,深表谢意。

本书可作为各类院校“计算机文化基础”“计算机应用基础”等公修课教材和在职人员继续教育的培训用书。将本书选为您身边的一本办公软件操作指南也是一个不错的选择。

本书凝聚了笔者多年来从事计算机技术研发和教学实践的经验和体会,是对计算机文化建设的认识和探讨,其内容多由日常学习笔记整理而得,对于书中的错漏和不妥之处,欢迎大家提出宝贵意见。

编　者

2020 年 4 月

目　　录

上篇　计算机组成与工作原理

第1章　微机系统概述 ·· 3
1.1　计算机的发展历程 ··· 3
1.1.1　电子数字计算机的诞生 ·· 3
1.1.2　计算机发展的几个阶段 ·· 4
1.1.3　中国的银河梦想——"天河一号" ·· 6
1.1.4　自主技术的超级计算机——神威·太湖之光 ··································· 8
1.1.5　计算机研究的发展史 ·· 8
1.2　数制与数值运算 ·· 11
1.2.1　数制及数制转换 ··· 11
1.2.2　计算机中的符号数表示及补码运算 ··· 14
1.2.3　布尔代数 ·· 16
1.3　字符编码与语言编程 ·· 18
1.3.1　字符编码与汉字 ··· 18
1.3.2　计算机语言 ··· 20
1.3.3　程序设计举例 ·· 21
1.4　CPU的40年进展 ·· 23
1.4.1　INTEL与CPU ·· 23
1.4.2　微机的发展历程 ··· 26
1.4.3　中国的微处理器——龙芯 ··· 28
1.5　微机系统组成 ··· 29
1.5.1　微机的体系结构 ··· 29
1.5.2　微机系统组成 ·· 31
1.6　本章小结 ··· 35
练习 ··· 35
第2章　微机装配技术 ·· 37
2.1　主机结构与选配 ·· 37
2.1.1　计算机主板结构与选购 ·· 37
2.1.2　中央处理器——CPU ··· 45
2.1.3　主存储器 ·· 50
2.2　显示适配器和显示器 ·· 54

2.2.1 显示适配器 ·· 54

2.2.2 显示器 ·· 57

2.3 外部存储器 ·· 60

2.3.1 硬盘驱动器 ·· 60

2.3.2 移动存储设备 ·· 64

2.4 输入/输出设备 ·· 67

2.4.1 键盘 ·· 67

2.4.2 鼠标 ·· 70

2.5 多媒体设备 ·· 71

2.5.1 声卡 ·· 71

2.5.2 音箱 ·· 73

2.6 机箱与电源 ·· 75

2.6.1 机箱 ·· 75

2.6.2 电源 ·· 76

2.7 计算机部件与装配 ·· 77

2.7.1 准备工作 ·· 77

2.7.2 机箱面板的连线 ·· 78

2.7.3 计算机组装图解 ·· 80

2.8 本章小结 ·· 85

练习 ·· 85

第3章 微机软件系统概述 ·· 88

3.1 CMOS常用选项的设置 ·· 88

3.1.1 BIOS 与 CMOS 简介 ·· 88

3.1.2 BIOS 的功能和作用 ·· 89

3.1.3 BIOS 跳线 ·· 90

3.2 计算机操作系统 ·· 90

3.2.1 磁盘操作系统 ·· 91

3.2.2 Windows 系统 ·· 92

3.3 硬件驱动程序及安装 ·· 94

3.4 计算机安全与防护 ·· 95

3.4.1 计算机病毒 ·· 95

3.4.2 计算机病毒的传播途径与防范措施 ··························· 99

3.5 本章小结 ·· 100

练习 ··· 100

第4章 计算机科学与技术的拓展应用 ·· 102

4.1 计算机技术的广泛应用 ··· 102

4.1.1 国计民生——天气预报 ·· 103

4.1.2 诺贝尔奖——医学成像技术 ··································· 104

4.1.3 卫星通信——定位与导航 ····································· 106

  4.1.4 5G 通信——万物互联 ······················· 107

4.2 通信技术与计算机技术的融合发展 ······················· 109

  4.2.1 通信技术的发展 ······························· 109

  4.2.2 通信技术与计算机技术的融合 ······················· 109

4.3 宽带接入与无线局域小网 ····························· 111

  4.3.1 宽带接入方式 ································· 111

  4.3.2 Wi-Fi 和无线路由器 ····························· 113

  4.3.3 无线 Wi-Fi 的搭建 ····························· 114

  4.3.4 无线路由器的安装设置 ··························· 115

4.4 单片机与自动控制 ······························· 120

  4.4.1 单片机 ···································· 120

  4.4.2 单片机技术的开发 ······························ 123

  4.4.3 典型应用实例——电梯 ··························· 123

4.5 本章小结 ·································· 126

练习 ····································· 126

下篇 精编 Office 与多媒体技术

第 5 章 Word 中公式的插入与文稿排版技术 ····················· 131

5.1 公式插入与编辑 ······························· 131

  5.1.1 Word 中的公式编辑器 ··························· 132

  5.1.2 公式的插入与编辑 ······························ 133

5.2 文档中插图技巧 ······························· 134

  5.2.1 图形和图像的区分 ······························ 135

  5.2.2 图形的绘制与组合 ······························ 135

  5.2.3 在插图上添加标注或图形 ························· 140

  5.2.4 图片和图形的组合技巧 ··························· 141

  5.2.5 文本框的使用技巧 ······························ 141

5.3 论文格式 ·································· 143

  5.3.1 论文结构 ·································· 143

  5.3.2 版面要求 ·································· 145

  5.3.3 论文创作技巧 ································· 146

5.4 文章目录的自动生成 ···························· 146

  5.4.1 设定段落级别 ································· 146

  5.4.2 目录自动生成 ································· 148

5.5 文章的高级排版技术 ···························· 149

  5.5.1 Word 中"节"的概念 ··························· 149

  5.5.2 "分节符"的使用技巧 ··························· 150

  5.5.3 文档中各节页码的重置技巧 ························· 150

  5.5.4 奇偶页不对称页眉的设置技巧 ······················· 150

5.6　文稿的双面打印及其他 ………………………………………………… 153

　　5.6.1　打印机性能 …………………………………………………………… 153

　　5.6.2　双面打印时注意的问题 …………………………………………… 153

　　5.6.3　Excel 打印时的注意事项 …………………………………………… 154

5.7　网页信息拷贝的注意事项 …………………………………………… 155

练习 ……………………………………………………………………………… 156

第 6 章　电子表格——Excel …………………………………………………… 157

6.1　Excel 表中斜线的画法 …………………………………………………… 157

　　6.1.1　表格斜线 ……………………………………………………………… 157

　　6.1.2　表格中双斜线的画法 ………………………………………………… 159

6.2　Excel 表中的函数应用 …………………………………………………… 161

　　6.2.1　求和:SUM 函数 ……………………………………………………… 161

　　6.2.2　求平均值:AVERAGE 函数 ………………………………………… 162

　　6.2.3　统计:COUNT 函数 …………………………………………………… 162

　　6.2.4　条件判断:IF 函数 …………………………………………………… 163

6.3　Excel 中的单元格格式 …………………………………………………… 164

　　6.3.1　单元格格式的设置 …………………………………………………… 164

　　6.3.2　单元格内文本的插入 ………………………………………………… 167

练习 ……………………………………………………………………………… 168

第 7 章　PowerPoint 与视频制作 …………………………………………… 169

7.1　动画制作技巧 ……………………………………………………………… 169

　　7.1.1　绘制动画图形 ………………………………………………………… 169

　　7.1.2　动画设置 ……………………………………………………………… 169

　　7.1.3　多媒体素材的导入 …………………………………………………… 172

　　7.1.4　超链接技术 …………………………………………………………… 175

7.2　影视播放技术 ……………………………………………………………… 175

7.3　PowerPoint 软件的视频制作技巧 ……………………………………… 177

　　7.3.1　视频制作的步骤 ……………………………………………………… 178

　　7.3.2　排练计时和旁白录音 ………………………………………………… 179

　　7.3.3　导出视频 ……………………………………………………………… 180

练习 ……………………………………………………………………………… 182

第 8 章　矢量图形的绘制——Visio …………………………………………… 183

8.1　Visio 及操作步骤 ………………………………………………………… 183

　　8.1.1　Microsoft Visio 2013 简介 …………………………………………… 183

　　8.1.2　Visio 2013 的新增功能 ……………………………………………… 183

8.2　Visio 的操作技巧 ………………………………………………………… 187

　　8.2.1　Visio 的基本操作步骤 ……………………………………………… 187

　　8.2.2　Visio 的图形绘制技巧 ……………………………………………… 187

练习 ……………………………………………………………………………… 191

第 9 章　PDF 文档及信息获取 ··· 192

9.1　PDF 格式文件的信息转换 ·· 192

9.1.1　PDF 文件的特点 ··· 192

9.1.2　PDF 文件的获取方法 ··· 193

9.2　计算机代码信息的 PDF 文件 ·· 195

9.2.1　Word 文档的转换方式 ·· 196

9.2.2　新版 WPS 提供 PDF 生成功能 ··· 196

9.2.3　PDF 文档的组合技巧 ··· 199

9.3　PDF 文件中的信息获取 ··· 201

9.3.1　经代码转换的 PDF 文件字符信息的获取 ······························· 201

9.3.2　CAJ 软件的识别文字 ··· 201

9.3.3　PDF 编辑应用与展望 ··· 203

练习 ·· 204

第 10 章　多媒体技术应用 ··· 205

10.1　多媒体技术概论 ··· 205

10.1.1　多媒体知识 ·· 205

10.1.2　多媒体技术 ·· 206

10.1.3　网络时代新概念 ·· 207

10.2　文档中的图表 ·· 208

10.2.1　图表在信息传递中的作用 ··· 208

10.2.2　插图的技术要求 ·· 209

10.2.3　屏幕截图 ··· 210

10.3　小巧的"抓手"——Snap Hero ··· 212

10.3.1　操作界面介绍 ··· 212

10.3.2　使用方法 ··· 213

练习 ·· 215

第 11 章　多媒体素材 ··· 217

11.1　多媒体信息的文件格式 ·· 217

11.1.1　多媒体信息 ·· 217

11.1.2　多媒体关键技术 ·· 218

11.2　多媒体素材的采集 ··· 219

11.2.1　素材的采集 ·· 219

11.2.2　图像信息 ··· 219

11.3　影视信息技术 ·· 225

11.3.1　拍摄内容 ··· 225

11.3.2　影视拍摄的基本操作 ··· 226

11.3.3　教学场景的摄制 ·· 229

11.4　语音信息 ··· 231

11.4.1　即兴演讲 ··· 231

      11.4.2　文稿录音 ·· 232

      11.4.3　MP3 录音机的使用技巧 ····························· 232

   练习 ··· 235

第 12 章　图片的后期优化 ································· 237

  12.1　轻松上手的图片处理软件——光影魔术手 ··········· 237

      12.1.1　图片的相关参数 ······································ 237

      12.1.2　图片的压缩方法 ······································ 239

      12.1.3　提高图片的清晰度 ···································· 242

      12.1.4　照片的艳丽色彩 ······································ 246

      12.1.5　"红眼"消除法 ·· 248

      12.1.6　艺术相框的添加 ······································ 250

      12.1.7　照片的艺术加工 ······································ 251

  12.2　图像大师——Photoshop ································· 252

      12.2.1　功能特色 ··· 253

      12.2.2　基础知识 ··· 254

      12.2.3　操作技巧 ··· 255

      12.2.4　滤镜简述 ··· 259

      12.2.5　文件的输出格式 ······································ 260

   练习 ··· 261

第 13 章　屏幕拷贝技术 ································· 262

  13.1　屏幕录像软件 ··· 262

      13.1.1　软件性质 ··· 262

      13.1.2　屏幕录像软件介绍 ···································· 262

      13.1.3　屏幕录制应用的注意事项 ························· 263

  13.2　EV 录屏软件 ··· 263

      13.2.1　软件界面组成 ··· 264

      13.2.2　EV 录屏设置的专业术语详解 ·················· 264

      13.2.3　如何录制视频 ··· 267

      13.2.4　如何录制声音 ··· 268

  13.3　屏幕录像专家软件 ······································ 269

      13.3.1　软件的安装与注册 ···································· 269

      13.3.2　操作界面介绍 ··· 270

      13.3.3　屏幕拷贝方法 ··· 272

      13.3.4　文件输出格式的选取 ································ 273

   练习 ··· 274

第 14 章　影视编导与剪辑技术 ·················· 275

  14.1　影视编导 ··· 275

  14.2　影视剪辑基础知识 ······································ 276

      14.2.1　影视剪辑技术 ··· 276

14.2.2　基础知识 …………………………………………………………… 276

14.3　影像编辑软件介绍 …………………………………………………… 279

14.3.1　编辑专家——Adobe Premiere ………………………………… 280

14.3.2　大众恋人——会声会影 ………………………………………… 280

14.3.3　压缩之王——ProCoder …………………………………………… 281

14.4　影视编辑技巧 ………………………………………………………… 282

14.4.1　影视素材的编辑 ………………………………………………… 282

14.4.2　数码作品的输出——渲染 ……………………………………… 288

练习 ……………………………………………………………………………… 289

第15章　H5的场景应用 …………………………………………………… 290

15.1　认识H5 ………………………………………………………………… 290

15.2　H5的应用 ……………………………………………………………… 291

15.2.1　H5操作平台与选用 ……………………………………………… 291

15.2.2　应用举例——秀堂H5 …………………………………………… 292

15.3　秀堂H5功能介绍与画册制作 ………………………………………… 294

练习 ……………………………………………………………………………… 299

部分参考答案 ………………………………………………………………… 300

参考文献 ……………………………………………………………………… 302

上篇

计算机组成与工作原理

上篇主要讲解计算机系统的基本组成,计算机硬件体系结构,以 CPU 为核心介绍中央处理器、存储设备、总线基本组成及工作原理;讲解计算机内部表示信息的基本方法及逻辑运算基础;同时介绍微机芯片技术的最新发展,演示 CPU、主板、内存等部件组装微机的完整过程,并介绍相关计算机软件基础知识、计算机科学与技术的应用典范和 Wi-Fi 拓展。通过本篇的学习,使学生能较系统地了解计算机的基础知识和基本技能,为今后进一步学习计算机知识和技术打下良好的基础。

第 1 章　微机系统概述

1.1　计算机的发展历程

1946 年,电子数字计算机的诞生为人类开辟了一个崭新的时代,它使人类社会的经济、政治、生活发生了天翻地覆的变化,计算机所带来的高速信息时代被称为第三次工业革命。中国的计算机研发一直紧随国际前沿,早在 20 世纪 70 年代我国科研机构就引进了计算机,其广泛应用则是在 1990 年以后,人们对计算机的认知是从 286 机型开始。今天,在科学技术迅猛发展的推动下,计算机不再是科研机构和高等院校的贵重设备,现已遍及社会,惠及万家。

1.1.1　电子数字计算机的诞生

世界上第一台电子数字计算机 ENIAC 诞生于 1946 年 2 月 14 日,由美国陆军军械部和宾州大学莫尔学院联合发布。ENIAC 是 electronic numerical integrator and computer(电子数字积分计算机)的缩写,是世界上第一台通用型电子数字计算机,如图 1-1 所示。

图 1-1　掀起第三次工业浪潮的 ENIAC

1943 年,二次大战进入关键时期,为美国陆军承担新型大威力火炮试验任务的"阿贝丁弹道研究实验室"面临极其繁重的弹道计算任务,人工计算不仅效率低而且经常出错,数学家为计算弹道的各种复杂非线性方程组伤透了脑筋,美国陆军部希望能有一种快速计算设备来解决大批量数据的计算问题。

1942 年 8 月,宾夕法尼亚大学莫尔学院的约翰·莫奇利(John W. Mauchly)副教授建议用电子管为基本器件来制造高速运算的计算机。美国陆军军械部考察这个计划后,给予了 48 万美元的经费支持,并派青年数学家戈德斯坦中尉前往协助研究。1943 年,莫奇利、戈德斯坦和年仅 24 岁的硕士研究生埃克特(J. Prespen Eckert)组织了研究小组,全力投入研制,并为这台计算机起名为"电子数字积分计算机",简称 ENIAC。在计算机研发过程中,莫奇利是总设计师,主持机器的总体设计;埃克特是总工程师,负责解决复杂而困难的工程技术问题;戈德斯坦代表军方参与计算机的科研设计。在研发工程中,小组人员精诚团结。

军方代表戈德斯坦中尉在科研组织方面表现出了杰出的才干。在 ENIAC 的研发过程中,戈德斯坦虚心向著名美籍匈牙利数学家冯·诺依曼先生求教,并将冯·诺依曼的设计思想"存储程序、程序控制[①]"体现在计算机的研制中。

经过三年紧张的研发,ENIAC 终于在 1946 年 2 月 14 日问世了,它是世界上第一台电子管计算机。ENIAC 使用了 17468 只电子管,70000 只电阻,10000 只电容,占地 167 m^2,重量达 30 t,耗电 160 kW,是一个名副其实的"庞然大物"。其运算速度比当时最好的机电式计算机快 1000 倍,每秒可进行 5000 次加法运算(而人最快的运算速度仅每秒 5 次加法运算)或 357 次乘法或 38 次除法运算,这样的速度在当时已经是人类智慧的最高水平。ENIAC 还能进行平方和立方运算、正弦和余弦等三角函数的运算及其他一些更为复杂的运算。

ENIAC 的诞生是计算机发展史上的一个里程碑,标志着电子计算机时代的到来,同时也催生了第三次工业革命和全球科学技术的变迁。

1.1.2 计算机发展的几个阶段

ENIAC 有着世界的先进性,但也有一些不尽人意的地方。"每次改变计算机的运算公式,都要按照电子线路的布线方案重新插接"这一复杂的电路操作过程成为计算机应用普及的重大障碍。一直关注 ENIAC 研究的数学家冯·诺依曼先生,对此类问题提出了重大的改进理论,主要有两点:其一是电子计算机应该以二进制为运算基础;其二是电子计算机应采用"存储程序"方式工作。并且进一步明确指出了整个计算机系统的结构应由五个部分组成:运算器、控制器、存储器、输入装置和输出装置。冯·诺依曼的这些理论提出,解决了计算机的运算自动化和速度配合问题,对计算机后来的发展起到了决定性的作用。

ENIAC 诞生后短短的几十年间,计算机的发展突飞猛进。主要电子器件相继使用了真空电子管,晶体管,中、小规模集成电路,大规模、超大规模集成电路,引起计算机的几次更新换代。计算机发展中的每次更新换代都使其体积大大减小、耗电量大大减少、功能大大增强,应

[①] 存储程序——将解题的步骤编成程序(通常由若干指令组成),并把程序存放在计算机的存储器(指主存或内存)中;
程序控制——从计算机主存中读出指令并送到计算机的控制器,控制器根据当前指令的功能,控制全机执行指令规定的操作,完成指令的功能。重复这一操作,直到程序中指令执行完毕。

用领域进一步拓宽。特别是体积小、价格低、功能强的微型计算机的出现,使得计算机迅速普及,进入办公室和家庭,在办公室自动化和多媒体应用方面发挥了很大的作用。目前,计算机的应用已扩展到社会的各个领域。

计算机的发展阶段依据所使用的电子元器件分为以下阶段。

（1）第一代（1946—1957 年）是电子计算机。

第一代计算机的基本电子元件是电子管（见图 1-2）,内存储器采用水银延迟线,外存储器主要采用磁鼓、纸带、卡片、磁带等。由于当时电子技术的限制,其运算速度只有每秒几千次至几万次基本运算,内存容量仅几千个字。程序语言处于最低阶段,前阶段主要使用二进制表示的机器语言进行编程,后阶段使用汇编语言进行程序设计。因此,第一代计算机体积大、耗电多、速度低、造价高、使用不便,主要局限于一些军事和科研部门进行科学计算。

（2）第二代（1958—1963 年）是晶体管计算机。

1948 年,美国贝尔实验室发明了晶体管,10 年后晶体管取代了计算机中的电子管,诞生了晶体管计算机,如图 1-3 所示。晶体管计算机的基本电子元件是晶体管,内存储器大量使用磁性材料制成的磁芯存储器。与第一代电子管计算机相比,晶体管计算机的体积小、耗电少、成本低、逻辑功能强、使用方便、可靠性高。

图 1-2　功能各异的电子管

图 1-3　晶体管计算机

（3）第三代（1964—1970 年）是集成电路计算机。

随着半导体技术的发展,1958 年夏,美国得克萨斯仪器公司制成了第一个半导体集成电路。集成电路是在几平方毫米的基片上,集成了几十个或上百个电子元件组成的逻辑电路。第三代集成电路计算机的基本电子元件是小规模集成电路和中规模集成电路,磁芯存储器进一步发展,并开始采用性能更好的半导体存储器,运算速度提高到每秒几十万次基本运算。由于采用了集成电路,第三代计算机各方面性能都有了极大的提高:体积缩小,价格降低,功能增强,可靠性大大提高。

（4）第四代（1971 年至今）是大规模集成电路计算机。

随着集成了上千甚至上万个电子元件的大规模集成电路和超大规模集成电路的出现,电子计算机发展进入了第四代。第四代计算机的基本元件是大规模集成电路,甚至超大规模集成电路,集成度很高的半导体存储器替代了磁芯存储器,其运算速度可达每秒几百万次甚至上亿次基本运算。

（5）第五代计算机（研发目标）。

未来计算机技术的发展潮流将围绕超高速、超小型、平行处理、智能化等方面发展，计算机技术的飞速发展必将对整个社会变革产生推动作用。

1.1.3 中国的银河梦想——"天河一号"

2011年11月17日上午，全球超级计算机500强排行榜（又称TOP500）在美国新奥尔良会议中心正式揭晓，中国"天河一号"（见图1-4）二期系统（天河-1A）以每秒4701万亿次的峰值运算速度和每秒2566万亿次的实测运算速度位居榜首；此前全球最快的超级计算机——美国"美洲虎"以每秒1759万亿次的实测性能位居第二，速度约为"天河一号"的三分之二；中国曙光公司研制的"星云"位居第三。在全球超级计算机TOP500中，中国共有41台计算机入围，在数量份额上仅次于美国，列全球第二。

图1-4　中国巨型机"天河一号"

为中国超级计算机夺得首个"世界冠军"的"天河一号"是由中国人民解放军国防科技大学（简称国防科技大学）在2009年9月研制成功的。

2009年的金秋，为庆祝共和国60华诞献礼的"天河一号"横空出世，我国第一台千万亿次超级计算机的综合技术水平步入了世界前列，这在全球计算科学领域激起了轩然大波。权威专家断言："天河一号"的诞生，标志着中国超级计算机研制能力实现从百万亿次到千万亿次的重大跨越，对破解我国经济、科技等领域重大挑战性难题，建设创新型国家、提升综合国力，具有重要战略意义。

2010年8月，这台机器在位于天津市滨海新区的国家超级计算天津中心投入使用并完成了技术升级。

国防科技大学计算机学院"天河一号"工程办公室主任李楠说："'天河一号'研制之初，除使用了进口CPU之外，其他核心器件、操作系统均为我国自主研制。"如今"超高性能CPU"这道难题也迎刃而解。国产"银河飞腾-1000"芯片由国防科技大学专门为"天河"系列计算机量身订制，已逼近世界主流服务器CPU的水平。

升级后的系统，互联芯片全部为国防科技大学自主研制的产品，"银河飞腾-1000"芯片数量约占全部 CPU 的 $\frac{1}{7}$。这是我国超级计算机首次使用自主知识产权的芯片。同时,二期系统还在大规模集成电路芯片、结点机、操作系统、编译系统等关键技术上成功升级,在基于高阶路由的高速互联通信、高性能虚拟计算域等方面取得了新的突破,达到世界领先水平。图 1-5 所示的是"天河一号"全景图。

图 1-5 "天河一号"全景图

"天河一号"不是用国外的技术简单地堆出来、攒出来的,而是拥有很多自主知识产权。一系列的创新突破,使"天河一号"具有高自主、高性能、高能效、高安全和易使用等显著特点,更为"天河一号"打上了"中国特色"的特殊符号。

"天河一号"采用了全新的多阵列、可配置协同并行的体系结构,从而实现了系统性能的提升。专家认为,这种体系结构具备构建下一个量级(即每秒万万亿次)的计算能力,将会成为下一代高新计算机的主流结构。

在现代社会的发展进程中,经济、科技、国防等领域存在一系列复杂、大型的问题需要求解。经过科学家长期的努力,许多这类问题都建立了越来越精细的物理模型,通过相适应的算法可以在计算机上求解。最复杂、最大型的"挑战性问题"必须依赖同时代中运算速度最快的大容量的大型计算机——"超级计算机"。例如,气候预测、社会健康与安全、地震预测、地球物理探测、天体物理、材料科学与计算纳米技术、人类/组织系统研究等。

"天河一号"指标解读如下。

(1) 运算速度:"天河一号"峰值运算速度为每秒 4700 万亿次。"天河一号"运算 1 小时,相当于全国 14 亿人同时计算 340 年左右;"天河一号"运算 1 天,相当于 1 台双核的高档桌面计算机运算 620 年以上。

(2) 存储容量:"天河一号"存储容量为两千万亿个字节。一个汉字平均为两个字节,"天河一号"可在线存储一千万亿个汉字,相当于存储 100 万汉字的书籍 10 亿册。

(3) 总功耗和能效值:"天河一号"满负荷运行的总功耗是 4.04 MW,也就是每小时耗电 4040 度,24 小时满负荷工作耗电接近 10 万度。这个数字看起来很大,但实际上"天河一号"是一台节能、绿色的超级计算机,对能量的利用率很高。"天河一号"每瓦特的能耗可实现每秒 635.15 百万次浮点运算,能效值仅低于目前能效排名世界第一的 IBM"蓝色基因"。

(4) 安全性:"天河一号"操作系统软件是国防科技大学自主研制的"麒麟操作系统",是目前国内安全等级最高的操作系统,国内唯一通过中国公安部 B2 级(B2 级是目前最高安全等级)认证的操作系统。因此,"天河一号"的安全性有良好的保障。

（5）体积和重量：“天河一号”由 140 个机柜组成，每个机柜宽 1.45 m、深 1.2 m、高 2 m，排成 13 排，这个方阵占地约 700 m²，总重量约 160 t。在世界上已有的千万亿次超级计算机中，“天河一号”算是一个身材苗条的小个子。

1.1.4　自主技术的超级计算机——神威·太湖之光

神威·太湖之光超级计算机由国家并行计算机工程技术研究中心研制，安装在国家超级计算无锡中心。

神威·太湖之光超级计算机安装了 40960 个中国自主研发的“申威 26010”众核处理器，该众核处理器采用 64 位自主申威指令系统，峰值性能为 12.5 亿亿次/秒，持续性能为 9.3 亿亿次/秒。

2016 年 6 月 20 日，在法兰克福世界超级计算大会上，国际 TOP500 组织发布的榜单显示，“神威·太湖之光”超级计算机（见图 1-6）荣登榜单之首，不仅速度比第二名“天河二号”快了近两倍，其效率也提高了 3 倍；2016 年 11 月 14 日，在美国盐湖城公布的新一期 TOP500 榜单中，“神威·太湖之光”以运算速度快的优势轻松蝉联冠军；2016 年 11 月 18 日，我国科研人员依托“神威·太湖之光”超级计算机的应用成果首次荣获“戈登·贝尔”奖，实现了我国高性能计算应用在该奖项上零的突破。

图 1-6　神威·太湖之光超级计算机

2017 年 5 月，中华人民共和国科学技术部高技术中心在无锡组织了对“神威·太湖之光”计算机系统课题的现场验收。专家组经过认真考察和审核，一致同意其通过技术验收。2017 年 11 月 13 日，全球超级计算机 500 强榜单公布，中国的“神威·太湖之光”以每秒 9.3 亿亿次的浮点运算速度再次夺冠。

1.1.5　计算机研究的发展史

计算机是能够自动计算数值设备的统称，在现代计算机问世之前，计算机的发展经历了机械式计算机、机电式计算机和萌芽期的电子计算机三个阶段。ENIAC 是第一台现代电子数字计算机，但不是计算机的始祖。

现代计算机的思想由来已久,到了 19 世纪才日渐成熟,但是当时的技术水平很低,所以根本无法制造出可以运行的系统来,早期最具代表性的就是巴贝奇的分析机。

1. 巴贝奇教授

查尔斯·巴贝奇(Charles Babbage,1792—1871,见图 1-7)是英国皇家学会会员、剑桥大学数学教授,是一位富有的银行家的儿子,并继承了相当丰厚的遗产。巴贝奇把继承的财富都用于科学研究,并显示出极高的数学天赋,考入剑桥大学后,他发现自己掌握的代数知识甚至超过了教师。他在 1817 年获硕士学位,在 1828 年受聘担任剑桥大学"卢卡辛讲座"的数学教授,这是只有牛顿等科学大师才能获得的殊荣。

图 1-7 查尔斯·巴贝奇

2. 巴贝奇分析机部件

巴贝奇不但精于科学理论,更喜欢将科学应用在各种发明创造上。他最早提出:"人类可以制造出通用的计算机,来代替大脑计算复杂的数学问题。"由于那时科技没有进展到电子技术时代,于是巴贝奇的设想就架构在当时日趋成熟的机械技术上。巴贝奇将他设想的通用计算机命名为"分析机"(见图 1-8),并希望它能自动计算有 100 个变量的复杂算题,每个数数位达 25 位,速度达每秒运算一次。巴贝奇分析机包括齿轮式"存贮仓库"(store)和"运算室"(即"作坊"(mill)),而且还有他未给出名称的"控制器"装置,以及在"存贮仓库"和"作坊"之间运输数据的输入/输出部件。巴贝奇的这种天才的思想,划时代地提出了类似于现代计算机五大部件的逻辑结构,也为后来的通用处理器诞生奠定了坚实的基础。

3. 爱达夫人与二进制

最初,巴贝奇研究设计"分析机"还有政府的资助,但在 1842 年英国政府宣布停止对巴贝奇的一切资助,而当时的科学界也讥笑他是"愚笨的傻瓜",竟公然称差分机"毫无任何价值"。英国著名诗人拜伦的女儿爱达·拉夫拉斯伯爵夫人,是唯一能理解巴贝奇的人,也是世界计算机先驱中的第一位女性。爱达夫人(见图 1-9)帮助巴贝奇研究分析机,建议用二进制数代替原来的十进制数。她还指出分析机可以像织布机一样编程,并发现了编程的要素。爱达夫人还为某些计算开发了一些指令,并预言计算机总有一天能演奏音乐。

图 1-8 19 世纪 40 年代的计算机雏形

图 1-9 爱达夫人

在爱达夫人短暂生命的最后 10 年里,她全力协助巴贝奇工作,甚至把自己的珠宝首饰都拿出来变卖,以帮助巴贝奇度过经济难关。爱达夫人去世之后,巴贝奇又独自坚持了近 20 年,直至 1871 年,这位先驱者孤独地离开人世时,分析机仍未能如愿造出,未完成的分析机部件保存在英国皇家博物馆里。

1981 年,美国国防部花了 10 年的时间,研制了一种计算机全功能混合语言,并成为军方数千种计算机的标准。为了纪念爱达夫人,这种语言被正式命名为 ADA 语言,并赞誉她是"世界上第一位软件工程师"。

近年来,科学界已经普遍确认巴贝奇在信息科学的鼻祖地位。1991 年,为了纪念巴贝奇200 周年诞辰,英国肯圣顿(Kensington)科学博物馆根据这些图纸重新复制了一台差分机,在复制过程中,发现图纸只存在几处小的错误。复制者特地采用 18 世纪中期的技术设备来制作,不仅成功地造出了机器,而且可以正常运转。

4. 电子计算机之父

在 1973 年以前,大多数美国计算机界人士认为,电子计算机发明人是宾夕法尼亚大学莫尔电气工程学院的莫奇利和埃科特,因为他们是第一台具有很大实用价值的数字电子计算机ENIAC 的研制者。

究竟谁是电子计算机的真正发明人? 美国阿塔那索夫、莫奇利和埃科特曾经打了一场旷日持久的官司,法院开庭审讯达 135 次。1973 年 10 月 19 日,法院当众宣布判决书:"莫奇利和埃科特没有发明第一台计算机,只是利用了阿塔那索夫发明中的构思。"理由是阿塔那索夫早在 1941 年,就把他对电子计算机的思想告诉过 ENIAC 的发明人莫奇利。

约翰·文森特·阿塔那索夫(John V. Atanasoff,1903—1995 年)是爱荷华州立大学物理学教授。阿塔那索夫在他的研究生克利福特·贝瑞(Clifford E. Berry,1918—1963)的帮助下发明了电子计算机。第一台电子计算机的试验样机于 1939 年 10 月开始运转(见图 1-10),它曾帮助爱荷华州立大学的教授和研究生们解算了若干复杂的数学方程。阿塔那索夫把这台机器命名为 ABC(Atanasoff Berry Computer),其中 A、B 分别取俩人姓氏的第一个字母,C 即"计算机"的首字母。

图 1-10 阿塔那索夫研制的 ABC 计算机

现在国际计算机界公认的事实是：第一台电子计算机的真正的发明人是美国的约翰·文森特·阿塔那索夫，他在国际计算机界被称为"电子计算机之父"。

虽然 ABC 比 ENIAC 早诞生几年，但 ENIAC 在运算速度、设备规模、军事投入、社会影响以及对人类社会进步的促进等方面，意义更深远。

 小资料　计算器与计算机的区分

日常生活中，人们经常把计算机和计算器混为一谈，其实两者是不同的数字电子设备。计算器一般用于财务运算，具备加、减、乘、除四则运算功能，部分较高档次的计算器还有数学函数运算功能。计算器的主要特点是体积微小、价格便宜、运算功能固化、无须用户编程。

1.2　数制与数值运算

具有数值运算功能的机械或电子设备统称计算机，譬如电表、水表、里程表，只不过它们属于机械运行方式、算法固定不变的一种计算设备。现在人们所说的计算机意指"含有 CPU、能够进行程序设计、具有现代信息通信功能的电子设备"。要真正理解电子数字计算机（简称计算机或电脑）的工作原理，必须懂得二进制算法和数字逻辑电路。

在计算机中，一切数据和指令表示都采用的是二进制数，在人机交流中采用的是十进制数，在汇编语言中使用的是十六进制数，故学习数制与算法十分必要。

二进制的英语单词是 Binary system，简写为 B；八进制是 Octal，简写为 O；十进制是 Decimal system，简写为 D；十六进制是 Hexadecimal system，简写为 H。在数值表示方面，通常在数值之后添加一个英文符号用以表示该数的具体进制，有时用数字下标表示。并且，人们习惯于省略掉十进制的下标。

例如：

$$1010B = 12O(12_8) = 10D = AH$$

说明：在十六进制中，由于 10 以上的数字不能用一位阿拉伯数字表示，因而超过 9 的数符要用英文字母代替，即 A＝10，B＝11，C＝12，D＝13，E＝14，F＝15。

1.2.1　数制及数制转换

在电子数字计算机中，广泛采用的是只有"0"和"1"两个基本符号组成的二进制数，而不使用人们习惯的十进制数，原因如下。

（1）二进制数在物理上最容易实现。例如，可以只用高、低两个电平表示 1 和 0，也可以用脉冲的有无或者脉冲的正负极性表示它们。

（2）二进制数用来表示的二进制数的编码、计数、运算规则简单，便于电路设计。

（3）二进制数的两个符号 1 和 0 正好与逻辑命题的两个值"是"和"否"（或称"真"和"假"）相对应，为计算机实现逻辑运算和程序中的逻辑判断提供了便利的条件。

在计算机信号处理的理论中,是把声音、图像等模拟量信息采集后变成离散化的数字(0和1)。计算机系统经过采集、量化后才可以进行处理,经过数据压缩后才可以存储和传送。因此,信息的数字化是信息化社会的基础。

1. 二进制基础

数学研究表明,对于不同的数制,它们有着共同的特点,以二进制和十进制为例,其表现如下。

(1)每一种数制都有固定的符号集,如十进制数制,其符号有 10 个:0,1,2,…,9;二进制数制,其符号有 2 个:0 和 1。

(2)数值表示都是采用位置表示法,即处于不同位置的数符所代表的值不同,与它在位置的权值有关。

例如,十进制可表示为

$$555.555 = 5\times10^2+5\times10^1+5\times10^0+5\times10^{-1}+5\times10^{-2}+5\times10^{-3}$$

上式的模式具有普遍性。可以看出,各种进位计数制中的权值恰好是基数的某次方幂。因此,对任何一种进位计数制表示的数都可以写出按其权展开的多项式之和,而任意一个 r 进制数转换为十进制数 N 的表达式为

$$N_{10} = \sum_{i}^{m}D_i\times r^{i-1} + \sum_{j}^{k}D_j\times r^{-j} \tag{1-1}$$

式中对 i 求和的是整数部分,对 j 求和的是小数部分。D_i 为整数部分中第 i 位的数值,r^{i-1} 是第 i 位的权(或权值),r 是基数,表示不同的进制数;D_j 为小数部分中第 j 位的数值,r^{-j} 是第 j 位的权;i 和 j 是以小数点为界,i 向左数,j 向右数;m 为整数部分的位数,k 为小数部分的位数,小数部分的权值是负幂。"位权"和"基数"是进位计数制中的两个要素。

在二进位计数制中,根据"逢二进一"的原则进行计数。一般地,在基数为 r 的进位计数制中,是根据"逢 r 进一"或"逢基进一"的原则进行计数的。在计算机中,常用的有二进制、八进制和十六进制。其中,二进制运用得最为广泛。

2. 数制转化

十进制转换为二进制,其整数部分和小数部分的转换方法不同。十进制转换为八进制或十六进制的方法与其类似,只是所取的基数不同而已。

(1)整数部分的转换法则:除二取余法(或除基取余法),如 $(43)_{10} = (101011)_2$,先取余为低,后取余为高。数制转换演算竖式如图 1-11 所示。

(2)小数部分的转换法则:乘二取整法(或乘基取整法),如 $(0.3125)_{10} = (0.0101)_2$,先取整为高,后取整为低。小数转换演算竖式如图 1-12 所示。

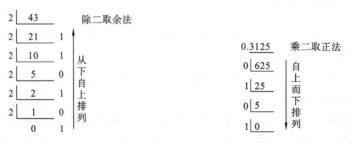

图 1-11　数制转换演算竖式　　　　图 1-12　小数转换演算竖式

按照上述运算规则,可验证:

$$(60)_{10} = (111100)_2$$

十进制转换成二进制,其整数部分容易处理,但小数部分常出现转化位数很长或循环小数,一般保留 4 位或 8 位即可。例如:

$$(0.6135)_{10} \approx (0.10011101)_2$$

[例 1-1] 将数值 10110010B 转换为十进制数。

解 $N_{10} = 1 \times 2^{8-1} + 0 \times 2^{7-1} + 1 \times 2^{6-1} + 1 \times 2^{5-1} + 0 \times 2^{4-1} + 0 \times 2^{3-1} + 1 \times 2^{2-1} + 0 \times 2^{1-1}$

(1)

$$= 1 \times 2^{8-1} + 1 \times 2^{6-1} + 1 \times 2^{5-1} + 1 \times 2^{2-1}$$ (2)

$$= 1 \times 2^7 + 1 \times 2^5 + 1 \times 2^4 + 1 \times 2^1$$ (3)

$$= 2^7 + 2^5 + 2^4 + 2^1$$ (4)

$$= 128 + 32 + 16 + 2 = 178$$

按照数学运算规则,0 乘以任何数都等于 0,1 乘以任何数都等于它本身。则上式中的步骤(1)(2)(3)皆可略去,直接从步骤(4)写起即可。

[例 1-2] 将数值 0.1011B 转换为十进制数。

解 $N_{10} = 1 \times 2^{-1} + 0 \times 2^{-2} + 1 \times 2^{-3} + 1 \times 2^{-4}$ (1)

$$= 1 \times 2^{-1} + 1 \times 2^{-3} + 1 \times 2^{-4}$$ (2)

$$= 2^{-1} + 2^{-3} + 2^{-4}$$ (3)

$$= 0.5 + 0.125 + 0.625 = 0.6875$$

对于小数部分的运算,同样可以将步骤(1)(2)省略,直接从步骤(3)写起即可。

3. 十六进制数

二进制数适合于计算机这种大规模集成电路的自动运算,但在编程和学习中十分不便,其缺点明显:二进制数值书写冗长、易错、难记。所以一般采用十六进制数或八进制数作为二进制数的缩写出现在人机会话中。

在计算机运算中,采用专用的数字电路模块使二进制数与十六进制数之间的转换变得十分容易。其数学规则是 1 位十六进制数相当于 4 位二进制数,在书写和计算时,只需将每位十六进制数直接写成 4 位二进制数,然后按照其权值位置依次排列起来即可。反之亦然,将二进制数从低位开始,每 4 位一组直接写成十六进制数即可(按 8421 码换算)。

8421 码是由 4 位二进制数的不同权值规定而来的。如 1111B $= 2^3 + 2^2 + 2^1 + 2^0 = 8 + 4 + 2 + 1 = 15$D,其中四个不同位置的 1 的权值分别为 8、4、2、1,即规定 4 位二进制数的编码为"8421 码"。

[例 1-3] 验证 11010010B=D2H。

解   二进制数:<u>1101</u>   <u>0010</u>   B

十六进制数:D   2   H

[例 1-4] 3C.A6H=00111100.10100110B。

解   十六进制数: 3   C   .   A   6   H

二进制数: 0011   1100   .   1010   0110   B

同理,采用专用的数字电路模块使二进制数与八进制数之间的转换变得十分容易。其数学规则是 1 位八进制数相当于 3 位二进制数,在书写和计算时,只需将每位八进制数直接写成 3 位二进制数,然后按照其权值位置依次排列起来即可。反之亦然,将二进制数从低位开始,每 3 位一组直接照 8421 码换算写成八进制数即可。

[例 1-5] 验证 $11010010B=322_8$。

解　二进制数：　011　010　010　B

　　　十六进制数：3　　2　　2　　O

在书写上,八进制的表示大写英文符号 O,很容易看成数字 0。所以,在写八进制数值的时候,常用下标 8 来表示该数。一般情况下,在数值换算过程中,人们常把二进制作为中介物,因为用它可以方便地写出八进制和十六进制数。

4. 计算机存储容量单位与二进制关系

存储容量的最小单位是"位"(bit),即保存一个二进制数值:0 或 1。存储容量基本单位是字节 B(Byte):1B＝8bit,即一个字节为 8 位二进制数值。计算机编码中,数字、字母和符号等用 8 位二进制数表示,即存放时占用一个字节的空间。由于汉字信息量庞大(图形结构),故需要用 2 个字节的编码来表示一个汉字。汉字和英文的区分并不复杂,英文字符的编码是在字节的最高位用 0 表示,而汉字的编码则是在字节的最高位用 1 表示。

5. 需要记忆的数值和公式

本书中仅需记忆几个常数和一个简单公式。这些常数常用于表示计算机存储容量大小的值,如：

$$1KB＝1024B＝2^{10}B, \quad 1MB＝1024KB＝2^{20}B$$
$$1GB＝1024MB＝2^{30}B, \quad 1TB＝1024GB＝2^{40}B$$

需要记忆的公式十分简单,即

$$N=2^n$$

别看该公式短小,计算机中所有规划和设计皆与该式有关。例如,目前计算机的内存一般在 4～8 GB,硬盘一般采用 200TB,CPU 的一级缓存通常为 32KB,计算机主板的 PCI 扩展槽是 32 位,Microsoft 产品 Windows 7 是 64 位操作系统等,这些数据都是以 2 为基数的 n 次方幂。另外,在日常的计算机用语中,人们常把计算机的存储单位"B"(字节)作为默认值而省略。

1.2.2　计算机中的符号数表示及补码运算

计算机中参与运算的数值有正、负之分,由于符号也要参与运算,故正、负号要用二进制表示。规定:0 表示正号,1 表示负号,符号位放在数串的最高位(在计算机设计中,为解决"溢出"问题,正、负号还可以采用双符号位表示,规定 00 为正,11 为负)。用二进制数表示符号的数串称为机器码,常用的机器码有原码、反码和补码。

一个正数的原码、反码、补码的数串都相同;一个负数的符号位,原码、反码、补码都相同,原码的数值位不变;反码则是对原码数值取反;补码数串则是在反码的基础上再补加 1。例如：

+1010011 的数串分别为

$$[01010011]_原、[01010011]_反、[01010011]_补$$

−1010011 的数串分别为

$$[11010011]_原、[1010110\ 0]_反、[1010110\ 1]_补$$

假设机器能处理的数值位数为 8,即字长为 1B。除去 1 位符号位,剩余 7 位表示数值,则原码能够表示数值的范围是(−127~0,0~127)共 256 个。有了数值的表示方法就可以对数进行算术运算,但是人们发现用带符号位的原码进行乘除运算时结果正确,而在加减运算时就出现了错误。数学家经过研究提出采用补码运算可以解决上述问题。

1. 补码运算的引入

电子数字式计算机的设计引入了补码运算的主要原因有三个方面:① 使符号位能与有效值部分一起参加运算,从而简化运算规则;② 负数的补码,与其对应正数的补码之间的转换可以用同一种方法——求补运算完成,简化硬件。③ 使减法运算转换为加法运算,进一步简化计算机中运算器的线路设计。

学习原码、反码、补码的表示和运算方法,目的是为了深入理解计算机的工作原理。在计算机的实际应用中,所有这些转换都是在计算机的最底层(即计算机逻辑电路)自动进行的,而我们在汇编 C 语言和 C++等其他高级语言的编程,使用的数值表示都是熟知的原码。

2. 补码加减法

运用补码能够将数值的减法运算转换为加法运算。这样在计算机系统设计中,一个加法器就能解决数学中的四则运算。减法运算采用补码方式转换成加法运算。乘法操作是以加法操作为基础的,由乘数的一位或几位译码控制逐次产生部分积,并由部分积相加得乘积。除法操作常以乘法操作为基础,即选定若干因子乘以除数,使它近似为 1,这些因子乘被除数则得商。虽然学习和研究这些算法较为困难、枯燥,但设计出高效运算电路后的实际运行的速度极快。

(1) 补码加法的计算公式为

$$[X+Y]_补 = [X]_补 + [Y]_补$$

[例 1-6] X=+0110011,Y=−0101001,求[X+Y]_补。

解 $\qquad [X]_补 = 0\ 0110011, \quad [Y]_补 = 1\ 1010111$

$$[X+Y]_补 = [X]_补 + [Y]_补 = 0\ 0110011 + 1\ 1010111 = 0\ 0001010$$

两数值相加的运算竖式为

```
     0  0110011
 +   1  1010111
 ─────────────
    10  0001010
```

注:因为计算机中运算器的位长是固定的,上述运算中产生的最高位进位将丢掉(溢出),所以运算结果的 8 位数值是 0 0001010,即 X+Y 的真值是 + 0001010。

(2) 补码减法的计算公式为

$$[X-Y]_补 = [X]_补 - [Y]_补 = [X]_补 + [-Y]_补$$

其中[−Y]_补称为负补(负数的补码)。求负补的方法是:对补码的每一位(包括符号位)求反,最后末位加"1"。在硬件设计中,补码的获得是在电子线路上添加"非门",在加法器上送上一个进位值"1"。

[**例 1-7**] $X=+0111001$，$Y=+1001101$，求 $[X-Y]_{补}$。

解 $[X]_{补}=0\ 0111001$， $[Y]_{补}=0\ 1001101$， $[-Y]_{补}=1\ 0110011$

$[X-Y]_{补}=[X]_{补}+[-Y]_{补}=0\ 0111001+1\ 0110011=1\ 1101100$

即 $[X-Y]_{补}=1\ 1101100$

数串"1 1101100"是一个补码值，其最高位的 1 是符号位，表示该数码是一个负值；对补码的数值部分 1101100 按照运算规则再进行补运算可得真值：0010100，即 $X-Y=-0010100$。

1.2.3 布尔代数

布尔代数即逻辑代数，在计算机科学与技术中常用于研究数字信号在运算时的逻辑关系。

布尔代数是英国数学家 G. 布尔（见图 1-13）为了研究思维规律（逻辑学、数理逻辑）于 1847 年和 1854 年提出的数学模型。因为缺乏物理背景为科学研究提供依据，所以研究缓慢，到了 20世纪 30 年代才有了新的进展。大约在 1935 年，M. H. 斯通首先指出布尔代数与环之间有明确的联系，他还得到了斯通表示定理：任意一个布尔代数一定同构于某个集上的一个集域；任意一个布尔代数也一定同构于某个拓扑空间的闭开代数等，这使布尔代数在理论上有了一定的发展。布尔代数在代数学（代数结构）、逻辑演算、集合论、拓扑空间理论、测度论、概率论、泛函分析等数学分支中均有应用；1967 年后，在数理逻辑的分支之一的公理化集合论以及模型论的理论研究中，也起着一定的作用。近几十年来，布尔代数在自动化技术、电子计算机的逻辑设计等工程技术领域中有着重要的应用。

图 1-13 数学家 G. 布尔

1. 布尔代数中的逻辑运算

布尔代数的一个相关主题是布尔逻辑，它被定义为所有布尔代数公有的东西。它由在布尔代数的元素之间永远成立的关系组成，而不管具体的哪个布尔代数。因为逻辑门和某些电子电路的代数在形式上也是这样的，所以同在数理逻辑中一样，布尔逻辑也在工程和计算机科学中进行研究。

在布尔代数上的运算被称为 AND（与）、OR（或）和 NOT（非）。代数结构如果是布尔代数，这些运算的行为就必须与两元素的布尔代数一样（这两个元素是 TRUE（真）和 FALSE（假））。

两元素的布尔代数也在电子工程中用于电路设计。这里的 0 和 1 代表数字电路中一个位的两种不同状态，典型的例子如高电压和低电压。电路通过包含变量的表达式来描述，当且仅当对应的电路有相同的输入/输出行为时，两个这种表达式对这些变量的所有的值是等价的。此外，所有可能的输入/输出行为都可以使用合适的布尔表达式来建模。

2. 数字电路设计中的逻辑运算

计算机电路主要是开关电路，信号的传递和二进制算法吻合布尔代数中的逻辑运算。通过布尔代数运算可以化简电路的逻辑表达式，实现工程设计中的电路优化、节省成本、提高运算速度。

例如,有 A、B、C 三个变量,其关系式为:$F=\overline{\overline{AB}+\overline{C}}+A\overline{C}+B$。如果用门电路实现上述运算,则需要 2 个非门、2 个二与门、1 个二或非门和 1 个三或门。该电路较为复杂,但运用布尔代数进行逻辑运算,化简后的逻辑电路仅需 1 个三或门。运用布尔代数定律化简公式,过程如下:

$$F=\overline{\overline{AB}+\overline{C}}+A\overline{C}+B=(\overline{A}+\overline{B})C+A\overline{C}+B=\overline{A}C+\overline{B}C+A\overline{C}+B$$
$$=B+C+\overline{A}C+A\overline{C}=B+C+A+\overline{A}C=A+B+C \tag{1-2}$$

在逻辑表达式化简中多次运用吸收率:$A+\overline{A}B=A+B$。

3. 计算机设计简例——一位加法器

一位加法器如同人体细胞,无论是计算机始祖 ENIAC,还是今天的银河巨星,一位加法器是搭建计算机体系的最基本构件,学习和理解一位加法器十分必要。

一位加法器分为半加器和全加器,半加器只含有 X、Y 两个本位二进制数之和的运算模式。而全加器的计算数值不仅有 X、Y 两个本位二进制数,还需包含低一位加法器可能送上的进位值 C。本书的课程知识范畴内,仅介绍半加器的计算分析和电路设计方法,借以抛砖引玉。

根据二进制数相加的原则,得到半加器的真值表,如表 1-1 所示。

表 1-1 半加器的真值表

信号输入		信号输出	
被加数 X	加数 Y	和数 S	进位数 C
0	0	0	0
0	1	1	0
1	0	1	0
1	1	0	1

由真值表可写出和数 S、进位数 C 的逻辑表达式分别为

$$S=\overline{X}Y+X\overline{Y}=X\oplus Y \tag{1-3}$$
$$C=XY \tag{1-4}$$

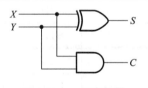

图 1-14 一位半加器逻辑电路

由此可见,式(1-3)是一个异或逻辑关系,可用一个异或门来实现;式(1-4)可用一个与门实现。一位半加器逻辑电路如图 1-14 所示。

运算器是计算机组成的五大功能部件之一,是 CPU 中的重要组成部分,运算器的最基本操作是加法。一位半加器电路的设计、分析只是为了说明学习和研究的方法,计算机中的一位运算实际上是"全加器"。多数的计算机采用并行处理,一次运算的数据可以是 8 位、16 位、32 位或 64 位。这样针对多位二进制的多路信号计算,在电路设计上需采用一位全加器的组合矩阵构成算术逻辑单元(ALU)才能完成。

运算器由算术逻辑单元、累加器、状态寄存器、通用寄存器组等组成。算术逻辑单元的基本功能为加、减、乘、除四则运算,与、或、非、异或等逻辑操作,以及移位、求补等操作。计算机运行时,运算器的操作和操作种类由控制器决定。运算器处理的数据来自存储器;处理后的结

果数据通常送回存储器，或暂时寄存在运算器中。

1.3 字符编码与语言编程

在计算机中字符是什么样的形式？何为计算机语言？程序是什么样的结构？下面将进行一个较为详细的介绍。

1.3.1 字符编码与汉字

计算机不仅要处理数值领域的问题，还要处理大量非数值领域的问题。这样一来，必然要引入文字、字母以及某些专用符号，以便表示文字语言、逻辑语言等信息。

1. 字符编码

字符包括文字符号、数字符号等所有的书写内容。在人机会话中，字符要用编码的形式输入到计算机内。目前国际上普遍采用的字符系统是七单位的美国信息交换标准代码（american standard code for information interchange，ASCⅡ），它包括 10 个十进制数码，26 个英文字母和一定数量的专用符号，如 $、%、+、= 等，共定义了 128 个字符。因此，ASCⅡ型编码需 7 位二进制数，另加上一位偶校验位，共 8 位一个字节。

表 1-2 所示的是 ASCⅡ字符编码表的书面形式，该表在机器内部不是以表格形式出现，而是以一定的规则方式存放在特定存储器中的指定区域内。

表 1-2　ASCⅡ字符编码表

$b_3 b_2 b_1 b_0$	$b_6 b_5 b_4$							
	000	001	010	011	100	101	110	111
0000	NUL	DLE	SP	0	@	P	`	p
0001	SOH	DC1	!	1	A	Q	a	q
0010	STX	DC2	"	2	B	R	b	r
0011	ETX	DC3	#	3	C	S	c	s
0100	EOT	DC4	$	4	D	T	d	t
0101	ENQ	NAK	%	5	E	U	e	u
0110	ACK	SYN	&	6	F	V	f	v
0111	BEL	ETB	'	7	G	W	g	w
1000	BS	CAN	(	8	H	X	h	x
1001	HT	EM	)	9	I	Y	i	y
1010	LF	SUB	*	:	J	Z	j	z
1011	VT	ESC	+	;	K	[	k	{
1100	FF	FS	,	<	L	\	l	l

$b_3 b_2 b_1 b_0$	$b_6 b_5 b_4$							
	000	001	010	011	100	101	110	111
1101	CR	GS	-	=	M	]	m	]
1110	SO	RS	.	>	N	↑	n	~
1111	SI	US	/	?	O	—	o	DEL

注:表 1-2 中的二进制代码按顺序 $b_6 b_5 b_4 b_3 b_2 b_1 b_0$ 排列;其控制指令字符解释如下。

NUL (null)	空字符
SOH (start of headline)	标题开始
STX (start of text)	正文开始
ETX (end of text)	正文结束
EOT (end of transmission)	传输结束
ENQ (enquiry)	请求
ACK (acknowledge)	收到通知
BEL (bell)	响铃
BS (backspace)	退格
HT (horizontal tab)	水平制表符
LF (NL line feed, new line)	换行键
VT (vertical tab)	垂直制表符
FF (NP form feed, new page)	换页键
CR (carriage return)	回车键
SO (shift out)	不用切换
SI (shift in)	启用切换
DLE (data link escape)	数据链路转义
DC1 (device control 1)	设备控制 1
DC2 (device control 2)	设备控制 2
DC3 (device control 3)	设备控制 3
DC4 (device control 4)	设备控制 4
NAK (negative acknowledge)	拒绝接收
SYN (synchronous idle)	同步空闲
ETB (end of trans mission block)	结束传输块
CAN (cancel)	取消
EM (end of medium)	介质结束
SUB (substitute)	代替
ESC (escape)	换码 (溢出)
FS (file separator)	文件分隔符
GS (group separator)	分组符
RS (record separator)	记录分隔符
US (unit separator)	单元分隔符
SP (space)	空格
DEL (delete)	删除

ASCII 是基于拉丁字母的一套计算机编码系统,主要用于显示现代英语和其他西欧语

言。它是最通用的信息交换标准,并等同于国际标准 ISO/IEC 646。表 1-2 中列出了 0～127 的标准 ASCⅡ字符,其中 0～31 为控制字符,是不可见字符;32～127 为可打印字符,是可见字符。

ASCⅡ规定 8 个二进制位的最高一位为 0,余下的 7 位可以给出 128 个编码,表示 128 个不同的字符。其中 95 个编码,对应着计算机终端能敲入并且可以显示的 95 个字符,打印机设备也能打印这 95 个字符,如大小写各 26 个英文字母,0～9 这 10 个数字符,通用的运算符和标点符号(＋,－,＊,/,＞,＝,＜等)。另外的 33 个字符,其编码值为 0～31 和 127,不对应任何一个可以显示或打印的实际字符,它们被用作控制码,控制计算机某些外围设备的工作特性和某些计算机软件的运行情况。

2. 汉字编码

汉字是图形文字,常用汉字数量近万个,可见基于拼音文字的 ASCⅡ是不能满足中国汉字使用的。为此,我国制定了 GB2312、GBK、GB18030 等汉字字符编码方案的国家标准,下面仅就初期的编码方案 GB2312-80 做简要介绍。

GB2312-80 是 1980 年制定的中国汉字编码国家标准。共收录 7445 个字符,其中汉字 6763 个。GB2312 兼容标准 ASCII 码,采用扩展 ASCII 码的编码空间进行编码,一个汉字占用两个字节,每个字节的最高位为 1(英文字符为 0)。具体办法是:收集了 7445 个字符组成 94×94 的方阵,每一行称为一个"区",每一列称为一个"位",区号、位号的范围均为 01～94,区号和位号组成的代码称为"区位码"。区位输入法就是通过输入区位码实现汉字输入的。区号和位号分别加上 20H 得到的 4 位十六进制整数称为国标码,编码范围为 0x2121～0x7E7E。为了兼容标准 ASCⅡ,给国标码的每个字节加 80H,形成的编码称为机内码,简称内码。

《信息技术中文编码字符集》(GB18030-2005)是我国制订的以汉字为主并包含多种我国少数民族文字(如藏、蒙古、傣、彝、朝鲜、维吾尔文等)的超大型中文编码字符集强制性标准,其中收入汉字 70000 余个。

1.3.2 计算机语言

自从 1946 年世界上第一台电子计算机问世,人类和机器的交流方式和语言就成为软件工程师和计算机从业者的主要研究方向,更有效、更简便的编程语言成了软件工程师的新宠儿,伴随着计算机的飞速发展,计算机的硬件升级速度也越来越快,对编程语言的要求也日益严格。在过去的几十年,编程语言有了长足的发展,至今已经有三代语言问世。

1. 机器语言

计算机的硬件作为一种电路元件,它的输出和输入只能是有电或者没电,也就是所说的高电平和低电平,所以计算机传递的数据是由"0"和"1"组成的二进制数,所以说二进制的语言是计算机语言的本质。计算机发明之初,人们为了控制计算机完成自己的任务或者项目,只能编写"0""1"这样的二进制数字串控制计算机,其实就是控制计算机硬件的高、低电平或通路开路,这种语言就是机器语言。因为机器语言具有特定性,完美适配特定型号的计算机,故而运行效率远远高于其他语言。机器语言,也就是第一代编程语言。

2. 汇编语言

由于机器语言的灵活性较差,可阅读性很差,人们对机器语言进行了升级和改进:用一些容易理解和记忆的字母和单词来代替一个特定的指令。通过这种方法,人们很容易去阅读已经完成的程序或者理解程序正在执行的功能,对现有程序的 bug(错误)修复以及运营维护都变得更加简单、方便,这种语言就是我们所说的汇编语言,即第二代计算机语言。

汇编语言是面向机器的程序设计语言。比起机器语言,汇编语言具有更高的机器相关性,更加便于记忆和书写,但又同时保留了机器语言高速度和高效率的特点。汇编语言仍是面向机器的语言,很难从其代码上理解程序的设计意图,设计出来的程序不易被移植,故不像其他大多数的高级计算机语言一样被广泛应用。所以在高级语言高度发展的今天,它通常被用在底层,通常是程序优化或硬件操作的场合。

3. 高级语言

在编程语言经历了机器语言、汇编语言等更新之后,人们发现了限制程序推广的关键因素——程序的可移植性。人们需要设计一个能够不依赖于计算机硬件,能够在不同机器上运行的程序。这样可以免去很多编程的重复过程,提高效率,同时这种语言又要接近于数学语言或人的自然语言。

在计算机还很稀缺的 50 年代,诞生了第一个高级编程语言——BASIC。为了更高效地使用计算机,人们又相继设计出了新一代的高级编程语言,如 C/C++、Pascal/Object Pascal 等。高级语言使得程序员在开发过程中能够更简单、更有效率地进行编程,使软件开发人员得以应付快速的软件开发的要求。

1.3.3 程序设计举例

目前使用的计算机编程语言上千种,流行的程序设计语言也有几十种之多,如 JAVA、C、Visual Basic(简称 VB)、C++、Delphi 等。这里仅作简单介绍,详细内容详见后续课程。

1. 汇编语言的重要作用

汇编语言的特点是能被计算机直接识别和执行,使用它进行编程可以减少占用空间、提高运行速度,并能直接对硬件实施控制,在需要实时控制的时候,有着不可替代的重要地位。但汇编语言在编程和理解时要复杂、困难一些,尤其是在进行数据处理或是逻辑运算时更加凸显出其劣势。

虽然随着半导体技术、编程技术的不断发展,在实际工程应用中确实很少看到汇编语言的身影,但这并不能说明汇编语言没用或已被其他高级语言所取代。嵌入式系统的底层驱动、计算机的 BIOS 还是要用汇编语言实现的。汇编语言是培养学生理解硬件资源的语言,是学习和理解其他高级程序设计语言的基础,是计算机组成原理、接口与通信技术、计算机控制技术和数据采集等许多专业课的前导课程,是必要的基础知识,起着承上启下的桥梁作用。

2. 程序设计举例

在计算机文化基础范围内,我们仅以简单的实例来说明程序设计的基本方式、方法,其他理论知识和应用实例留给后续课程讲解。

例如,设计一个从 1 到 10 的累加计算程序。对于这一简单计算,我们给出机器语言、汇编语言和高级语言的三种形式的程序,指令的具体内容和程序格式列于表 1-3。

表 1-3　三个级别语言的程序实例

程序语言	高级语言(BASIC)程序	汇编语言程序	机器语言程序
程序实例	10　sum＝0 20　for　i＝1 to 10 30　sum＝sum＋i 40　next　i 50　print　sum 60　end	2000：sub　R15,R15 　　　sub　R1,R1 　　　mvrd　R0,0A 2004：inc　R1 　　　add　R15,R1 　　　cmp　R1,R0 　　　jrnz　2004 　　　cala　0664 　　　ret	01FF 0111 8800　000A 0910 00F1 0310 47FC CE00　0664 8F00

BASIC 属于早期 DOS 系统下的高级语言,行首的数字是为分析程序设置的行号,所使用的几条指令解释如下,可见高级语言的可读性十分亲和。

sum　加法运算
for　设置循环变量区间
next　指定下一运算参数
print　输出运算结果
end　结束任务

汇编语言属于 DOS 系统下的符号语言,一般用 3~4 个字母表示该指令的英文缩写,所使用的几条指令解释如下。行首的数字(例如 2000)是该程序段装入存储器的首地址。

sub　减法运算　　　　　mvrd　赋值命令
inc　增值指令　　　　　add　加法运算
com　比较指令　　　　　jrnz　z＝0 时跳转
cala　子程序调用指令　　ret　结束

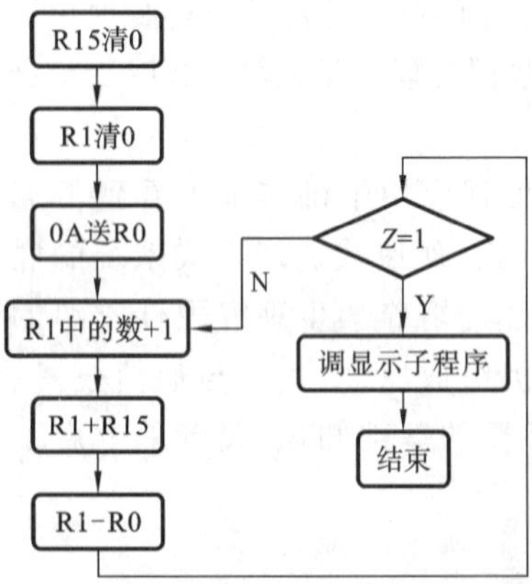

图 1-15　采用汇编语言编程时的程序运行流程图

通过上面指令的对比,可见两种语言的命令字符会有所不同。例如,两种语言中的"加法"指令所用的字符是不一样的。

在理工科教材中不乏出现原理图、方框图、流程图等内容,其中原理图就是方框图,用矩形框加文字图形化说明问题。而流程图则往往用于表现人类智能的图形化表述中,特别是在程序设计中的用量尤为突出。在流程图中通常用"菱形"表示逻辑思维的行进方向,图 1-15 所示的是采用汇编语言编程时的程序运行流程图。

在汇编语言中,R 表示存储数据的寄存器,数值采用十六进制,如 0A 表示 10。

1.4　CPU 的 40 年进展

微机是微型计算机(micro computer)的简称,是个人计算机(personal computer,PC)的代名词,现代人俗称"电脑"。微机主要是因为中规模集成电路(CPU 和 RAM)的引入使计算机结构紧凑、体积缩小、耗电减少,机型从柜式演变成桌面台式而得名。微机自 1981 年以 8088 为代表机型问世以来,不仅风靡世界,而且在中国得到了出乎意料的迅猛发展。近 40 年的 CPU 研究与制造,不断地推进微机更新换代和社会进步。

1.4.1　INTEL 与 CPU

人们在提到 CPU 的同时就会想到英特尔(Intel)公司,其实早在 Intel 公司诞生前,集成电路技术就已经被发明。1947 年,AT&T 贝尔实验室的三位美国科学家巴丁博士、布莱顿博士和肖克莱博士发明了晶体管。这在科技史上是具有划时代意义的成果,使他们荣获了 1956 年诺贝尔物理学奖。

晶体管的出现,迅速替代电子管占领了世界电子领域。随后,晶体管电路不断向微型化方向发展。1957 年,美国科学家达默提出"将电子设备制作在一个没有引线的固体半导体板块中"的大胆技术设想,这就是半导体集成电路的核心思想。

1958 年,美国得克萨斯州仪器公司的工程师杰克·基尔比(Jack Kilby)在一块半导体硅晶片上将电阻、电容等分立元件集成在上面,制成世界上第一片集成电路。也正因为这件事,2000 年的诺贝尔物理学奖颁发给了已退休的基尔比。1959 年,美国仙童公司的诺伊斯用一种平面工艺制成半导体集成电路,从此开启了集成电路比黄金还诱人的时代。其后,葛洛夫、摩尔、诺伊斯这三个"伙伴"(见图 1-16)离开原来的仙童公司,一起开创新的事业——创建 Intel 公司。三人一致认为,最有发展潜力的半导体市场是计算机存储器芯片市场。公司由摩尔命名为 Intel,这个名字是由"integrated electronics(集成/电子)"两个英文单词组合成的,象征新公司将在集成电路的研究方面做出成就。

　　　(a) 葛洛夫　　　　　　(b) 摩尔　　　　　　(c) 诺伊斯

图 1-16　Intel 公司的元老

1. Intel 诞生的第一个微处理器

Intel 公司的先期产品是存储器。他们发现:当电子在集成电路块的细微部位上出现或消失时，可以将若干比特信息非常廉价地存储在微型集成电路硅片上，他们首先将这种发现应用在商业上。1969 年的春天，在公司成立一周年以后，Intel 公司生产了第一批产品，即双极处理的 64 bit 存储芯片。不久，公司又推出 256 bit 的 MOS 存储器芯片。Intel 公司以它的两种新产品的问世而打入了整个计算机存储器市场，而其他公司直到 1980 年才能生产 MOS 芯片和双极芯片。

Intel 的微处理器研究，最初是件很偶然的事情。当时 Intel 公司的一家客户（Busicom calculator，一家历史上的日本厂商）要求 Intel 公司为其专门设计一些处理芯片。在研究过程中，Intel 公司的研究员霍夫（Hoff）问自己：“对于集成电路，能否在外部软件的操纵下以简单的指令进行复杂的工作呢？为什么不可将这个计算机上的所有逻辑集成到一个芯片上并在上面编制简单通用的程序呢？”这其实就是今天所有微处理器的原理。在同事的帮助及公司支持下，霍夫把中央处理器的全部功能集成在一块芯片上，该芯片含有存储器。1971 年 Intel 公司诞生了第一个微处理器——4004（见图 1-17），该芯片是为 Busicom calculator 专门设计制造的，是世界上第一片微处理器。

（a）史上首款微处理器Intel-4004　　　　　　（b）4004的核心电路局部照片

图 1-17　第一个微处理器——4004

 小资料　励志故事

据说当时有一位留着长发的美国人在无线电杂志上读到 4004 的消息，立即就想能用这个 CPU 来开发个人使用的操作系统。结果经过一番折腾之后，发现 4004 属于 4 位微处理器芯片，功能实在是太弱，而他想实现的系统功能与 Basic 语言并不能在上面实现，只好作罢。这个人就是比尔·盖茨——Microsoft 公司的老板。不过从此之后，他对 Intel 公司的动向非常关注，终于在 1975 年成立了 Microsoft 公司。

2. 4004 芯片研发的历史意义

相比今日的 CPU，4004 的集成度只有 2300 个晶体管，功能较弱，计算速度较慢，以致只能用在 Busicom 计算器上，更不用说进行复杂的数学计算。不过比起第一台电子计算机 ENIAC 来说，它的确轻巧很多。4004 最大的历史意义在于，它是第一个通用型处理器，这在当时专用集成电路设计横行的时代是难得的突破。所谓专用集成电路设计，就是为不同的应用设计独特的产品，一旦应用条件变化，就需要重新设计；当然在商业盈利上，对设计公司是很有好处的。霍夫做出大胆的设想:使用通用的硬件设计加上外部软件支持来完成不同的应用,这就是最初的通用微处理器的设想。

虽然 4004 只能处理 4 位数据,但内部指令是 8 位的。4004 拥有 46 条指令,采用 16 针直插式封装。其数据内存和程序内存分开,即 1 K 的数据内存,4 K 的程序内存。运行时钟频率预计为 1 MHz,最终为 740 kHz,能进行二进制编码的十进制数学运算。这款处理器很快得到了整个业界的承认,蓝色巨人 IBM 还将 4004 装备在 IBM 1620 机器上。4004 的问世,促进了计算机的快速发展。

3. 微机的诞生

1974 年,Intel 研制出了两倍于 4004 性能的 CPU—8008(见图 1-18(a))。当年无线电杂志刊登的一种称为"Mark-8(马克八号)"的新型机器,也就是目前已知的最早的家用计算机了。虽然从今天的角度看来,"Mark-8"令人非常难以使用、控制、编程及维护,但这在当时却是一个伟大的发明,由此揭开了微机时代的新篇章。

（a）8位微处理器芯片8008　　　　　　（b）16位微处理器芯片8080

图 1-18　8 位微处理器芯片 8008 和 16 位微处理器芯片 8080

1974 年,在 8008 的基础上研制出了 8080 处理器(见图 1-18(b)),8080 芯片拥有 16 位地址总线和 8 位数据总线,包含 7 个 8 位寄存器,支持 16 位内存,同时它也包含一些输入、输出端口,这是一个相当成功的设计,有效解决了外部设备在内存寻址能力不足的问题。

8080 被用于当时一种品牌为 Altair(牵牛星)的计算机上,这也是有史以来第一个知名的个人计算机,如图 1-19 所示。当时这种计算机的套件售价是 395 美金,短短数月的时间里面,

图 1-19　基于 8080 芯片的计算机 Processor Technology Sol-20

图 1-20 基于 8080 芯片的笔记本电脑

销售业绩达到了数万部,创造了个人计算机销售历史的一个里程碑。比尔·盖茨搭车销售了 DOS 操作系统,为今天称霸软件行业攫取了第一桶金。在 20 世纪 70 年代中期,世界首款搭配 8080 芯片的笔记本电脑同期问世(见图 1-20)。

1.4.2 微机的发展历程

微机的发展主要表现在微处理器的发展上。微处理器(micro processing unit)也称作中央处理器(central processing unit,CPU),是微机系统中的核心芯片。中央处理器是将计算机组成中两个密不可分的核心单元——运算器和控制器集成在一块电路芯片上。一款新型的微处理器出现时,会带动微机系统的其他部件的相应发展,如微机体系结构的进一步优化,存储器容量的不断增大,存储速度的不断提高,外围设备性能的不断改进,以及新设备的不断出现等。

影响世界的 CPU 系列产品以 80X86 命名。1978 年,8086 处理器诞生了。Intel 公司这一影响深远的神来之作,标志着 X86 王朝的开始,确立了 X86 地位,并在以后的 40 多年不断创造着商业奇迹。

Intel 研发的微处理器芯片系列包括:80286、80386、80486、奔腾(Pentium)、酷睿(CORE)等。2019 年,Intel 公司首次将 8 核第 9 代 Intel(第 9 代酷睿)处理器投放市场,该芯片性能更强、功耗更低、性价比更高。

产品分类:第 9 代酷睿、酷睿 i9、酷睿 i7、酷睿 i5、酷睿 i3。

产品特色:性能超强、响应迅速、长效续航、功耗低、设计轻薄。

微机区别于小型机,是指含有 CPU 芯片的计算机,包括台式机和笔记本等计算机设备。根据 CPU 的集成规模和处理能力,可将微机的发展划分为以下几个阶段。

1. 第一代微机(1971—1973 年)

4 位和 8 位低档微处理器的应用通常称为第一代,其典型产品是 Intel4004 和 Intel8008 微处理器和由它们分别组成的 MCS-4 和 MCS-8 微机。基本特点是采用 PMOS 工艺,集成度低(4000 个晶体管/片),系统结构和指令系统都比较简单,主要采用机器语言或简单的汇编语言,指令数目较少(20 多条指令),基本指令周期为 $20\sim50\mu s$,用于家电和简单的控制场合。

2. 第二代微机(1974—1977 年)

8 位中高档微处理器的应用通常称为第二代,其典型产品是 Intel8080/8085、Motorola 公司的 MC6800、Zilog 公司的 Z80 等,以及各种 8 位单片机。它们的特点是采用 NMOS 工艺,相比于第一代微机,集成度提高了约 4 倍,运算速度提高了 $10\sim15$ 倍(基本指令执行时间为 $1\sim2\mu s$),指令系统比较完善,具有典型的计算机体系结构,中断、DMA 等控制功能。软件方面除了汇编语言外,还有 BASIC、FORTRAN 等高级语言和相应的解释程序和编译程序。

在 20 世纪 70 年代末到 80 年代初,微机陆续配置了外存储器和多种外围设备,如 5 英寸(1 英寸=2.54 厘米)软磁盘驱动器、5 英寸 10 MB 硬磁盘驱动器、阴极射线管(CRT)显示器、点阵式打印机、小型绘图仪和鼠标器等。至此,微机开始普及。

3. 第三代微机(1978—1984 年)

16 微处理器的应用通常称为第三代,其典型产品是 Intel 公司的 8086/8088、80286,Motorola 公司的 M68000,Zilog 公司的 Z8000 等微处理器。其特点是采用 HMOS 工艺,集成度(20000～70000 晶体管/片)和运算速度(基本指令执行时间是 0.5 μs)都比第二代提高了一个数量级。指令系统更加丰富、完善,采用多级中断、多种寻址方式、段式存储机构、硬件乘除部件,并配置了软件系统。

这一时期的著名微机产品是 IBM 公司的个人计算机。1981 年推出的 IBM PC 机采用的是 8088CPU。紧接着 1982 年又推出了扩展型微机 IBM PC/XT,它对内存进行了扩充,并增加了一个硬磁盘驱动器。1984 年 IBM 公司推出了以 80286(见图 1-21)处理器为核心组成的 16 位增强型个人计算机 IBM PC/AT(见图 1-22)。由于 IBM 公司在发展 PC 机时采用了技术开放的策略,使 PC 机风靡世界。

图 1-21　装配 PC 的 80286 芯片

图 1-22　首款步入民用的计算机——PC286

4. 第四代微机(1985—1992 年)

32 位微处理器的应用通称为第四代。其典型产品是 Intel 公司的 80386/80486,Motorola 公司的 M68030/68040 等。其特点是采用 HMOS 或 CMOS 工艺,集成度高达 100 万晶体管/片,具有 32 位地址线和 32 位数据总线。每秒钟可完成 600 万条指令。微机的功能已经达到甚至超过了超级小型计算机,完全可以胜任多任务、多用户的作业需求。

5. 第五代微机(1993—2005 年)

奔腾系列微处理器的应用通常称为第五代计算机,即采用 64 位微处理器的微机,典型芯片产品是 Intel 公司的奔腾系列芯片及与之兼容的 AMD 公司的 K6 系列微处理器芯片。奔腾芯片内部采用了超标量指令流水线结构,并具有相互独立的指令和数据高速缓存。随着多媒体扩展指令集(multi media extensions,MMX)微处理器的出现,微机的发展在网络化、多媒体化和智能化等方面跨上了更高的台阶。2000 年 3 月,AMD 公司与 Intel 公司分别推出了时钟频率达 1 GHz 的 Athlon 和 Pentium Ⅲ。2000 年 11 月,Intel 公司又推出了 Pentium Ⅳ 微处理器,集成度高达每片 4200 万个晶体管,主频为 1.5 GHz,前端总线为 400 MHz,并使用全新 SSE 2 指令集。2002 年 11 月,Intel 公司推出的 Pentium Ⅳ 微处理器的时钟频率达到 3.06

GHz。微处理器还在不断地发展,性能也在不断提升。

💡 **小提示**

Intel 公司的 Pentium 字样已不再是 CPU 的型号和参数,而是 Intel 公司注册的 CPU 芯片商标,除借以区分其他厂商的仿效和假冒外,同时也预示着 CPU 芯片的 64 位总线设计似乎是一个不可逾越的障碍。

图 1-23　双核 CPU 酷睿 2

6. 第六代微机(2005 年以后)

双核(双核 CPU 酷睿 2 见图 1-23)和四核微处理器芯片的诞生,使微机步入了第六代。2005 年 4 月,Intel 公司出产的第一款双核处理器平台,包括采用 Intel 955X 高速芯片组、主频为 3.2 GHz 的 Intel 奔腾处理器至尊版 840。

双核和多核处理器设计用于在一枚处理器中集成两个或多个完整执行内核,以支持同时管理多项活动。Intel 超线程技术能够使一个执行内核发挥两枚逻辑处理器的作用,因此与该技术结合使用时,Intel 奔腾处理器至尊版 840 能够充分利用以前可能被闲置的资源,同时处理 4 个软件线程。目前市场上流行的微机主流产品装配的是八核 CPU。而十六核 CPU 的价格相对较高,主要满足高端用户需求。

📖 **小资料　双核与双芯**

AMD 和 Intel 的双核技术在物理结构上也有很大不同之处。AMD 将两个内核做在一个晶元(die)上,通过直连架构连接起来,其集成度更高。Intel 则是将放在不同晶元上的两个内核封装在一起,因此有人将 Intel 的方案称为“双芯”,认为 AMD 的方案才是真正的“双核”。从用户端的角度来看,AMD 的方案能够使双核 CPU 的管脚、功耗等指标跟单核 CPU 保持一致,从单核升级到双核,不需要更换电源、芯片组、散热系统和主板,只需要刷新 BIOS 软件,这对于主板生产厂商、计算机厂商和最终用户的投资保护是非常有利的。

1.4.3　中国的微处理器——龙芯

2002 年 8 月 10 日,首个国产 CPU 芯片龙芯 1 号(见图 1-24)X1A50 流片(流片——tape out,在集成电路设计领域,“流片”指的是“试生产”)成功。龙芯 CPU 由中国科学院计算技术所授权的北京神州龙芯集成电路设计公司研发,前期批量样品由台湾台积电公司制作生产。

龙芯 1 号 CPU 是我国首枚高性能通用处理器,采用 0.18 μm CMOS 工艺制造,具有良好的低功耗特性,平均功耗 0.4 W,最大功耗不超过 1 W。因此,龙芯 1 号 CPU 可以在大量的嵌入式应用领域中使用。龙芯 1 号 CPU 可以运行大量的现有应用软件与开发工具。支持最新版本的 Linux、VxWork、Windows CE 等操作系统。基于龙芯 1 号 CPU 的服务器,可以运行

Apache Web、FTP、Email、NFS、X-Window 等服务器软件。

龙芯产品有 32 位的龙芯 1 号 CPU、64 位的龙芯 2C/2E/2F CPU 和龙芯网络 SoC 芯片等。龙芯 2E 主频为 1 GHz,性能达到中低档 Intel 奔腾 4 微处理器的水平;龙芯 2E 的后续改进 SoC 芯片——龙芯 2F 已经实现百万片级的量产。

目前,我国的多核微处理器龙芯 3 号已经面市。其中龙芯 3B1500(见图 1-25)是国产商用 8 核微处理器,采用 28 nm 工艺制造,拥有 11 亿个晶体管,最高主频可达 1.5 GHz,支持向量运算,最高峰值计算能力达到 192GFLOPS,具有很高的性能功耗比。龙芯 3B1500 主要用于高端桌面计算机、高性能计算机、高性能服务器、数字信号处理等领域。

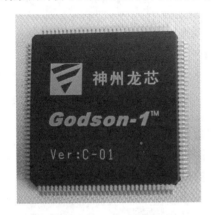

图 1-24　龙芯 1 号

图 1-25　龙芯 3B1500

中国龙芯 3B 服务器的诞生,意味着军工、部队、金融、能源、交通等领域的信息安全将不再受国外巨头的掌控,建立起实实在在的国家安全网络,为多行业的国际竞争提升主动权和强有力的技术支持与安全保障。

龙芯 1 号标志着我国在现代通用微处理器设计方面实现了"零"的突破,打破了我国长期依赖国外 CPU 产品的无"芯"的历史,也标志着国产安全服务器 CPU 和通用的嵌入式微处理器产业化的开始。"龙芯"最为独特的优势,不是性能,也不是价格,而是它的安全性。

随着科学技术的不断发展,计算机不断向着小型化、微型化、低功耗、智能化、系统化的方向更新换代。未来将制造出与人脑相似的计算机,可以进行思维、学习,从而模仿人类工作。

1.5　微机系统组成

ENIAC 诞生以后,人们发现了这款巨无霸的一些不足之处,其致命的缺陷是"每次更改运算程序,都需要电子专家插拔 N 个插头来实现运算电路的改变",还有数据和指令的存储问题等,使计算机的推广应用成为难题。数学家冯·诺依曼在 1945 年提出了关于计算机组成和工作方式的基本设想。时至今日,尽管计算机制造技术已经发生了极大的变化,但计算机的基本体系结构依然遵循着冯·诺依曼的设计思想。

1.5.1　微机的体系结构

微机与传统计算机的体系结构一样,由运算器、控制器、存储器、输入设备和输出设备五个基本部分组成,也称为计算机的五大部件,微机体系结构如图 1-26 所示。图中的实线部分表示控制流,虚线部分表示数据流。运算器和控制器封装在一起称为中央处理器(CPU);CPU和内存储器是使用电子线路器件实现的,通常将 CPU 和内存储器的组合称为计算机的主机。

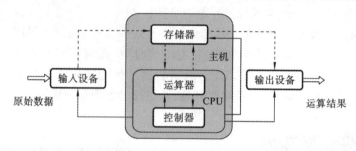

图 1-26 微机体系结构

1. 微机各部件的功能

1) 运算器

运算器又称算术逻辑单元(ALU),是计算机对数据进行加工处理的部件,它的主要功能是对二进制数码进行加、减、乘、除等算术运算和与、或、非等基本逻辑运算,实现逻辑判断。运算器在控制器的控制下实现其功能,运算结果由控制器指挥并送到内存储器中。

2) 控制器

控制器主要由指令寄存器、译码器、程序计数器和操作控制器等组成。控制器用来控制各部件协调工作,使整个处理过程有条不紊地进行。它的基本功能就是从内存中取指令和执行指令,即控制器按程序计数器指出的指令地址从内存中取出该指令进行译码,然后根据该指令功能向有关部件发出控制命令,执行该指令。另外,控制器在工作过程中,还要接受各部件反馈回来的信息。

3) 存储器

存储器具有记忆功能,能用来保存信息。存储器分为两种:内存储器与外存储器。

(1) 内存储器。

内存储器(简称内存)也称主存储器(简称主存),它直接与 CPU 相连接,其存储容量相对较小,但速度快,用来存放当前运行程序的指令和数据,并直接与 CPU 交换信息。内存储器由许多存储单元组成,每个单元仅能存放一个二进制数。内存储器产品就是微机装配时的内存条。

存储器的存储容量以字节为基本单位,每个字节都有自己的编号,称为"地址",如要访问存储器中的某个信息,就必须知道它的地址,然后再按地址存入或取出信息。

(2) 外存储器。

外存储器(简称外存)又称辅助存储器(简称辅存),它是内存的扩充。外存存储容量大、价格低,但存储速度较慢,一般用来存放大量暂时不用的程序、数据和中间结果,当需要时,可成批地与内存储器进行信息交换。外存只能与内存交换信息,不能被计算机系统的其他部件直接访问。常用的外存有磁盘、U 盘和光盘等。

4) 输入/输出设备

输入/输出设备简称 I/O(Input/Output)设备。用户通过输入设备的接口将程序和数据输入计算机,输出设备将计算机处理的结果(如数字、字母、符号和图形)显示或打印出来。常用的输入设备有键盘、鼠标、扫描仪、数字化仪、手写笔等。常用的输出设备有显示器、打印机、绘图仪等。

人们通常把内存储器、运算器和控制器合称为计算机主机。而运算器、控制器被封装在一个超大规模集成电路芯片上,称为中央处理器(CPU)。也可以说主机是由 CPU 与内存储器组成的,而主机以外的装置称为外部设备,外部设备包括输入/输出设备,外存储器等计算机周边产品。

2. 微机工作原理

微机之所以能在没有人直接干预的情况下,将输入的数据信息进行加工、存储、传递,并形成相应的输出,自动地完成各种信息处理任务,是因为人们事先为它编制了各种工作程序。可以说,微机的工作过程就是执行程序的过程。

程序由计算机指令构成。指令是能被计算机识别并执行的二进制代码,它规定了计算机能完成的某一操作。指令种类有数据传送指令、算术运算指令、位运算指令、程序流程控制指令、串操作指令、处理器控制指令等。

要让微机工作,首先要编写程序,然后存储程序,即通过输入设备将程序送到存储器中保存,最后由计算机自动执行程序。而程序是由一条条指令组合而成的,因此微机系统的工作过程实际上就是"取指令→分析指令→执行指令"的不断循环的过程。

1.5.2 微机系统组成

计算机作为大数据处理设备时称为巨型机,计算机作为日常办公设备时称为微型机,即微机。一个完整的计算机系统由硬件系统和软件系统两大部分组成。硬件系统是指构成微机的所有实体部件的集合,软件系统是为运行、维护、管理和应用微机所编制的各种程序和支持文档的总和,图 1-27 所示的是计算机系统的组成结构。

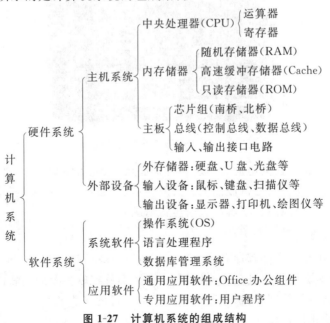

图 1-27 计算机系统的组成结构

计算机的硬件系统和软件系统,两者相互依存,分工互动,缺一不可。

1. 微机硬件系统

微机硬件是指构成微机的物理设备,是一种高度复杂的、由多种电子线路和精密机械装置等构成的、能自动并且高速地完成数据计算的装置和工具。微机硬件包括主机箱(俗称主机)、显示器、鼠标、键盘、音箱等部分,多媒体台式微机和笔记本型微机如图 1-28 所示。

图 1-28　多媒体台式微机和笔记本型微机

主机箱内部有微机运行所需的各种硬件部件,通常包括主板、CPU、内存、硬盘、显卡、光驱、声卡、网卡和电源等,台式微机的主机箱内部如图 1-29 所示。

图 1-29　台式微机的主机箱内部

金属结构的主机箱不仅为电源、主板、各种扩展板卡、光盘驱动器、硬盘驱动器等设备提供空间,还能防止计算机运行时的微波泄漏。另外,主机箱面板上的按钮、指示灯、扩展口等可以让操作者更方便地操纵计算机,了解微机的运行情况。

2. 微机软件系统

软件系统是微机系统中的程序和相关数据,包括计算机资源管理、方便用户使用的操作系统软件和完成用户对数据加工处理功能的用户软件,即系统软件及应用软件两大类。

系统软件是指管理、控制、维护和监视微机正常运行的各类程序,其主要任务是使各种硬件能协调工作,并简化用户操作。系统软件包括操作系统、语言处理程序、数据库管理系统等。

应用软件是针对各类应用问题而专门开发的软件,它可以是一个特定的程序,例如图像处理软件 PhotoShop;也可以是一组功能联系紧密、可以互相协作的程序集合,例如 Microsoft 公司的 Office XP、Office 7 或 Office 10 等办公软件。

 小提示

在实际应用中,根据不同的用户需求安装相应的应用软件。

3. 微机接口

微机整体由诸多功能模块组合而成,而模块之间的衔接和信息通信由“接口”来完成。微机接口是指计算机与其周边设备进行信息交换和信息通信时的连接方式,具体可分为硬件接口和软件接口。硬件接口也称为硬设备接口,主要指计算机与外部设备连接时的电路端口,如 USB 接口、电缆接口、蓝牙接口、红外接口等。软件接口是指通过编程实现两个软件模块之间的信息交流,例如计算机屏幕上的某个功能图标就是软件接口。

4. 微机的性能评价

一台微机整体的功能强弱或性能好坏,由它的系统结构、指令系统、硬件组成、软件配置等多方面的因素综合决定。仅从硬件角度出发,可根据下列指标来评价微机的性能。

(1) 运算速度。

运算速度是衡量微机性能的一项重要指标。通常所说的运算速度是指每秒钟所能执行的指令条数,一般用百万条指令每秒(million instructions per second,MIPS)来描述。同一台计算机,执行不同的运算所需时间可能不同,因而对运算速度的描述常采用不同的方法,常用的有主频、指令数每秒(instructions per second,IPS)等。微机一般采用主频来描述运算速度。例如,2019 年 9 月 AMD 公司发布全球首款 16 核芯片——Ryzen 93950X,其主频为4.7 GHz。

 小提示

主频是指 CPU 内部的时钟频率,单位为赫兹(Hz),是 CPU 进行运算时的工作频率。一般来说,主频越高,一个时钟周期里完成的指令数也越多,CPU 的运算速度也就越快。

(2) 字长。

字长是指 CPU 一次能同时处理的二进制位数。一般在其他指标相同时,字长较长的微机,处理数据的速度较快,相对而言也具有更强的信息处理能力。早期微机的字长一般是 8 位和 16 位。目前微机的字长大多是 32 位,市场销售的微机一般是 64 位。字长是字节的 N 倍。

(3) 内存容量。

内存是 CPU 可以直接访问的存储器,要执行的程序与要处理的数据需要存放其中。内存容量的大小反映了微机即时存储信息的能力。一般来说,内存容量越大,系统能处理的数据量也越大。随着操作系统的升级,应用软件的不断丰富及其功能的不断扩展,微机的内存容量也在不断提高。目前,主流微机的内存采用 DDR4 接口,容量至少 8 GB。

（4）外存容量。

外存容量，即微机联机时的外存储器容量，以字节数表示。微机的外存容量主要取决于硬盘（硬盘驱动器），硬盘容量越大，可存储的信息就越多，系统性能也越强。目前流行的硬盘容量为 320 G、500 G 和 1 TB。硬盘虽然安装在主机箱的内部，但对于微机的体系结构而言，硬盘属于外部存储器。

在笔记本和平板电脑中，目前常采用固态硬盘（类似于 U 盘）以压缩体积、减轻重量。

5. 微机配置与选购

市场上的微机有原装机和组装机之分。原装机也称为品牌机，是由具有一定规模和技术实力的微机生产厂商生产或组装，并标识经过注册的商标品牌的微机。由于原装机的生产流程具有一定的规范性，相对组装机而言，整机的可靠性和稳定性较高，但性价比较低。组装机也称为兼容机，由用户或销售商将不同厂家生产的各种符合 PC 标准的部件组装起来的微机。组装机通常没有经过"烤机"工艺流程的筛选，会出现故障率偏高的现象。

选购微机之前，首先要明确购买微机的目的。微机按主要用途分为商用机、办公机、家用机和专业机。商用机要求可靠性，办公机要求稳定性，家用机要求多用性，专业机要求性能好。微机的用途是决定所购微机配置的主要因素。选购时要从微机的主要用途出发，并非越高档越好，而是够用就行。如对于以上网作为微机主要用途的用户来说，一般对性能要求不是很高，但若要下载大量影音资料，则需要配置较大容量的硬盘；对于办公人员来说，微机的稳定性是最重要的，对处理器速度要求并不是很高；对于游戏玩家来说，由于图像要处理大数据运算，不仅要求处理器速度快，还要求显卡、内存、声卡的配置也要高，只有高配置的计算机才能充分表现出游戏效果。

除了明确微机的主要用途，还需要考虑使用微机的用户类型。对于非专业的用户，可以依据需求选择一款原装机。因为原装机是整机销售的，即使用户不了解微机的组成、硬件的兼容性也无妨，它的配置方案都经过专业测试，一般具有较好的兼容性、稳定性和系统性能，而且原装机可以为用户提供良好的售后服务。由于原装机价格相对较高，非专业用户也可以选择市场上主流的产品进行组装，一般销售商会提供针对不同应用需求的组装机配置清单，用户可以根据需要选择。对于从事计算机工作的专业用户来说，一般比较了解硬件的性能、各硬件的兼容性等，多倾向于选购不同厂家生产的硬件，配置一台兼容性好、性价比高的微机。相对原装机来说，组装机的升级或更换硬件比较方便，可满足用户的特殊需求。

 小提示

原装机（品牌机）的主机箱后面"机箱开壳处"贴有生产公司的封条，不允许用户私自打开机箱，并注明"在保修期内，如打开机箱则保修条款失效"。

在 21 世纪的今天，计算机的发明极大地推动了科学技术的飞速发展，如互联网全球通信技术、5G 高速无线宽带技术、互联网＋与智能家居、嵌入式单片机与工业自动化生产、人工智能与机器人制造、计算机辅助医疗与治疗设备、卫星遥控和导弹控制系统等，计算机科学与技术拓展的开发应用事例不胜枚举。可见，由计算机科学技术带来的不只是第三次工业革命，同样带来的还有农业革命、家庭革命、军事革命……

1.6　本章小结

本单元回顾了电子数字计算机的研发历程，介绍了微机系统的概念、微机的基本工作原理、微机系统的软/硬件组成、微机的配置和选购方法等内容。通过本章的学习，读者对微机系统有了概括性的认识，了解了计算机的工作方法和工作过程。

练　　习

1. 思考题。

（1）简述现代信息技术的飞速发展对人类进步的推动作用。

（2）简述微机系统的组成。

（3）简述微机的工作原理。

（4）简述微机的发展历程。

（5）微机的硬件系统一般都包括什么？

（6）什么是微机软件系统？

（7）现代信息技术中的数据和指令通常采用几进制表示？

（8）电子数字计算机为什么要引入"补码"运算？

2. 单项选择题。

（1）计算机中数据的表示形式是（　　）。

A. 八进制　　　　　B. 十进制　　　　　C. 二进制　　　　　D. 十六进制

（2）CPU 的主要功能是对微机各部件进行统一协调和控制，它包括运算器和（　　）。

A. 分析器　　　　　B. 存储器　　　　　C. 控制器　　　　　D. 触发器

（3）以下不属于微机输入或输出设备的是（　　）。

A. 鼠标　　　　　B. 键盘　　　　　C. 扫描仪　　　　　D. CPU

（4）1981 年，IBM 公司推出了首款个人计算机，开创了全新的计算机时代，试问该款计算机所选用的芯片是（　　）。

A. Intel 4004　　　B. Intel 8086　　　C. Intel 8088　　　D. Intel 80286

（5）Intel 公司推出的 80X86 系列中的第一个 32 位微处理器芯片是（　　）。

A. Intel 8086　　　B. Intel8086　　　C. Intel 80286　　　D. Intel 80386

（6）硬盘驱动器属于计算机硬件系统的（　　）。

A. 内存储器　　　　B. 外存储器　　　　C. 高速缓存　　　　D. 虚拟存储器

（7）CPU 能直接访问的存储器是（　　）。

A. 内存　　　　　B. 硬盘　　　　　C. U 盘　　　　　D. 光盘

（8）以下不属于冯·诺依曼原理基本内容的是（　　）。

A. 采用二进制来表示指令和数据

B. 计算机应包括运算器、控制器、存储器、输入和输出设备五大基本部件

C. 程序存储和程序控制思想

D. 软件工程思想

(9) 在衡量计算机的主要性能指标中,字长是(　　　　)。

A. 计算机运算部件一次能够处理的二进制数据位数

B. 8 位二进制长度

C. 计算机的总线数

D. 存储系统的容量

(10) 以下属于应用软件的是(　　　　)。

A. Windows XP Home　　　　B. Linux　　　　C. Office 2010　　　　D. DOS

(11) 软件系统主要由(　　　　)。

A. 操作系统和数据库管理系统组成　　　　B. 系统软件和应用软件组成

C. 应用软件和操作系统组成　　　　D. 系统软件和操作系统组成

(12) 一个完整的计算机软件系统包括(　　　　)。

A. 主机箱、键盘、显示器和打印机　　　　B. 系统软件和应用软件

C. 计算机主机及外部设备　　　　D. 硬件系统和软件系统

3. 判断题。

(1) 微机的核心部件是 CPU,它是微机的控制中枢。(　　　　)

(2) 一个完整的微机系统由硬件系统和软件系统组成。(　　　　)

(3) 微机的软件系统可分为系统软件和应用软件。(　　　　)

(4) 微机系统的工作过程是指取指令、分析指令、执行指令的不断循环的过程。(　　　　)

(5) 微机的字长是指微机进行一次基本运算所能处理的二进制位数。(　　　　)

(6) 计算机内部是采用二进制表示指令,但数据还是用十进制表示。(　　　　)

(7) 运算速度是衡量微机性能的唯一指标。(　　　　)

(8) 内存是指在主机箱内的存储部件,外存指主机箱外可移动的存储设备。(　　　　)

(9) 计算机和计算器是没有区别的同一类电子设备。(　　　　)

(10) "Pentium"是 Intel 公司注册的商标。(　　　　)

(11) 目前国际上普遍采用的字符系统是七单位的 ASCⅡ码(美国信息交换标准代码)。(　　　　)

(12) 汇编语言即面向机器的程序设计语言。比起机器语言,汇编语言具有更高的机器相关性,更加便于记忆和书写,但又同时保留了机器语言高速度和高效率的特点。(　　　　)

4. 计算题。

(1) 找出下列数字中最小的一个。

四种进制的数字分别为 10110101B、156_8、118D、9CH。

(2) 写出 35 的二进制数、八进制数、十六进制数。

(3) 写出二进制数 1000011 的十进制数。

(4) 写出 35 的 8 位二进制补码。

(5) 写出 -67 的 8 位二进制补码。

(6) 用补码运算规则算出 35+(-67)的补码值,并写出其真值的二进制数据。

第 2 章　微机装配技术

【学习目标】
- 了解微机各部件的基本工作原理；
- 理解微机外部设备的主要性能指标，微机各部件的选购要点；
- 掌握 CPU、主板、内存、硬盘和显示器等主要部件的基本性能指标；
- 掌握微机硬件组装的基本要领和装配技能。

2.1　主机结构与选配

计算机主机是指由电子线路构成、电气性能一致、高速数据计算和传输的计算机硬件系统的核心部分，它包括主板、CPU 和内存储器。由于 CPU 的集成度规模不断升级和生产厂家的不同，CPU 的外观和引脚针数相差甚远。通常每块主板只能插接一种引脚模式的 CPU，故在选购 CPU 的同时注意选择与之兼容的主板。内存储器又称内存条或内存。同一时期生产的内存条外形结构相对稳定，与多数主板兼容，只是不同容量的内存条的价格不同。

2.1.1　计算机主板结构与选购

主板是整个微机工作的基础。主板拥有重要的芯片组、插槽、接口、供电接插件、电阻和电容等元件，同时也是微机各部件的连接载体，如 CPU、内存、显卡、声卡等都安装在主板上。主板通过"总线"实现信息传输和控制功能。

1. 主板的基本结构

主板（main board）又称系统板（system board）和母板（mother board），是计算机用来连接、协调其他各部件的关键部件。计算机主板一般为矩形电路板，上面安装了组成计算机的电路系统，主要有 CPU 插座、南/北桥芯片、PCI 插槽、AGP 插槽、内存插槽、IDE 接口、外设接口等，如图 2-1 所示。

计算机主板关系着整个计算机的性能、稳定性和可用性。一台计算机几乎所有的技术都可以从计算机主板中得到体现，因为它连接其他各部件，必须要有相应的技术来支持。当然这主要取决于主板的芯片组。芯片组包括计算机主板上的各种部件接口集成的电路芯片。

2. 主板结构类型

根据结构类型的不同，主板可以分为 AT 结构、Baby AT（BAT）结构、ATX 结构、Micro ATX 结构和 BTX 结构五种（后面三种属于 XT 结构）。AT 和 XT 主板的最大区别是电源管理方式的不同，AT 主板是通过双刀开关来启动电源工作的；XT 主板则是通过触发开关来启动电源工作的。XT 主板可以通过网络实现远程唤醒功能。目前 AT 主板已被淘汰，流行的

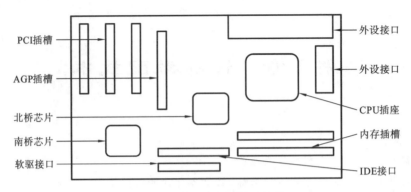

图 2-1　计算机主板的基本结构

是 ATX 主板,这种整合性主板(一体化主板)集成了声卡、显卡等部件,深受用户欢迎。

1) AT 结构

AT 结构主板(见图 2-2)是在 1984 年由 IBM 公司推出的一种通用型微机主板。主板输出只有键盘端口,其他外设衔接需要插接相应功能卡,如显示卡、声卡、网卡等。AT 主板的尺寸规格为 12″×11″～13″(单位是“英寸”,相当于 305 mm×279 mm～330 mm)。板上集成有控制芯片和 8 个 I/O 扩充插槽。由于 AT 主板尺寸较大,因此系统单元(机箱)水平方向增加了 2 英寸,高度增加了 1 英寸,这一改变也是为了支持新的、尺寸较大的 AT 格式适配卡。同时将 8 位数据、20 位地址的 XT 扩展插槽改为 16 位数据、24 位地址的 AT 扩展插槽。为了保持向下兼容,它保留 62 脚的 XT 扩展槽,然后在同列增加 36 脚的扩展槽。XT 扩展卡仍使用 62 脚扩展槽(每侧 31 脚),AT 扩展卡使用共 98 脚的两个同列扩展槽。这种 PC AT 总线结构演变策略使得它仍能在当今的任何一个 PC Pentium/PCI 系统上正常运行。AT 结构的主板早

图 2-2　AT 结构主板

已被淘汰,但它是计算机发展的一个重要历程。

2)ATX 结构

由于科学技术的迅猛发展,陈旧的 AT 主板结构制约了计算机技术的提升和应用水准的提高。Intel 公司在 1995 年 1 月公布了扩展 AT 主板结构,即 ATX 主板标准。主板规格为 12″×9.6″(相当于 305 mm×244 mm)。这一标准得到了世界主要主板厂商的支持,目前已经成为最广泛的工业标准。1997 年 2 月,Intel 公司推出了 ATX2.01 主板。

ATX 主板采用了先进的电源管理模式,普遍采用了外设接口直接集成到主板上的方式。ATX 结构中具有标准的 I/O 面板插座,提供了两个串行口、一个并行口、一个 PS/2 鼠标接口和一个 PS/2 键盘接口。由于 I/O 接口信号可直接从主板上引出,取消了连接线缆,使得主板上可以集成更多的功能,也就消除了电磁干扰、争用空间等弊端,进一步提高了系统的稳定性和可维护性。另外在设计上,ATX 主板横向宽度加宽,内存插槽可以紧挨最右边的 I/O 槽设计,CPU 插座也设计在内存插槽的右侧或下部,使 I/O 扩展槽上安插较长板卡不再受限,内存条的更换也更加方便。软驱接口与硬盘接口的排列位置也有利于节省数据线。

ATX 标准重新设计了 20 针的电源插座位置(位于 CPU 插座的右侧)。ATX 电源也是新设计的,旧的 AT 电源内只有一只向外抽出热空气的风扇,而 ATX 电源则把风扇从吹出改为吸入,把外界冷空气吸进机箱内,并使冷却气流直接吹过处理器,从而给 CPU 及机箱内各配件散热。ATX 电源插座的第 14 针"PS-ON"引脚可以控制电源,进行开关机。因此,现在的 ATX 主板支持网络唤醒、Modem 开机、键盘开机、定时开关机等功能。主板较长的一端向外(横放),很容易放置众多的 I/O 接口;软驱、硬盘的插槽则位于机身前方,便于安装,同时避免了机箱内纷杂的连线;ATX 电源提供了更佳的风流模式,提高了散热效率。

3)Micro ATX 结构

Micro ATX(微型 ATX)主板结构保持了 ATX 标准主板背板上的外设接口位置,与 ATX 结构兼容。Micro ATX 主板把扩展插槽减少为 3~4 个,DIMM 内存插槽为 2~3 个(也有 4 个的),从横向减小了主板宽度,其尺寸规格为 9.6″×9.6″(相当于 244 mm×244 mm),比标准 ATX 主板结构更为紧凑。按照 Micro ATX 标准,主板上通常还集成了图形和音频处理功能的芯片,俗称集成显卡和声卡。

在 ATX 家族中,其实还有像 LPX ATX、NLX ATX、Flex ATX 这几个变种。其中,Flex ATX 结构比 Micro ATX 主板的面积还要小三分之一左右,但多见于国外的品牌机,国内尚不多见。

4)BTX 结构

BTX 是 Intel 公司提出的新型主板架构"balanced technology extended"的简称,被认为是 AT 结构(包括 ATX 结构)时代的终结者,类似于以前的 ATX 结构取代 AT 和 Baby AT 结构一样。革命性的改变是新的 BTX 规格能够在不牺牲性能的前提下做到的最小的体积。新架构对接口、总线、设备将有新的要求。

BTX 规格是 Intel 公司于 2002 年春季 IDF 正式提出的,此种结构的主板提供了 7 个扩展槽,采用 10 个安装点,可以提供 3 个以上的 3.5 英寸和 3 个以上的 5.25 英寸驱动器槽,尺寸规格为 12.8″×10.5″(相当于 325 mm×267 mm),比 ATX 结构的主板尺寸还要大。事实上,BTX 不仅包括主板规格的改变,还涵盖了机箱、散热器及电源等组件的进一步改良,以满足当年处理器频率不断提升、系统散热要求更佳的设计。

ATX 在当时看来解决了一些问题,例如让各组件排列更合理,并且当时 CPU 时钟频率在 100 MHz 左右,产生的热气并没有太明显的影响。不过随着 Intel 不断飙升的 CPU 频率(已经逼近 4 GHz)连带产生了惊人的热气。在 ATX 中,散热器的运作方式很简单,就是利用风扇将冷空气吸入,并从散热片排出 CPU 上的热气,但 ATX 杂乱的格式却让散热器运作起来力不从心。因此市面上出现了各式各样的散热装置,例如强调静音、高转速的强力风扇,宣称导热效果最好的散热片等,甚至出现水冷式的散热装置。

Intel 的 BTX 结构主板部署如图 2-3 所示,在这种 BTX 结构主板中 CPU 被放在最前面,配合大型的散热器将冷空气从机壳前方的透气孔吸入,通过 CPU 后将热气从后方散热片送出,再通过南、北桥芯片及显卡 GPU(图形处理单元)一起把热气带走,最后从机壳背面的透气孔将热气排出,整体的空气流向是一直线,比 ATX 的空气对流方式有很大的提升。

图 2-3 Intel 的 BTX 结构主板部署

Intel 公司原先打算推出 BTX 架构,希望以其出色的散热效率和更低的噪音来解决 Net Burst 架构 CPU 的高发热量问题,但随着 Intel CPU 架构的调整,以 Core 核心 CPU 的功耗来看,Intel 公司动摇了采用 BTX 架构的必要性。

3. 计算机主板芯片组

主板芯片组(Chipset)一般包含南桥芯片和北桥芯片,是主板的核心组成部分。主板芯片组性能的优劣会影响到整个微机系统性能的发挥。

1) 北桥芯片

北桥芯片(north bridge chip)在芯片组中起主导的作用,一般芯片组的名称也以北桥芯片的名称命名。例如,Intel 875P 芯片组的北桥芯片是 82875P。北桥芯片在主板上离 CPU 最近,它主要负责 CPU 与内存、显卡之间的数据传输,决定了主板的 CPU 类型和主频、系统总线频率、前端总线频率、内存类型和容量、显卡插槽规格等。整合型芯片组的北桥芯片,还集成了显示芯片。由于北桥芯片的数据处理量非常大,耗散功率高,所以北桥芯片上通常安装有一个大的散热器。

2) 南桥芯片

南桥芯片(south bridge chip)在主板上一般位于离 CPU 插槽较远的下方。南桥芯片不与 CPU 直接相连,而是通过一种总线(如 Intel 的 Hub Architecture,SIS 的 Multi-Threaded)与北桥芯片相连。南桥芯片主要负责与低速率传输设备之间的联系,即负责 I/O 总线之间的通信,如 PCI/PCI-E 总线、USB、LAN、ATA/SATA 等硬盘、音频控制器、键盘控制器、BIOS 系统、高级电源管理等。这些技术相对来说比较稳定,所以不同芯片组中南桥芯片可能是一样的,如 i865 系列中北桥芯片有 i865G、i865P、i865GV 等,但南桥芯片都采用的是 ICH 6。

4. CPU 插座结构

微机主板上 CPU 插座是 CPU 连接主板的接口。CPU 经过这么多年的发展,采用的接口方式有引脚式、卡式、触点式、针脚式等。目前流行的 CPU 接口一般是触点式和针脚式,对应到主板上就有相应的插槽类型。不同类型的 CPU 具有不同的 CPU 插槽,因此选择 CPU,就必须选择带有与之对应插槽类型的主板。主板 CPU 插槽类型不同,插孔数、体积、形状都有变化,所以不能互相接插。常见 CPU 插座如图 2-4 所示。

(a) 针脚式CPU插座Socket7　　　　　　(b) 触点式CPU插座LGA775

图 2-4　常见 CPU 插座

目前 CPU 的主流产品是 Inter 和 AMD,对应的 CPU 插座有:Inter 是 Socket 478、LGA 775、LGA1366;AMD 是 Socket AM2、Socket AM3、Socket 939,其中 Socket AM3 是 938 针,Socket AM2 是 940 针。

针脚式 CPU 插座的上层是一个滑板,掀动拉杆可以有 3 mm 的移动幅度。抬起拉杆可以实现 CPU 芯片的 0 阻力插拔;压上拉杆时,在滑板和镰刀状弹性夹片的共同作用下"抱死" CPU 针脚。此时插拔 CPU 阻力很大,万万不可用力插拔! 针脚式 CPU 插座的内部结构剖析如图 2-5 所示,由此可知 CPU 的衔接方式(针脚式结构)。

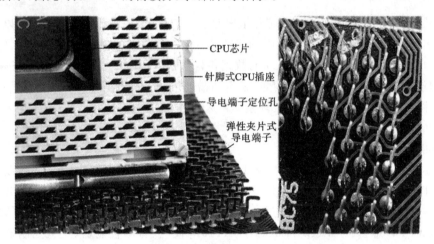

CPU芯片

针脚式CPU插座

导电端子定位孔

弹性夹片式
导电端子

图 2-5　针脚式 CPU 插座的内部结构剖析

几种常见的 CPU 插座简介如下。

(1) Socket 7 插座:有 321 个针脚,支持 Intel Pentium MMX 处理器。

(2) Socket 478 插座:有 478 个针脚,支持 Intel Pentium 4 处理器。

(3) LGA 775 插座:有 775 个触点,支持 Intel Pentium4、Pentium4 EE、Celeron D,以及双核的 Pentium D 和 Pentium EE 等。

(4) Socket AM2 插座:940 根针脚,支持 AMD Sempron、Athlon 64、Athlon 64 FX 等。

5. 主板选购的注意事项

当前的计算机主板种类繁多、价格不一。不同品牌、不同主板芯片组、不同的外设板卡集成程度,售价从 500～2000 元。挑选一款自己中意的主板,不要一味地追求高性能、高价位,微机系统的选配应遵循"够用、好用、性价比高"的原则。在选购时不仅要检查外部接口的好坏,还要注意主板上元器件的挑选。

1) CPU 插座

市场上的主板产品根据支持 CPU 的不同,所用的 CPU 插座并不相同。其中主要分为 Intel 系列和 AMD 系列两大类。参数相同、结构相近的 CPU 芯片,两大品牌的产品价格相差不多,Intel 公司的产品相对功耗小,但价位稍高;AMD 品牌的 CPU 性价比高,但功耗相对稍大。

同时,CPU 插座的位置很重要。如果 CPU 插座过于靠近主板上边缘,则在一些空间比较狭小或者电源位置不合理的机箱里面会出现安装 CPU 散热片比较困难的情况。同时,CPU 插座周围的一组大型滤波电容也不应该靠得太近,否则,一是安装散热器不方便,甚至有些大型散热片在这种主板上根本无法安装;二是风扇排出的热风有可能损坏周边的电解电容。

2) 主板电容

主板在电容的选择方面也非常重要,电容的作用是过滤电流中的杂波,保证电源对主板及相关配件的供电稳定。电容对主板稳定性影响较大,尤其是主板供电电路所使用的一组大容量电解电容。这部分电容将对输入到主板的电源再进行一次滤波,如果这部分电容出现问题会影响微机的稳定性,甚至出现死机现象。

主板上常见的电容有电解电容、钽电容、陶瓷贴片电容等。电解电容一般在 CPU 和内存插槽附近比较多,电解电容的容量大、体积大,主要用于低频滤波。钽电容、陶瓷贴片电容体积较小,外观呈黑色贴片状,这些电容耐热性好、损耗低,但容量较小,一般用于高频电路,在主板和显卡上被大量采用。钽电容与普通电解电容相比,具有更长的使用寿命、更高的可靠性、不易受高温影响等显著特点,属于优质电容。主板使用的钽电容越多,主板的质量相应越高。

铝电解电容为了提高电容器的容量,铝壳里边有金属薄膜、绝缘纸和电解质涂层,故体积相对较大。由于电解质的极性趋向,铝电解电容有正负极之分,且耐热性差。目前,档次较高的计算机主板引用的滤波电容是容量大、体积小、耐温高的固态电容(或钽电容),如图 2-6 所示。

图 2-6　容量大、体积小、耐温高的固态电容

3)主板散热性能

在选购主板时还应当注意芯片组的散热性能,尤其是控制内存和 AGP 显卡的北桥芯片。在主板制造时,用料较足的生产厂会在北桥芯片上装配大尺寸的铜质散热片。固态降温相比风扇降温,可以降低噪音,提高性能的可靠性。

主板良好的散热性能,不仅能够有效地保证整机长时间工作的稳定,还能够进一步提升计算机的整体超频性能。

4)集成芯片及插槽选择

集成化程度很高的主板越来越多,包含显卡、声卡、网卡等功能的主板产品在市场上比比皆是。在选购这类集成主板时,主要还是应当考虑使用者自身的需求,同时应当注意这些集成芯片所代替的板卡,在性能上会逊色于同类中的高端板卡产品。如果消费者在某一方面有较高需求的话,可以选购相应高端的板卡,以实现更高的性能。

在主板插槽数量方面的选择也应当如此,主要考虑自身的需求。如果需要使用大量扩展卡来实现一些附加功能的话,则应当选择扩展插槽较多的产品。如果希望配置大容量内存的话就应当挑选 DIMM 内存插槽较多的产品等。

5)品牌与售后服务

选购商品,品牌效应的确影响着每一个用户。一个有实力的厂商,为了打响自己的品牌,会在主板的设计、选料筛选、工艺控制、品管测试、包装运送等方面严格把关。目前,市场流行的有华硕、微星和技嘉等品牌的主板。

另外,主板销售的质保服务也不容忽视。无论主板档次如何,厂商的售后服务保证应当一致。为了自己的合法权益,在产品质保期内,请保存好购买主板时的发票和质保卡,以及产品的说明书、配件和包装等。

6. ATX 主板实例分析

计算机市场中微机主板的品牌很多,但基本结构相同,下面仅以华硕为例进行说明。

华硕 P5Q 主板(见图 2-7)基于 Intel P45＋ICH10R 芯片组,支持 1600 FSB,支持 45 nm

双核及四核处理器,支持 DDR2 1200 规格内存。华硕 P5Q 主板配备了 8 相供电设计,全日系固态电容。封闭式电感以及独特设计的金色散热片保证了平台的稳定,并为超频提供了基础。主板配备了华硕独家的 EPU 6 省电技术,支持 Express Gate 开机 5 s 快速上网功能以及 Drive Xpert 磁盘备份技术。

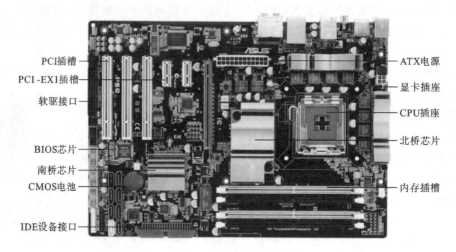

图 2-7　华硕 P5Q 主板

　　华硕 P5Q 主板提供了 4 条内存插槽,为主流 DDR2 规格,配备了 2 相稳重供电设计。磁盘接口方面较为丰富,提供了 8 个 SATA 接口,另外还有 1 组 IDE 设备接口,也是充分考虑到了老用户的需要。主板还提供 1 条 PCI-E 显卡插槽,显示出了主板的普及型定位;提供了全速的 16X 接口,支持 PCI-E 2.0 规格;另外提供了 2 条 PCI-EX1 插槽和 3 条 PCI 插槽。主板载 Realtek ALC1200 音效芯片,支持 8 声道 HD 音频输出;载 Atheros 网络控制芯片,支持千兆网络的接入能力。

　　华硕 P5Q 主板的外部 I/O 端口有:6 个 USB 2.0 接口、1 个 IEEE 1394 接口、千兆网络 RJ45 端口、8 声道音频输出集成端口、保证了高品质数字音效的 S/PDIF 输出端口。

 小资料

　　(1)音频输出集成端口:红色——MIC;绿色——Line in;蓝色——Speak(立体声);黄、黑、灰色三个接口共输出 6 个声道,音频输出集成总数为 8 声道。

　　(2)IEEE1394 接口:该接口是苹果公司开发的串行标准,中文译名为火线接口(firewire)。同 USB 一样,IEEE1394 也支持外设热插拔,可为外设提供电源,省去了外设自带的电源,能连接多个不同设备,支持同步数据传输。

　　(3)S/PDIF 接口:S/PDIF(sony/philips digital interface format)是索尼和飞利浦共同制定的一个数字音频输入/输出标准。相对于原来的声卡来说,S/PDIF 接口可以有效抑制因模拟连接所带来的噪音影响,使信噪比可高达 120 dB,同时可以减少模/数—数/模转换和电压不稳引起的信号损失。又由于它能以 20 位采样音频工作,所以能在一个高精度的数字模式下,使整个音频系统保持很高的品质。

　　（4）固态电容：固态电容全称为"固态铝质电解电容"。它与普通电容（即液态铝质电解电容）最大差别在于采用了不同的介电材料，液态铝质电解电容介电材料为膏状电解质，而固态电容的介电材料则为导电性高分子。固态电容具备环保、阻抗低、高/低温稳定、耐高纹波及信赖度高等优越特性，是目前电解电容产品中的最佳产品。由于固态电容特性远优于液态铝质电解电容，固态电容耐温可达 260 ℃，且导电性、频率特性及寿命均佳，适用于低电压、高电流的应用，主要应用于数字产品，如薄型 DVD、投影机及工业计算机等。目前个人计算机主板越来越多地采用大量的固态电容，甚至全固态电容，而不再采用液态铝质电解电容，使得固态电容"平民化"普及。

2.1.2　中央处理器——CPU

　　CPU 是微机系统完成各种运算和控制的核心，是决定微机性能的关键部件。CPU 是一个复杂的集成电路芯片，主要由控制部件、算术逻辑运算部件（ALU）和存储部件（包括内部总线及缓冲器）三部分组成。

1. CPU 主流产品

　　在 20 世纪 80 年代中期，386 和 486 的 CPU 分为 SX 和 DX 两大类，SX 芯片为廉价的大众商品，DX 芯片为高端专业商品，两者的区别是 DX 芯片内部集成有数学协处理器（80387 或 80487）功能部件（见图 2-8）。镶有 80486 SX 芯片的主板上一般留有 80487 芯片的插槽，装配了数学协处理器芯片之后，计算机的科学计算功能大为提升，程序运行速度明显提高。在时代进步的今天，CPU 芯片中都内置了数学协处理器功能部件，不再有 SX 的标识出现。

图 2-8　数学协处理器功能部件

　　目前 CPU 的主要生产厂家是 Intel 公司和 AMD 公司，其市场主流产品是 Intel 公司的 Pentium 系列、酷睿 i 系列，AMD 公司的 Athlon XP 系列等。如图 2-9 所示芯片为 Intel 公司的 Pentium 系列和酷睿 iX CPU 芯片，分别为 CPU 奔腾 4、酷睿 i3、酷睿 i7，其中 i 系列为多核 CPU。目前微机的芯片大多选择多核 i 系列的 CPU。

2. CPU 工作原理

　　CPU 内部包括控制器和运算器以及数据暂存部件。CPU 的工作原理：控制部件负责先从内存中读取指令，然后分析指令，并根据指令的需求协调各个部件并配合运算部件完成数据

（a）CPU奔腾4 （b）酷睿i3 （c）酷睿i7

图 2-9 Pentium 系列和酷睿 iX CPU 芯片

的处理工作，最后把处理结果存入存储部件。

3. CPU 外观与构造

CPU 的物理结构主要包括内核、基板、封装和接口四个部分，但从 CPU 的外观上看，不同的生产厂家、不同的型号以及不同的时期会有一定的差异。

1）内核

内核又称为核心，是 CPU 最重要的组成部分。内核是由单晶硅以一定的生产工艺制造出来的，CPU 所有的控制、接受/存储命令、数据处理都由核心执行。各种 CPU 核心都具有固定的逻辑结构，一级缓存、二级缓存、执行单元、指令级单元和总线接口等逻辑单元都有科学的布局。

CPU 核心的发展方向是更低的电压、更低的功耗、更先进的制造工艺、集成更多的晶体管、更小的核心面积（晶片面积减小会降低 CPU 的生产成本，从而最终会降低 CPU 的销售价格）、更先进的流水线架构、更多的指令集、更高的前端总线频率、更多的集成功能（例如集成内存控制器等）以及双核心和多核心等。CPU 核心的进步对普通消费者而言，最有意义的就是能以更低的价格买到性能更强的 CPU。

2）基板

基板是承载 CPU 内核，负责内核和外界通信的电路板。基板上有控制逻辑、贴片电容、电阻等元件。基板一般采用陶瓷或有机物制造。因为有机物的电气和散热性能比陶瓷好，所以目前基板大多采用有机物材料。内核芯片和基板之间（即内核芯片周围）会加一些填充物，一方面可以把芯片固定在电路基板上，另一方面可以用来缓解来自 CPU 散热器的压力。

3）接口

CPU 的接口有针脚式、引脚式、卡式、触点式等，目前多为触点式或针脚式接口。

 小提示

不同 CPU 接口类型的插孔数、体积、形状都有变化，所以对应主板的 CPU 插座类型也不同，不能互相接插。选购主板时应注意选购与之匹配的 CPU。

4. CPU 的主要性能指标

1）CPU 主频

主频又称内频，是 CPU 内核工作的时钟频率，单位是兆赫兹（MHz）或吉赫兹（GHz），是 CPU 内数字脉冲信号振荡的速度。如 Intel 酷睿 i7 4790K 处理器的主频为 4.0 GHz。一般说来，主频越高 CPU 的运算速度也就越快。但主频并不直接代表 CPU 的运算速度，因为各种 CPU 的内部结构不同，有可能主频较高的 CPU 实际运算速度并不高，如 AMD Athlon XP 系列 CPU 的主频大多低于 Intel 公司 Pentium 4 系列 CPU 的主频，而实际运算速度并不低。因此，CPU 的实际运算速度还要看 CPU 其他方面的性能指标，如缓存、指令集、CPU 的位数等。

2）CPU 外频

外频是指主板为 CPU 提供的基准时钟频率，也称系统总线频率，单位是兆赫兹（MHz）。例如 Intel 酷睿 i3 530 处理器的主频为 2.93 GHz，外频为 133 MHz，倍频数是 22X（X 表示倍数）。

 小提示

　　一个 CPU 默认的外频只有一个，主板必须能够支持这个外频，因此在选购主板和 CPU 时必须注意。如果这两个频率不匹配，系统就无法工作。选购计算机硬件时，需认真倾听主板或 CPU 销售商的推荐意见。

3）前端总线频率

总线是微机各部件间互连和传输信息的通道。总线的速度对系统性能有着极大的影响。总线根据传输信息内容不同又可分为数据总线（DB）、地址总线（AB）和控制总线（CB）。数据总线是外部设备和总线主控设备之间进行数据和代码传送的数据通道。地址总线是外部设备和总线主控设备之间传送地址信息的通道，地址总线的数目决定了直接寻址的范围。控制总线是传送控制信号的总线，用来实现命令、状态传送、中断、直接对存储器存取的控制，以及提供系统使用的时钟和复位信号等。

总线主要性能指标有总线频率、总线宽度和总线传输速率。总线频率是影响总线传输速率的重要因素之一，总线频率越高，速度越快。总线宽度指总线能同时传送数据的位数。总线传输速率是指单位时间内总线上可传送的数据总量。

前端总线（front side bus，FSB）频率指 CPU 和北桥芯片间总线的速度，直接影响 CPU 与内存传输数据的速度。在 Intel Pentium 4 之前，前端总线频率与外频相同。从 Intel Pentium 4 开始，采用了四倍数据倍率（quad data rate，QDR）技术，使得前端总线频率提高为外频的 4 倍，如 Intel 酷睿 i3 530 处理器，它的外频为 133 MHz，则前端总线为 532 MHz。

4）倍频系数

在 Intel 80486 之前，CPU 的主频与外频也相同。在 Intel 80486 之后，利用数字电路的倍频技术可使 CPU 主频提高为外频的倍数，而外部设备仍工作在较低的外频上，这样就不会增加主板的费用。倍频系数（或称倍频）是指 CPU 主频与外频的比值，计算公式如下：

$$主频 = 外频 \times 倍频$$

通过提高外频或倍频来提高 CPU 的主频，称为超频。目前 CPU 的倍频值一般被生产厂商锁定,所以超频经常需要提高计算机的外频值。

 小提示

超频有一定的风险,有可能会损坏微机硬件。

5) 字长

字长是指 CPU 一次能够同时处理的二进制数的位数,字长一般是字节的整数倍,目前的 CPU 字长多为 64 位。字长越长,则用来表示数值的有效数位就越多,计算精度也就越高。因此,字长直接影响着微机的计算精度和运算速度。

6) 高速缓存(或缓存)

缓存(Cache)是位于 CPU 与内存之间的小容量高速存储器,其目的是使高速的 CPU 直接从相对高速的缓存中读取数据,从而提高 CPU 的运行效率。缓存分一级缓存(L1 Cache)和二级缓存(L2 Cache)。酷睿处理器采用 800~1333 MHz 的前端总线速率,45 nm/65 nm 制程工艺,双核酷睿处理器通过智能缓存技术共享 12 MB L2 资源。

CPU 读取数据的过程:先从 L1 中寻找所需读取的数据,如在 L1 中找不到再从 L2 中寻找,若 L2 中也找不到则到内存中寻找。因 CPU 访问缓存的命中率一般在 90% 以上,所以大大缩短了 CPU 访问数据的时间。

7) 其他

CPU 的性能指标还有工作电压、Hyper Transport 总线技术、制作工艺、指令集、流水线和超标量等。

5. CPU 的新技术

1) 超线程技术

超线程(hyper threading,HT)技术是把单个物理的处理器模拟成两个逻辑的处理器,从而实现并行处理,提高 CPU 的运行效率,目前市场流行的 CPU 几乎都支持超线程技术。

2) 多核处理器

多核处理器包括双核、4 核,乃至 18 核等。双核处理器是指在单个处理器上放置两个一样功能的处理器核心,即将两个物理处理器核心整合在一个内核中,如 Intel Core 2 Duo 和 AMD Athlon 64 X2 都是双核处理器;Intel 酷睿 2 Q9400 则是 4 核处理器;Intel 酷睿 i9 则是 18 核处理器。

6. CPU 的选购

CPU 的更新换代速度很快,一般最新推出的 CPU 产品价格都较高。因此,选购 CPU 时应根据具体应用需求选择性价比合适的主流产品,同时还应考虑 CPU 与其他微机部件的关系。

目前流行主机装配 CPU 介绍——酷睿 i3、i7 或 i9。其中酷睿 i3 是全球第一款 32 nm CPU,也是全球第一款由 CPU+GPU 封装而成的中央处理器,其 CPU 部分采用 32 nm 制作工艺,基于改进 Nehalem 架构的 Westmere 架构,采用原生双核设计,通过超线程技术可支持四个线程同时工作;GPU 部分则是采用 45 nm 制作工艺,基于改进自 Intel 整合显示核心的 GMA 架构,支持 DX10 特效。GPU 是一个附属型的处理器,主要处理计算机中与图形计算有关的工作,并将数据更好地呈现在显示器中。只有 CPU 和 GPU 合作,才能最大限度发挥计算机的性能。

Intel 智能高清侠酷睿 i3 530 处理器是酷睿 i3 系列的低端型号,双核心设计,主频为 2.93 GHz,外频为 133 MHz,倍频为 22X,共享使用 4 MB 三级缓存,具备超线程功能,但去掉了睿频加速功能。IGP 部分为一颗 45 nm 工艺 DX10 规格显示芯片,频率 733 MHz。处理器采用了 LGA1156 接口设计,在不使用整合显卡时可与 P55 主板兼容,处理器的 TDP 为 73 W。当然,选用 i9 芯片装机,玩游戏体验非常好。

 小提示

TDP 是反应处理器热量释放的指标。TDP 的英文全称是"thermal design power",中文直译是"热设计功耗"。TDP 的含义是处理器在满负荷的情况下,会释放出多少的热量,也就是说是处理器的电流热效应以及其他形式产生的热能,并以瓦作为单位。处理器的 TDP 功耗并不代表处理器的真正功耗,更没有算术关系。TDP 功耗的多少最主要的作用是提供给散热片和风扇等散热器制造厂商,是设计散热器时所使用的参数,用户也可以用其评判 CPU。

7. CPU 散热器

为了防止烧坏 CPU,现在的 CPU 上都要求安装散热器,以便及时散发热量。CPU 散热器分为固态散热器和风冷散热器,固态散热器采用大面积的金属散热片,特点是无风扇噪音;风冷散热器主要由散热片和散热风扇组成,优点是相对体积较小,如图 2-10 所示。为了增加 CPU 与散热片之间的传导效果,在 CPU 的散热片上涂适量的导热硅脂。风冷散热器的性能指标主要呈现在散热风扇上,有风量、风压、转速、噪音和使用寿命等参数。

图 2-10　CPU 风冷散热器

1)风量

风量是指散热风扇每分钟排出或吸入的空气总体积,单位是立方英尺/分钟(cubic feet per minute,CFM)。当散热片材质(铜或铝)相同时,风量是衡量散热性能最重要的指标。

2)风压

风压是指输出气流对出口处物体施加的压力值。如果风扇转速高、风量大,但风压小,则风吹不到散热器的底部；相反，风压大、风量小，但没有足够的冷空气与散热片进行热交换，也会造成散热效果不好。

3）转速

风扇转速是指风扇扇叶每分钟旋转的次数，单位是转/分钟（revolutions per minute，RPM）。风扇的转速越高，风量就越大，CPU获得的冷却效果就越好。

4）噪声

噪声是风扇工作时产生的杂音，单位为分贝（decibel，dB）。风扇产生噪声的主要因素是轴承摩擦、空气流动和风扇的自身振动。风扇一般在使用1～2年后会出现较大的噪音，常表现为开机时主机箱内嗡嗡作响，几分钟后计算机就安静下来了。产生原因是风扇的轴承缺少润滑油，可在风扇轴承上添加少许缝纫机润滑油。

5）风冷散热器的选购

散热器种类繁多，价格悬殊较大。选购时注意散热器的安装框架应与CPU类型和主板相匹配，还要重点查看风扇的尺寸、转速、电流与功率值。在导热系数上，铜质散热片比铝质的好，铜铝混合的比纯铝的好。一般来说，风扇的散热片厚重、体积较大，其散热效果较好。

 小提示

① 选购散热器还需要考虑散热片的尺寸、形状、空隙大小等因素，使热交换面尽可能大，保证气流顺畅，充分发挥风扇的性能；

② 在选择CPU时，最好选择盒装的CPU，因为盒装的CPU一般都会有配套使用的散热器。盒装CPU的价格略高于散装CPU的价格。

2.1.3 主存储器

微机的存储系统由辅助存储器和主存储器构成。辅助存储器指的是可以脱机保存数据的硬盘和光盘等存储体。主存储器指的是主机系统的内存，内存包括RAM、ROM和Cache。内存存放当前正在运行的数据和程序，CPU可直接读写内存。微机存储器结构如图2-11所示。

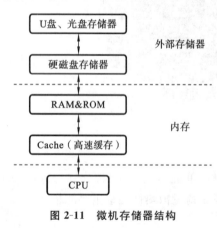

图2-11 微机存储器结构

内存有两种基本的类型：只读存储器（read-only memory，ROM）和随机存储器（random access memory，RAM）。ROM中存储的内容只能读取不能写入，且断电后所存储的信息不会消失，又称为"非易失性存储器"。RAM用来存储程序运行所需要的信息，既能读取又能写入，但断电后信息将全部丢失，故RAM又称为"易失性存储器"。

1. ROM

ROM一般用于存储微机硬件系统的重要信息和驱动程序，如主板的基本输入/输出系统（BIOS）等。ROM可分为掩模型只读存储器（MASK read-only memory,MASK ROM)、可编程只读存储器(programmable read-only memory,PROM)、可擦除可编程只读存储器(erasable programmable read-only memory,EPROM)和电可擦除可编程只读存储器(electrically erasable programmable read-only memory,EEPROM)4 种。

（1）MASK ROM：微机主板广泛应用的标准 ROM，用于永久性存储重要信息。

（2）PROM：允许一次性写入信息，但不可修改内容，一旦写入永久保存。

（3）EPROM：可利用紫外线照射此类芯片，擦除信息后重新编程写入。

（4）EEPROM：利用电擦除方式清除芯片所存信息，重新编程写入。

另外，闪存(flash memory)也是一种非易失性的内存，属于 EEPROM 的改进产品。目前闪存已被广泛用于 BIOS 和硬盘替代品(U 盘和固态硬盘等)。

2. RAM

RAM 可分为静态随机存储器(static RAM,SRAM)和动态随机存储器(dynamic RAM,DRAM)两种。

SRAM 由晶体管构成的触发器电路来实现二进制信息存储功能，它的工作速度可以与 CPU 同步，存取速度很快。由于 SRAM 的一位存储器需要 6 只晶体管电路构成，制造成本较高，所以 SRAM 多用于主板、CPU 等部件的高速缓冲存储器。

DRAM 就是通常所讲的内存条。DRAM 中的一位数据存储由一个晶体管的结电容来完成，它的存取速度比 SRAM 慢得多。相对静态随机存储器，动态随机存储器的价格便宜很多，因此由动态随机存储器构成的内存条通常容量很大。目前市场中 DRAM 的主要类型有双倍数据速率同步动态随机存储器(double data rate synchronous dynamic random access memory,DDR SDRAM,简称 DDR)、和存储器总线式动态随机存储器(rambus DRAM,RDRAM)等。DDR 根据产品更新换代的代数又分为 DDR1、DDR2、DDR3、DDR4 和 DDR5。

1) SDRAM

同步动态随机存储器(synchronous dynamic random access memory,SDRAM)是在奔腾 CPU 推出后出现的新型内存条，其内存工作速度与系统总线速度同步，一个时钟周期内只传输一次数据。内存条金手指(即内存条引脚)每面为 84 针，故称为 168 线内存条。DIMM 提供了 64 位的数据通道，因此 SDRAM 在奔腾主板上可以单条使用，目前仅存于老款计算机中。

2) DDR1

DDR1 内存在一个时钟周期内传输两次数据，因此称为双倍数据速率同步动态随机存储器。DDR1 内存插槽为 184 针 DIMM 结构，内存条金手指每面有 92 针，只有 1 个卡口。

3) DDR2

DDR2 是 DDR1 的换代产品。它的预读取能力是 DDR1 的两倍，DDR2 内存每个时钟能够以 4 倍外部总线的速度读/写数据，并且能够以内部控制总线 4 倍的速度运行。DDR2 内存插槽为 240 针 DIMM 结构，内存条金手指每面有 120 针，只有 1 个卡口，但卡口位置与 DDR1 稍有不同，因此 DDR1 内存和 DDR2 内存不能互插。目前 DDR2 内存已成为市场的主流产品。

4) DDR3

为了更省电、传输效率更快，DDR3 使用了 SSTL 15 的 I/O 接口，运作 I/O 电压是 1.5 V，采用 CSP、FBGA 封装方式包装，DDR3 内存插槽同为 240 针。除了延续 DDR2 的 ODT、OCD、Posted CAS、AL 控制方式外，另外新增了更为精进的 CWD、Reset、ZQ、SRT、RASR 功能。DDR3 是现时流行的内存产品。DDR 系列的内存储器比较如图 2-12 所示。

（a）DDR1

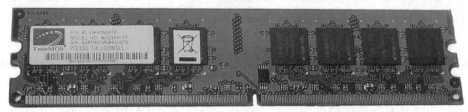

（b）DDR2

（c）DDR3

图 2-12　DDR 系列的内存储器比较

5）RDRAM

RDRAM 是采用串行数据传输模式的内存,内存插槽为 184 针 RAMBUS 在线存储器模块(RAMBUS in—line memory module,RIMM)结构,中间有两个靠得很近的卡口。RDRAM 较为少见。

3. DDR 系列内存条的区别

无论 DDR1、DDR2,还是 DDR3,其工作频率主要有 100 MHz、133 MHz、167 MHz、200 MHz 等。DDR1 采用一个周期的脉冲上沿和下沿各传递一次数据,因此传输数据量在同时间比 SDRAM 的增加一倍,即每个时钟周期的传输数据位宽为 2 bit。DDR1 就像工作在两倍的工作频率一样,为了直观,以等效的方式命名为 DDR 200/266/333/400。

DDR2 尽管工作频率没有变化,但传输数据位宽由 DDR1 的 2 bit 变为 4 bit,那么同时间传递数据是 DDR 的两倍,因此也用等效频率命名为 DDR2 400/533/667/800。

DDR3 内存也没有增加工作频率,继续提升传输数据位宽,变为 8 bit,为 DDR2 两倍,因此也在同样工作频率下达到更高带宽,因此用等效方式命名为 DDR3 800/1066/1333/1600。

所以可以看到,如 DDR 400、DDR2 800、DDR3 1600 这三种内存的工作频率没有区别,只是由于传输数据位宽倍增,导致带宽的增加。

DDR 系列内存的主要区别如下。

（1）DDR1 的工作电压为 2.5 V,DDR2 的工作电压为 1.8 V,DDR3 的工作电压为 1.5 V。

（2）DDR1 的 pin 脚为 184 pin,DDR2 和 DDR3 的 pin 脚为 240 pin 。

（3）DDR1 的主频为 266/333/400 MHz,DDR2 的主频为 400/533/667/800/1066 MHz。DDR1 的频率最高到 400 MHz,DDR2 的最高到 1066 MHz,而 DDR3 的则更高。

不同类型的内存条不可以混插;同类型不同频率的内存条可以混插,但最终工作频率以低端内存为基准。DDR 的三种接口都不一样,在内存条金手指上都有一个小缺口,但三种内存的小缺口位置都不在同一处。因此,购买主板的同时应当注意选配理想的内存条。

近年来,市面上出现了更为优越的内存条,如 DDR4 和 DDR5。DDR4 每引脚速度超过 2 Gbps,且功耗低于 DDR3L（DDR3 低电压）,能够在提升性能和 50％带宽的同时降低总体计算环境的能耗。这代表着对以前内存技术的重大改进,并且能源节省高达 40％。除性能优化、更加环保、低成本计算外,DDR4 还提供用于提高数据可靠性的循环冗余校验（CRC）,并可对链路上传输的"命令和地址"进行完整性验证的奇偶检测。此外,它还具有更强的信号完整性及其他强大的 RAS 功能。DDR4 内存的起始频率就已经达到了 2133 MHz,产品的最高频率达到了 3000 MHz。从内存频率来看,DDR4 比 DDR3 提升空间大。

在外观方面来看,一般情况下 DDR4 的内存金手指触点达到了 284 个,而且每一个触点间距只有 0.85 mm。因为这一改变,DDR4 的内存金手指部分设计成中间稍突出、边缘收矮的形状,在中央的高点和两端的低点用平滑曲线过渡,LPX 8G DDR4 2400 内存条结构特征如图 2-13 所示。

图 2-13 LPX 8G DDR4 2400 **内存条结构特征**

目前,第五代双倍数据率同步动态随机存取存储器（double data rate 5 synchronous dynamic random access memory,DDR5 SDRAM）已经诞生,它是一种正在开发的高带宽计算机存储器规格。DDR5 内存将从 8 GB 容量起步,最高可达单条 32 GB。

4. 内存性能指标

1）容量

内存容量是内存条的关键性参数,目前微机采用的主流内存容量有 4 GB 和 8 GB 等。

2）内存主频

内存主频表示内存所能达到的最高工作频率,以兆赫兹（MHz）为单位。内存主频越高,一定程度上表示内存所能达到的速度越快。目前市场主流 DDR3 的内存主频有 400 MHz、533 MHz、677 MHz 和 800 MHz。

3）CL 设置

CL 是 CAS latency 的缩写,即列地址选通脉冲时间延迟,指的是内存存取数据所需的延迟时间,简单地说,就是内存接到 CPU 的指令后的反应速度。CL 设置一定程度上反映内存在 CPU

接到读取内存数据的指令到开始读取数据所需的等待时间,其参数值越小,代表反应所需的时间越短。例如,金士顿 2GB DDR3 1333 的内存的默认 CL 值是 9,少量内存的 CL 值达到 3。

内存总延迟时间是反应内存速度最直接的指标,其计算公式为

$$总延迟时间＝时钟周期×CL 值＋存取时间$$

5. 内存的选购

内存是计算机主机系统的关键部件之一,内存的容量、规格指标以及做工质量会影响整个系统的性能发挥和稳定性。在组装计算机时,内存选择一是要注意主板所支持的内存类型和最大容量,二是要注意单条内存所支持的容量大小。目前使用的计算机主板一般都支持 4 GB,新型主板支持高达 16 GB 以上的内存。基于 Nehalem 架构的 Core i7 处理器是 Intel 首款整合了 DDR3 内存控制器的 CPU,因此一些 4 系列主板其实也能支持 DDR3 内存。

 小资料

内存标签上的信息,例如,KVR16N11S8/4-SP 各段字符含义:KVR 表示金士顿经济型内存,16 代表频率 1600 MHz,N 表示普通型,11 表示 CL 值为 11,S8 表示单面 8 颗粒,4 是 4G,SP 表示窄版节能型。

2.2　显示适配器和显示器

显示适配器和显示器是微机系统输出的重要部件,是微机操作人员进行人机会话的重要途径。微机检修工作中的"最小化微机系统"指的是主板、CPU、内存条、显卡、显示器和电源。微机的硬件系统在主板、CPU 和电源完好的情况下,如果内存和显卡出现问题,主板上的蜂鸣器会第一时间发出报警信号,其他外部设备的信息通过显示器告知用户。

2.2.1　显示适配器

显示适配器的先期产品是独立的接口板卡,显示适配器也称为显示卡,简称显卡。显卡的工作位置介于主机与显示器之间,是微机显示输出处理的重要部件。目前许多一体化主板已将显卡的功能集成在主板上,用户没有特殊需要,不用单独购买显卡。

1. 显卡工作原理

显卡从 CPU 接受显示数据和控制命令,把需要显示的信息通过总线送入显示芯片(GPU)进行处理。显示芯片负责完成大量的图像运算和内部控制工作,并把处理后的数据送入显示存储器,再由显示存储器送入数字/模拟转换器(random access memory digital/analog converter,RAMDAC),数字/模拟转换器完成把数字信号转换成模拟信号后送显示器,显示器输出显示。显卡的数据处理流程如图 2-14 所示。

2. 显卡的结构

显卡由显示芯片、显示存储器(简称显存)、显示 BIOS、数字/模拟(简称数/模)转换器、总

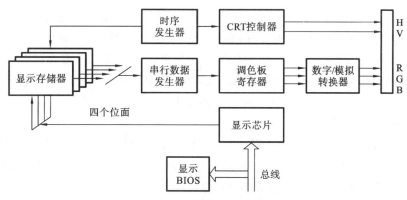

图 2-14 显卡的数据处理流程

线接口以及输出接口等组成。其中显示芯片是显卡的核心芯片,直接决定显卡的性能。PCI
Express 显卡及外部接口如图 2-15 所示。

图 2-15 PCI Express 显卡及外部接口

3. 显卡的接口类型

显卡的接口类型决定着显卡与系统之间数据传输的最大带宽,也就是瞬间所能传输的最大数据量。显卡接口有 ISA、PCI、AGP、PCI Express,其中 ISA 总线接口已经淘汰,PCI 和AGP 接口的显卡还在使用,目前 PCI Express 接口已成主流。

小资料 **图形处理芯片**——GPU

GPU 是显卡的"心脏",相当于 CPU 在计算机中的作用,它决定了该显卡的大部分性能和档次,同时也是 2D 显卡和 3D 显卡的区别依据。2D 显示芯片在处理 3D 图像和特效时主要依赖 CPU 的处理能力,称为"软加速";3D 显示芯片是将三维图像和特效处理功能集中在显示芯片内,即所谓的"硬件加速"。显卡大多采用 NVIDIA 公司和 AMD 公司两家公司的图形处理芯片。

4. 显卡的技术指标

1)芯片位宽

芯片位宽是指显示芯片内部数据总线的位宽。目前已推出最大显示芯片位宽是 512 位,是由 Matrox(幻日)公司推出的 Parhelia-512 显卡,这是世界上第一颗具有 512 位宽的显示芯片。而目前市场中所有的主流显示芯片,包括 NVIDIA 公司的 GeForce 系列显卡,ATI 公司的 Radeon 系列等,全部都采用 256 位的位宽。采用更大的位宽意味着在数据传输速度不变的情况下,瞬间所能传输的数据量更大。显示芯片位宽增加并不代表该芯片性能更强,只有在其他部件选配、制造工艺等方面都完全配合的情况下,显示芯片位宽的作用才能得到体现。

2)核心频率

核心频率是指显示芯片的工作频率,在一定程度上可以反映出显示核心的性能。但显卡的性能是由核心频率、显存、像素管线、像素填充率等多方面的情况所决定的,因此在显示核心不同的情况下,核心频率高并不代表显卡性能强。

3)显存

显存的性能和容量直接关系到显卡的最终性能表现。显存的作用是用来存储经显卡芯片处理或者即将提取的渲染数据。

(1)显存类型:目前市场上的显存类型主要有 DDR1、DDR2 和 DDR3。

(2)显存容量:显存容量决定显存能临时存储数据的能力,特别在使用三维动画制作软件或玩大型 3D 游戏时大容量的显存显得尤为重要。目前主流显卡的显存容量为 4 GB、8 GB,高档显卡则可达 10 GB 以上。

4)屏幕分辨率和颜色质量

屏幕分辨率和颜色质量决定显示器的显示效果。屏幕分辨率是指显示器所能描绘的像素点数量,通常以"水平像素×垂直像素"表示,如 1280×1024 ppi 等。颜色质量是显卡所能描绘图像的色彩数。屏幕分辨率和颜色质量的多少都和显卡上的显示存储器有关。当显存容量不足时,若增大分辨率则颜色质量相对会减小。

由于存储器的价位不高,目前应用的显存容量一般很大,完全能够满足用户的需求。不同显示参数设置时所需显存容量不同。计算举例如下。

如果设置显示器的屏幕分辨率(单位为 ppi,后面余同,通常省略)为 1280×1024,同时选择 32 位真彩色,则此时所需显卡的显存容量最少为

$$1280×1024×32÷8 \text{ B}=5 \text{ MB}$$

5. 显卡的选购

显卡的选购除了选择品牌、用料、做工、设计等以外,还应考虑实际需求、显卡接口、显卡性能等因素,如果没有特殊需求可以使用主板的集成显卡。

首先,从性能上说,应该选择工艺水平较高的显卡,例如七彩虹 GTX1080Ti CH GTX1080Ti 1480-1582 MHz/11G/352 bit 游戏显卡等,更好的工艺水准代表更低的功耗或者更好的性能。显卡的命名规则为第一个数字代表系列值,第二个数字代表显卡的性能,理论上来说第二个数字越大越好。选购时要了解显卡的参数,其中流处理器、显存类型和频率、带宽都很重要,理论上,是越大越好。

好的显卡还体现在做工方面。一是 PCB 板的厚度,品质好的显卡多采用优质 PCB 板以保证质量。二是电容类型,品质好的显卡多采用固态电容,电解电容寿命较短。三是散热方式,品质好的显卡装有降温效果好的散热器。对于显卡而言,大多数是散热片+风冷模式,少数的散热器采用水冷散热方式。另外,市场上有些显卡有缩水现象,选购时注意甄别。

小资料 DVI **接口**

1998 年，Intel 公司发明的一种高速传输数字信号的技术（即 DVI 数字视频接口）共有 DVI-A、DVI-D 和 DVI-I 三种不同类型的接口形式。DVI-D 只有数字接口，DVI-I 有数字和模拟接口。目前应用主要以 DVI-D 为主。DVI-D 和 DVI-I 又有单通道和双通道之分，我们平时见到的都是单通道版的，双通道版的成本很高。

DVI 线有 18＋1、24＋1、18＋5 和 24＋5 这四种规格，18＋5 和 24＋5 这两种规格属于 DVI-I，多出的 4 根线用于兼容传统 VGA 模拟信号，多在显卡接口上使用。DVI 是一种国际开放的接口标准，在 PC、DVD、高清晰电视（HDTV）、高清晰投影仪等设备上有广泛的应用。

2.2.2　显示器

显示器是微机的主要输出设备，一般可分为阴极射线管（cathode ray tube，CRT）显示器和液晶显示屏（liquid crystal display，LCD）显示器两类。由于 CRT 显示器过于笨重，现已淘汰。

1. 工作原理

液晶显示器又分为 LCD 和 LED（发光二极管），它们的区分只是背光源的发光机制不同而已，但它们的主要部件和光点控制都是相同的液晶屏幕。简单地说，液晶屏幕能够显示图像的基本原理就是在两块平行玻璃板之间填充液晶材料，通过电场的控制来改变液晶材料内部分子的排列状况，以实现遮光和透光的目的来显示深浅不一、错落有致的图像。而且只要在两块平板间再加上三元色的滤光层，即可实现显示彩色图像。

液晶是一种有机复合物，由长棒状的分子构成。在自然状态下，这些棒状分子的长轴大致平行。LCD 的第一个特点是必须将液晶灌入两个刻有细槽的平面之间才能正常工作。这两个平面上的槽互相垂直（90°相交），也就是说，若一个平面上的分子南北向排列，则另一平面上的分子必然是东西向排列，而位于两个平面之间的分子被强迫进入一种 90°扭转的状态。由于光线顺着分子的排列方向传播，所以光线经过液晶时也被扭转 90°，但当液晶上加一个电压时，分子便会重新垂直排列，使光线能直射出去，而不发生任何扭转。

LCD 的第二个特点是它依赖极化滤光片和光线本身，自然光线是朝四面八方随机发散的，极化滤光片实际是一系列越来越细的平行线。这些线形成一张网，阻断不与这些线平行的所有光线，极化滤光片的线正好与另一个垂直，所以能完全阻断那些已经极化的光线。只有两个滤光片的线完全平行，或者光线本身已扭转到与第二个极化滤光片相匹配，光线才得以穿透。LCD 正是由这样两个相互垂直的极化滤光片构成的，所以在正常情况下应该阻断所有试图穿透的光线。但是，由于两个滤光片之间充满了扭曲的液晶，所以在光线穿出第一个滤光片后，会被液晶分子扭转 90°，最后从第二个滤光片中穿出。另一方面，若为液晶加一个电压，分子又会重新排列并完全平行，使光线不再扭转，所以正好被第二个滤光片挡住。总之，加电可将光线阻断，不加电则使光线射出。例如，当液晶屏控制电极损坏时，屏幕出现亮线。当然，也可以改变 LCD 中的液晶排列方式，使光线在加电时射出，而不加电时被阻断。在计算机工作时，因为显示屏几乎总是光艳夺目的，所以液晶屏幕只有"加电将光线阻断"的方案才能实现节电的目的。

2. LCD 与 LED 的区别

目前市场流行的液晶显示器有两种,即 LCD 与 LED。主要区别是液晶背光技术的不同,相对而言,LED 更省电。

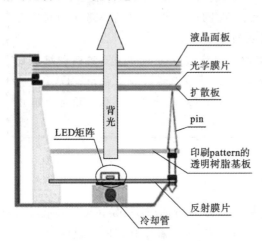

图 2-16　LED 的光控机制示意图

液晶背光技术包括 CCFL(冷阴极荧光灯)和 LED 两类。传统的 LCD 采用冷阴极荧光灯管作为背光源,而近代的 LED 采用发光二极管作为背光源。CCFL 为条状光源,每个显示屏需要 2 个或 4 个灯管,同时 CCFL 则必须有高压板、扩散板和反射板配套使用。发光二极管呈点光源,使用低压直流供电。LED 的背光源矩阵可以由集成电路完成,这种液晶显示器效率高、屏幕薄、寿命长。LED 的光控机制示意图如图 2-16 所示。

冷阴极荧光灯的工作原理是当高电压加在灯管两端后,灯管内少数电子高速撞击电极后产生二次电子发射,开始放电,管内的水银或者惰性气体受电子撞击后,辐射出 253.7 nm 的紫外光,产生的紫外光激发涂在管内壁上的荧光粉而产生可见光。冷阴极荧光灯的寿命一般定义为在 25 ℃的环境温度下,以额定的电流驱动灯管,亮度降低到初始亮度的 50％的工作时间长度为灯管寿命。目前冷阴极荧光灯的标称寿命可达到 60000 h。CCFL 背光源的特点是成本低廉,但是色彩表现不及 LED 背光。

发光二极管由数层很薄的掺杂半导体材料制成,一层带有过量的电子,另一层则因缺乏电子而形成带正电的空穴,工作时电流通过,电子和空穴相互结合,多余的能量则以光辐射的形式被释放出来。通过使用不同的半导体材料可以获得不同发光特性的发光二极管,可以提供红、绿、蓝、青、橙、琥珀、白等颜色。普通的 LED 使用红、绿、蓝三基色作为背光源,在高端产品中也可以应用多色 LED 背光来进一步提高色彩表现力,如六原色 LED 背光光源。

采用 LED 背光源可以使液晶屏做得更薄,大约为 1.5 cm;其寿命更长,约 10 万小时,是 CCFL 的两三倍;LED 是半导体发光管,结构简单、低压低、功耗小,特别有利于提高笔记本电脑的续航能力。LED 显示器的色域很广,能够达到 NTSC 色域的 105％,黑色的光通量可以降低到 0.05 流明,进而使液晶显示器的对比度高达 10000：1,LED 深受欢迎。

3. 显示器的技术指标

相比液晶显示器,电子管显示器在体积、耗电、重量和电磁辐射等方面表现出较大的缺陷。但是电子管荧光屏在色彩的表现力和过渡、图像灰度的表现、点距和反应速度等方面技术指标要高于液晶显示器,而色彩和灰度方面的鉴别正是图像处理工作所必需的。

CRT 显示器的屏幕尺寸为 4：3,是人眼观察外部景象正常比例。目前的液晶产品(电视和显示器)多为 16：9,即宽屏显示器。宽屏适合演播高清影视,但在观看常规电视节目时,景物皆被横向拉长,即产生矮胖现象。如果将宽屏液晶电视设为 4：3 模式,则宽屏的两边将未被使用。

液晶显示器的主要性能指标如下。

1）响应时间

响应时间的快慢是衡量液晶显示器好坏的重要指标,响应时间指的是液晶显示器对于输入信号的反应速度,也就是液晶由暗转亮或者是由亮转暗的反应时间。一般来说分为两个部分:tr(上升时间)、tf(下降时间),响应时间指的就是两者之和。响应时间越小越好,如果超过40 ms,就会出现运动图像的迟滞现象。早期的液晶显示器的响应时间为 12 ms(CRT 为1 ms),目前采用了芯片控制技术实现"加速",主流液晶产品已实现了 4 ms 的响应速度。

2）对比度

对比度是指在规定的照明条件下,显示器亮区与暗区的亮度之比。对比度是直接体现液晶显示器能否体现丰富色阶的参数,对比度越高,还原的画面层次感就越好。液晶显示器的高档产品对比度在 400∶1 或 500∶1,对比度必须与亮度配合才能产生最好的显示效果。高对比度将使显示出来的画面色彩更加鲜艳,图像更柔和,玩游戏或者看电影效果直逼 CRT 显示器。

3）亮度

液晶显示器亮度普遍高于传统 CRT 显示器。液晶显示器亮度一般以流明/每平方米（cd/m²）为单位,亮度越高,显示器对周围环境的抗干扰能力就越强,显示效果就更明亮。亮度参数至少要达到 200 cd/m²,最好在 250 cd/m² 以上,现在此参数已达 500 cd/m²。传统CRT 显示器的亮度越高,辐射危害就越大,而液晶显示器的亮度是通过荧光管或发光二极管的背光来获得,所以没有辐射。

4）屏幕坏点

屏幕坏点最常见的就是白点或者黑点。黑点的鉴别方法是将整个屏幕调成白屏,那黑点就无处藏身了;白点则正好相反,将整个屏幕调成黑屏,白点也就会现出原形。通常一般坏点不超过 3 个的显示屏算合格品。

5）可视角度

液晶显示器属于背光型显示器,正视是唯一的最佳欣赏角度。从其他角度观看,由于背光可以穿透旁边的像素而进入人眼,就会造成颜色失真,不失真的范围就是液晶显示器的可视角度。液晶显示器的视角还分为水平视角和垂直视角,水平视角一般大于垂直视角。就一般要求而言,只要水平视角达到 120°、垂直视角达到 140°即可满足用户需求。

6）点距

液晶显示器的点距是指组成液晶显示屏的每个像素点之间的间隔大小,目前 19 英寸液晶显示器产品的点距已达 0.243 mm。

7）带宽

带宽是显示器非常重要的一个参数,能够决定显示器的性能。所谓带宽是显示器视频放大器通频带宽度的简称,一个电路的带宽实际上是反映该电路对输入信号的响应速度。带宽越宽,惯性越小,响应速度越快,允许通过的信号频率越高,信号失真越小,它反映了显示器的解像能力,该数字越大越好。一般液晶显示器的带宽以 80 MHz 为标准。

8）厚度

由于液晶显示器的液晶板厚度都是一样的,也就是说,影响液晶显示器厚度的主要因素是获取照明的背光源和电路控制器的技术。相比之下,LED 的机身厚度要比 LCD 薄许多。

总之,液晶显示器的纯平效果、超薄机身、工作电压低、功耗低、辐射低(来自电路的高频信号)、重量轻、体积小、无闪烁、减少视觉疲劳、绿色环保、有利人体健康等优点赢得了越来越多计算机用户的青睐。

2.3 外部存储器

在开机后,"微机的最小系统"只有主板上 BIOS(基本输入/输出系统)程序在进行硬件上电自检和操作系统(OS)的引导工作,而微机的操作系统和应用程序皆存放在硬盘中。硬盘、光盘和 U 盘等属于微机存储系统的外部存储器,与内存(RAM)相比,外部存储器具有非易失性、大容量、存储体可更换和便于携带等优点。所以在微机装配时,通常把硬盘作为外部存储器使用。

2.3.1 硬盘驱动器

硬盘通常指机械式磁介质外存储器,由磁头、硬磁盘片、驱动电机和控制电路组成。信息存储在表面涂有磁性介质的盘片上,由磁头负责读、写。磁头根据存储数据的地址,通过磁盘的转动找到正确的位置,读取数据并保存到硬盘的缓冲区中,缓冲区中的数据通过硬盘接口与外界进行数据交换,从而完成数据的读、写操作。

硬盘驱动器是一个密封单元,在 PC 中用作非易失性数据存储器。硬盘驱动器通常存储着应用程序和用户数据,当硬盘发生故障时,后果通常非常严重。为了能够正确地使用、维护以及扩充 PC 系统,理解硬盘驱动器的工作原理是非常必要的。

1. 硬盘的结构

硬盘的尺寸主要有 3.5 寸、2.5 寸、1.8 寸、1 寸和 0.85 寸。台式机多使用 3.5 寸硬盘,防振方面并没有特殊的设计。2.5 寸硬盘是专门为笔记本电脑设计的,所以抗振性能比较好,也广泛应用于移动硬盘。

硬盘的接口类型主要有电子集成驱动器(integrated drive electronics,IDE)、小型计算机系统接口(small computer system interface,SCSI)和串行 ATA(serial. ATA,SATA)、通用串行总线(universal serial bus,USB)和 IEEE 1394。SCSI 硬盘主要应用于中、高端服务器和高档工作站。目前市场主流硬盘接口为 SATA 和 IDE,IDE 有时表示为 PATA(并行 ATA)。

 小资料 SATA **硬盘**

SATA 即串行 ATA,采用串行方式进行数据传输,具备更强的纠错能力和更高的数据传输可靠性,且串行接口结构简单、支持热插拔。SATA 1.0 的数据传输率达 150 MB/s;SATA 2.0 的数据传输率达 300 MB/s;SATA 3.0 的最高数据传输率达 600 MB/s。SATA 3.0 是目前的主流硬盘接口。

(1)硬盘的外部结构。

无论何种硬盘,其外部结构基本相同。硬盘的外部结构主要由电源接口、数据接口、硬盘跳线、控制电路板构成。

① 电源接口:IDE 硬盘电源接口为 D 型 4 针接口,SATA 硬盘采用 15 针的 SATA 专用电源接口(有的还会另外再提供 D 型 4 针电源接口)。

② 数据接口:IDE 硬盘采用 80 芯 40 针数据接口(老式硬盘采用 40 芯 40 针数据接口),SATA 硬盘的数据线接口采用 7 针数据接口。硬盘接口的区分如图 2-17 所示。

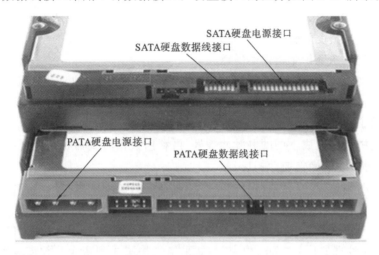

图 2-17　硬盘接口的区分

③ 控制电路板:硬盘的控制电路板由主轴调速电路、磁头驱动与伺服定位电路、读写控制电路、控制与接口电路等构成;此外,还有高速缓存和一块用于存储硬盘初始化程序的 ROM 芯片。硬盘的控制电路板镶嵌在硬盘壳内。

(2)硬盘的内部结构。

硬盘的内部结构包括磁盘组件、主轴电机、磁头驱动机构和读写磁头组件等主要部件,硬盘的内部结构如图 2-18 所示。

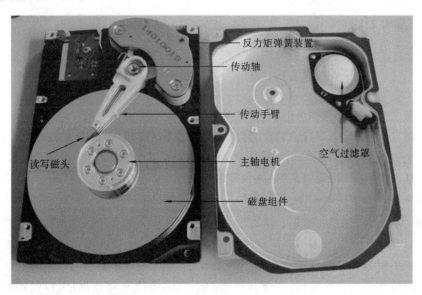

图 2-18　硬盘的内部结构

① 磁盘组件:磁盘组件又称盘体,由多个盘片组成。硬盘中的碟形盘片,通常由铝或玻璃制成。与软盘不同,这些盘片不能弯曲或折绕,因此也称为硬盘。

② 主轴电机:硬盘的主轴组件主要是轴承和马达。硬盘内的电机都为无刷电机,在高速轴承支撑下机械磨损很小,可以长时间连续工作。硬盘轴承有滚珠轴承、油浸轴承和液态轴承,目前市场主流为液态轴承。主轴电机和磁盘组件是固定在一起的。

③ 磁头驱动机构:磁头驱动机构(位于硬盘背面)主要由电磁线圈电机、磁头驱动小车和防振动装置构成。高精度的轻型磁头驱动机构能够对磁头进行正确的驱动和定位,并能在很短的时间内精确定位系统指令指定的磁道。

④ 读写磁头组件:读写磁头组件由读写磁头、传动手臂、传动轴三部分组成。读写磁头采用非接触式结构,读、写数据时通过传动手臂和传动轴以固定半径扫描盘片。

磁存储器的工作原理是利用特定的磁粒子的极性来记录数据。读写磁头在读取数据时,将磁粒子的不同极性转换成不同的电脉冲信号,再利用数据转换器将这些原始信号变成计算机可以使用的数据,写的操作与此相反。

磁盘在工作时高速旋转,目前流行的硬盘转速是7200转/分钟。在笔记本电脑中,硬盘可以在空闲的时候停止旋转,以便延长电池的使用时间。当驱动器在运转时,非常薄的空气垫层使每个读写磁头悬浮在盘片之上或之下一个很小的距离(读写磁头在盘面上的飞行高度降到$0.1\sim0.3~\mu m$),这种现象称为"温氏相应"。如果空气垫层受到灰尘颗粒或振动的干扰,读写磁头可能会触及全速旋转的盘片。这种接触的力量大到足以造成损坏的事件称为磁头碰撞。磁头碰撞的结果会出现从丢失几个字节到损毁整个驱动器的各种事情。因此硬盘的内部空间要求是无尘,而不是真空。

因为磁盘组件是密封的,并且不许拆卸,所以盘片上的磁道密度非常大。现在,硬盘驱动器的磁道密度达20000 TPI(每英寸磁道数)以上。工厂在有绝对卫生条件的超净室里生产盘片的磁头盘组(HDA),组装和密封硬盘。由于硬盘的机械式结构,使得硬盘的抗撞击能力较为脆弱,故硬盘肯定会坏,数据注意备份。

2. 磁道、扇区和柱面

硬盘的盘片是圆形物体,不能套用内存的行列方式管理数据的读、写,硬盘的扇区、柱面示意图和磁头组件剖析如图2-19所示。

1) 磁道

磁道是磁盘面上的一个圆形区域,一个盘面上的若干个磁道属于一个同心圆。硬盘通常由重叠的一组盘片构成,每个盘面都被划分为数目相等的磁道,并从外缘的"0"开始编号。许多盘片的一个磁道能存储100000字节甚至更多的数据,如果将磁道作为一个存储单元,磁盘利用效率较低。微机采用"段页式"数据管理,每页为一个存储单位,不需要太大的存储空间。段页式管理数据存储使用效率高。

2) 扇区

将磁道分成若干个编号的圆弧段扇形区域,称为扇区。磁道上的扇区不同于磁道,磁道编号从1开始。不同类型的磁盘驱动器依据磁道密度,将磁道划分成不同数量的扇区。例如,软盘格式化使用每磁道8~36扇区,而硬盘通常以更高的密度存储数据,可以使用每磁道17~100个或更多的扇区。PC系统中,通过标准格式化程序产生的扇区容量为512字节。

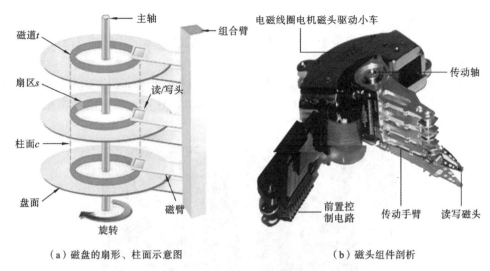

（a）磁盘的扇形、柱面示意图　　　　　　（b）磁头组件剖析

图 2-19　磁盘的扇区、柱面示意图和磁头组件剖析

3）柱面

磁盘组件通常由几个盘片组成，一个盘片有两个面，且每个磁盘面的磁道数和磁道编号都是相同的，具有相同编号的磁道形成一个圆柱，称为磁盘的柱面。磁盘的柱面数与一个盘面上的磁道数是相等的。

由于每个盘面都有自己的磁头，因此，盘面数等于总的磁头数。所谓硬盘的 CHS，即 cylinder（柱面）、head（磁头）、sector（扇区），只要知道了硬盘的 CHS 的数目，即可确定硬盘的容量：

$$硬盘的容量＝柱面数×磁头数×扇区数×512\ B$$

3. 硬盘的技术指标

硬盘的主要技术参数有存储容量、数据传输率、平均寻道时间、访问时间、缓存、主轴转速、单碟容量等。

1）主轴转速

主轴转速直接影响硬盘的平均寻道时间和实际读写时间，也就是直接影响硬盘的数据传输速度，单位为转/分钟（rotation per minute，RPM）。

2）数据传输率

硬盘的数据传输率与硬盘的转速、接口类型、系统总线类型有重要关系，是衡量硬盘速度的一个关键参数，直接关系到系统的运行速度。

3）平均寻道时间

平均寻道时间是指从发出一个寻址命令，到磁头移到指定的磁道（柱面）上方所需的平均时间。平均寻道时间越小，硬盘的运行速率也就越快。平均寻道时间一般为 7.5～14 ms。

4）缓存

缓存是为了提高硬盘的读、写速度，减少读、写硬盘时 CPU 的等待时间。缓存的主要作用是预读取、写缓存和读缓存。缓存的大小与速度是直接影响硬盘传输速度的重要因素。

5）耐用性

耐用性即使用寿命，通常用平均无故障时间、元件设计使用周期和保用期等指标来衡量，磁盘的磁性寿命为 10 年以上，而马达的寿命较短，一般在 5 万小时左右，另外 PCB 线路以及工作环境都是影响硬盘寿命的因素。

4. 硬盘的选购

以前的微机主板通常设有 2 个 IDE 接口和一个软驱接口,微机装配时只能选择 IDE 接口的硬盘。目前销售的主板大多还配有 SATA 接口(见图 2-20),使用这样的主板给硬盘的选择留有足够的空间。选购硬盘除了需要考虑品牌、接口类型和容量外,还应考虑转速、缓存大小、单碟容量等因素。目前装机至少选择转速在 7200 RPM、250 G 以上的硬盘。随着硬盘技术的不断发展,2 TB 以上容量的硬盘将推出。

图 2-20 两个 L 形 SATA 硬盘控制器接口

5. 固态硬盘

固态驱动器(solid state disk,SSD)俗称固态硬盘,是近年来兴起的非机械式外存储器。固态硬盘是用固态电子存储芯片阵列而制成的硬盘,因有人把固体电容称为 solid 而得名。SSD 由控制单元和存储单元(FLASH 芯片、DRAM 芯片)组成。固态硬盘在接口的规范、定义、功能及使用方法上与普通硬盘完全相同,在产品外形和尺寸上也完全与普通硬盘一致。

图 2-21 基于闪存的固态硬盘

基于闪存的固态硬盘(见图 2-21)是固态硬盘的主要类别,其内部构造十分简单,固态硬盘的主体其实就是一块 PCB 板,而这块 PCB 板上最基本的配件就是控制芯片、缓存芯片(部分低端硬盘无缓存芯片)和用于存储数据的闪存芯片。

固态硬盘具有传统机械硬盘不具备的快速读写、质量轻、能耗低以及体积小等特点,同时其劣势也较为明显。尽管 IDC 认为 SSD 已经进入存储市场的主流行列,但其价格仍较为昂贵,容量较低,一旦硬件损坏,数据较难恢复;并且亦有人认为固态硬盘的耐用性(寿命)相对较短。

影响固态硬盘性能的几个因素主要是主控芯片、NAND 闪存介质和固件。在上述条件相同的情况下,电路设计采用何种接口也可能会影响 SSD 的性能。

2.3.2 移动存储设备

存储介质和读写驱动器封装在一起、能够脱离主机的计算机部件称为移动存储设备。随着移动存储技术的发展,移动存储设备的应用越来越普及,目前常用的移动存储设备有移动硬盘、U 盘和微硬盘等。由于 U 盘的体积小、容量大、价格便宜,深受大家欢迎。

1. U 盘

U 盘与微机之间的连接采用 USB 接口,也称为闪存盘。64 GB U 盘如图 2-22 所示。U 盘使用半导体材料、闪存模式,脱机存储时不需要供电维持。U 盘结构简单,由存储芯片、控制芯片和 USB 接口组成,具有体积小、防磁、防振、防潮等优点。目前,U 盘已领先于移动硬盘等成为移动存储设备的主角。

图 2-22　64 GB U 盘

(1) 容量:目前市场销售的主流 U 盘容量是 16G 和 32G,市面推出的也有 64 G 和 128 G U 盘。但网上报价非常混乱,64 G U 盘的价格在 30～300 元(2019 年)。如果你花 30 元买到了 64 G U 盘,在高兴之余还要细心检查是否有"扩容"之嫌。

随着闪存芯片技术的提高,已有 1 TB 的 U 盘问世,但是价格很贵(1000 元左右)。所以,如果需要大容量外存储设备,建议购买移动硬盘,其性价比高,也比 U 盘耐用许多。

(2) 可靠性:可以采用独有的加密模式对盘体整体加密,也可以对 U 盘进行自定义分区,并对每个分区进行自定义加密。

2. 移动硬盘

移动硬盘采用 2.5 英寸硬盘作为存储设备,搭配接口电路后封装在精美的外壳中。移动硬盘的存储容量大、携带方便、即插即用、使用寿命超长,是计算机工作者必备的移动存储设备之一。移动硬盘外观和内部结构如图 2-23 所示。图 2-23(b)的左侧是接口转换电路,包括晶体振荡器、接口控制芯片、接口转换电路板、USB 接口;右侧是硬盘,从标签上可以知道硬盘参数,如生产厂家、容量、转速和接口方式等信息。

目前,市场销售的主流移动硬盘容量在 1TB 以上,价格只有近 400 元。例如,东芝 2TB 移动硬盘新小黑 A3 USB3.0 传输高速,2.5 英寸大容量,兼容 MAC(苹果机系列 OS),具备防摔、防振,且质保三年。

(1) 接口类型:移动硬盘大多采用 USB 或 IEEE1394 接口,能提供较高的数据传输速度。目前市场主流接口类型为 USB 接口,数据传输标准是 USB3.0。

(2) 转速:目前市场主流移动硬盘的转速为 5400 RPM 和 7200 RPM。

(3) 可靠性:移动硬盘多采用硅氧盘片,增加了盘面的平滑性和盘面硬度,具有较高的可靠性。

3. 微硬盘

采用标准硬盘结构的存储设备,尺寸为 1.8 英寸及以下的硬盘称为微硬盘。微硬盘采用低成本、高容量的硬盘技术,一般用于笔记本电脑、数码相机、MP3 和 MP4 播放器、手机、PDA、掌上导航设备和迷你移动硬盘等设备。目前,微硬盘逐渐被"闪存"结构的半导体存储器所取代。

（a）移动硬盘外观

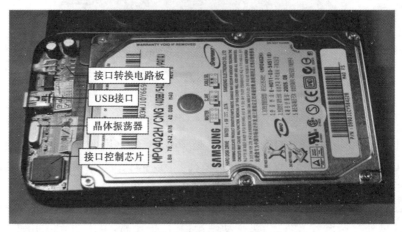

接口转换电路板
USB接口
晶体振荡器
接口控制芯片

（b）移动硬盘内部结构

图 2-23　移动硬盘外观和内部结构

小资料　USB 接口的标准

　　目前流行的微机 USB 接口数据传输标准是 3.0,大多服役的计算机还是 2.0 的传输标准。USB 2.0 将设备之间的数据传输速度增加到 480 Mbps,比 USB 1.1 标准的快 40 倍左右,速度的提高对用户的最大好处就是用户可以使用更高效的外部设备,而且具有多种速度的周边设备都可以被连接到 USB 2.0 的线路上。USB 接口理论上可以支持 127 个装置,通过 USB 扩展器(见图 2-24)可连接多个周边设备,无须担心数据传输时发生瓶颈效应。需要注意的是传输线最大长度为 5 m。

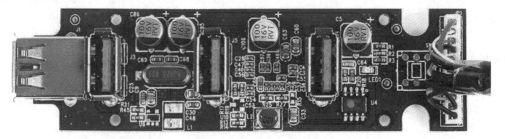

图 2-24　4 端口 USB 扩展器

USB3.0 的速率是 5 Gbps,是 USB2.0 速率的 10 倍。从 USB 外观上来看,USB2.0 通常是白色或黑色接口,而 USB3.0 则改观为"高大上"的蓝色接口。另外,它们的接口引脚也有区分,USB2.0 采用 4 针脚设计,而 USB3.0 则采取 9 针脚设计,相比而言 USB3.0 功能更强大。

2.4 输入/输出设备

输入/输出设备也称为 I/O 设备,是实现人机交互的主要途径。常用的输入设备有键盘、鼠标、扫描仪、触摸屏等;输出设备有显示器、打印机、音响等。

显示器和显示卡是计算机的输出设备,已作为计算机最小系统的必要设备,前面已介绍过。

2.4.1 键盘

键盘是最常见的计算机输入设备,它广泛应用于微型计算机和各种终端设备上。计算机操作者通过键盘向计算机输入各种指令、数据,指挥计算机的工作。计算机的运行情况输出到显示器,操作者可以很方便地利用键盘和显示器与计算机对话,对程序进行修改、编辑,控制和观察计算机的运行。

1. 键盘结构

键盘按工作原理分类主要有机械式键盘、电容式键盘、塑料薄膜式键盘和导电橡胶式键盘等。无论哪种键盘,都是由按键、键位分布电路板、键盘控制电路等部分组成的。

1) 机械式键盘

90 年代初,计算机广泛使用的是机械式键盘。由于这种键盘采用印刷电路(PCB)和分立键控元件构成,生产成本高、制造效率低,现已退出市场。

2) 电容式键盘

电容式键盘的工作原理类似电容式开关的应用,通过按键改变电极间的距离引起电容容量的改变从而驱动编码器。电容式键盘工作原理如图 2-25 所示。由于电容式键盘的每个键位使用的是封闭式结构,其整体成本远高于开放式结构的薄膜接触式键盘。目前市场上所宣称的廉价电容式键盘,其实都是工艺简单的薄膜接触式键盘。

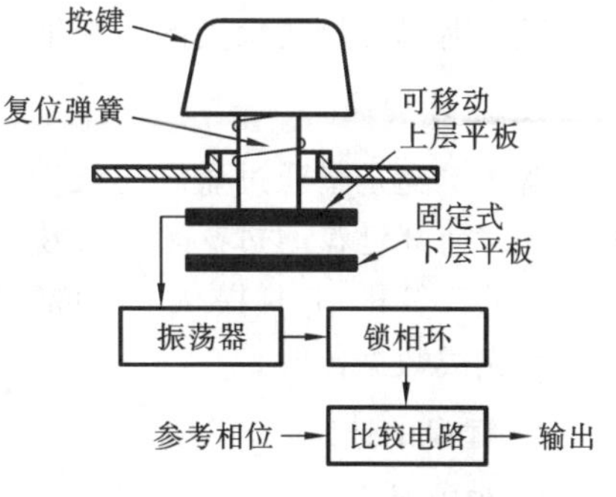

图 2-25 电容式键盘工作原理

3) 薄膜接触式键盘

薄膜接触式键盘又称薄膜式键盘。尽管形状各异,但它的基本工作原理与机械触点式键盘一样,都是依靠机械性的导电触点产生按键信号。薄膜式键盘与机械式键盘一样,存在使用寿命短、易损坏等问题。但是,由于薄膜式键盘中的橡胶弹簧取代了金属弹簧,所以它的手感比机械式键盘要好,接近于电容式键盘。虽然其使用寿命不及电容式键盘,但比机械式键盘要长得多。

2. 薄膜接触式键盘的工作原理

薄膜接触式键盘内的核心部件是控制电路板,板上的微处理器(俗称单片机)负责控制整个键盘的工作,如上电自检、按键触发扫描、扫描码的缓冲以及与主机的通信等。

薄膜接触式键盘的内部电路主要由逻辑电路和控制电路组成。逻辑电路在塑料薄膜上排列成矩阵形状,每个按键都安装在矩阵的一个交叉点上。控制电路由按键识别扫描电路、编码电路和接口电路组成,集成在键盘控制的单片机中,薄膜接触式键盘内部的控制电路板如图2-26所示。当某个热键按下时,交叉点将连通,从导电薄膜传来的导通信号输入到电路板的微处理器芯片上。微处理器根据上、下两条表面的导线编号,通过芯片内部的一张按键排列表查找出对应按键的 ASCII 码,并将该按键的 ASCII 码传送给主机。

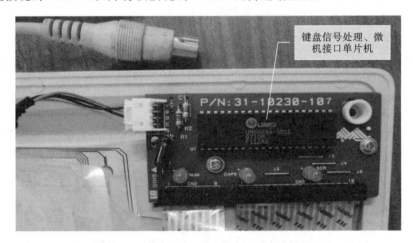

图 2-26 薄膜接触式键盘内部的控制电路板

薄膜接触式键盘的逻辑电路由三层薄膜组成,上层和下层具有镀膜电路,中间层是带有键位孔的绝缘层,如图2-27所示。当某按键按下时,被中间层隔开的上、下层电路触点接触;按键释放时,上、下层电路触点还原,由中间绝缘层隔开,这就是薄膜接触式键盘的触发动作的关键之处。薄膜接触式键盘的致命缺陷是惧怕严寒,低温会使塑料薄膜变硬、脆裂而损坏电路。

3. 蓝牙键盘

蓝牙键盘是指通过蓝牙协议进行无线传输的接口方式,可在有效的范围内进行蓝牙通信的键盘。蓝牙键盘通过蓝牙无线技术,可以将按键信息通过数字编码技术以跳频的方式传输到相应的计算机,并且提高了在传输过程中系统抗电磁干扰、抗串话干扰的能力,可以更稳定、无误地完成数据传输。

4. 键盘的选购

1) 键盘的触感

作为日常接触最多的输入设备,键盘的触感毫无疑问是很重要的。判断一款键盘的触感如何,会从按键弹力是否适中、按键受力是否均匀、键帽是否松动或摇晃以及键程是否合适这几个方面来测试。虽然不同用户对按键的弹力和键程有不同的要求,但一款高质量的键盘在这几个方面都应该能符合绝大多数用户的使用习惯。

2) 键盘的外观

键盘的外观包括键盘的颜色和形状,一款漂亮、时尚的键盘会为用户的桌面添色不少,而

图 2-27　薄膜接触式键盘内的三层薄膜电路

一款古板的键盘会让用户的工作更加沉闷。因此,对于键盘的外观,只要用户觉得漂亮、实用就可以了。

3)键盘的做工

键盘的售价较低,但也应该精心挑选。好键盘的表面及棱角处理精致、细腻,键帽上的字母和符号通常采用激光刻入,手摸上去有凹凸的感觉。最好不要购买那种用油墨印上去的字符键帽,因为键帽印上去的油墨会较快地脱落。

4)键盘的噪音

一款好的键盘必须保证在高速敲击时也只产生较小的噪音,不会影响到别人。

5)键位冲突问题

在玩游戏的时候,常常会连续使用某些组合键,所以购买键盘时应注意键位冲突的问题。

 小资料　多媒体键盘

多媒体键盘是在传统键盘的基础上,增加了一些常用的快捷键或音量调节装置,不同厂家多媒体键盘的快捷键如图 2-28 所示。增加的这些按键(快捷键)使 PC 操作进一步简化,可以实现一键关机、休眠、唤醒等操作,打开浏览器、启动多媒体播放器等也只需要一键完成。

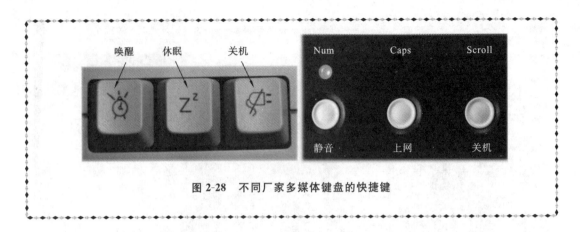

图 2-28   不同厂家多媒体键盘的快捷键

2.4.2   鼠标

鼠标的全称为显示系统纵横位置指示器。鼠标是计算机最基本的输入设备之一,可分为有线和无线两种,如图 2-29 所示。鼠标的运用使计算机操作界面图形化成为现实,Windows 的桌面图标代替了指令系统,鼠标操作取代了烦琐的键盘输入,使计算机应用更加简便,深受大家欢迎。

（a）有线鼠标　　　　　　　　　　　　（b）无线鼠标

图 2-29   有线鼠标、无线鼠标

1. 鼠标分类

(1) 按结构分类:可分为机械式、光机式、光学式等。

(2) 按接口分类:可分为 COM 接口、PS/2 接口、USB 接口等。

另外,还有一些新型的鼠标,如无线鼠标、蓝牙鼠标、3D 鼠标等。

2. 鼠标的工作原理

鼠标的基本工作原理是当移动鼠标时,把移动的距离和方向信息转换成脉冲信号,再把脉冲信号转换成鼠标光标的坐标数据,从而达到指示位置的目的。当然不同类型的鼠标其具体的工作原理还是有区别的。

1) 光机式鼠标

光机式鼠标也称为半光电鼠标,是一种光电和机械相结合的鼠标。它在机械鼠标的基础上,将最易磨损的接触式电刷和译码轮改为非接触式的 LED 对射光路元件。当小球滚动时,X、Y 方向的滚轴带动码盘旋转。在码盘两侧安装有两组发光二极管和光敏三极管,LED 发出的光束在码盘的遮挡下照射到光敏三极管上,从而产生两组相位相差 $90°$ 的脉冲序列。脉冲的个数代表鼠标的位移量,而相位表示鼠标运动的方向。由于采用了非接触部件,降低了磨损率,从而大大提高了鼠标的寿命并使鼠标的精度有所增加。光机鼠标的外形与机械鼠标没有区别,不打开鼠标的外壳很难分辨。

2)光电鼠标

光电鼠标是通过检测鼠标的位移,将位移信号转换为电脉冲信号,再通过程序的处理和转换来控制屏幕上光标箭头的移动。光电鼠标用光电传感器代替了滚球。这类传感器需要特制的、带有坐标图案的垫板配合使用。此鼠标价格昂贵、使用不便,现已退出市场。

3)光学鼠标

光学鼠标是目前流行的、Microsoft 公司设计的一款高性能鼠标,采用光学图像处理技术识别鼠标的运动轨迹。鼠标内的光学图像处理芯片底部的小洞里有一个小型感光头,感光头接收红外线发光管的回传信息。发光二极管每秒向外发射 1500 次光束,感光头将反射回馈的信息传送给定位分析系统,从而实现准确的光标定位。这种鼠标不受接触界面的限制,可在任何表面上移动,但透明物体除外。光学鼠标的内部结构如图 2-30 所示。

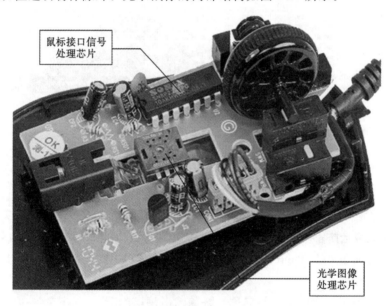

图 2-30　光学鼠标内部结构图

2.5　多媒体设备

多媒体指字符以外的计算机处理信息,如声音、图像、影视的数字信号通常称为多媒体。计算机处理不同格式的媒体信息,需要相应的硬件设备。

2.5.1　声卡

声卡也称音频卡,是多媒体计算机中进行音频信息处理,实现模拟/数字(简称模/数)信号相互转换的硬件。声卡具有声音合成、多声道混音、录音三个基本功能,可把来自话筒、光盘的原始声音信号加以转换,输出到耳机、音箱等设备,或通过音乐设备数字接口(musical instrument digital interface,MIDI)使乐器发出美妙的声音。

1. 声卡的工作原理

声卡的工作原理就是实现模拟信号和数字信号的转换。模/数转换电路负责从话筒中获取声音的模拟信号,通过模/数转换器(ADC),将声波振幅信号采样转换成一串数字信号,存储到计算机中。重放时,这些数字信号送到数/模转换器(DAC)中,以同样的采样速度还原为模拟波形,放大后送到扬声器发声,这一技术称为脉冲编码调制技术(PCM)。

2. 声卡的结构

声卡主要由音频处理主芯片、MIDI 电路、编码/解码(coder decoder,CODEC)器、模/数与数/模转换芯片、运放输出芯片组成。

不同厂家生产的声卡其输入/输出接口稍有不同,图 2-31 所示的独立式声卡具有 4 个音频接口和一个 MIDI 接口。

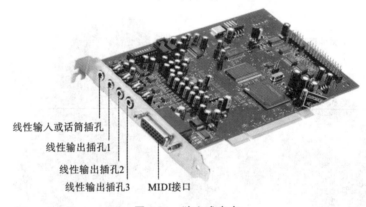

线性输入或话筒插孔
线性输出插孔1
线性输出插孔2
线性输出插孔3　MIDI接口

图 2-31　独立式声卡

(1) 线性输入或话筒插孔(line in,粉红色):音频输入接口,通常连接的是话筒或外部音频设备。

(2) 线性输出插孔 1(line out 1,淡蓝色):音频输出接口,连接音箱、耳机或其他放音设备,如舞台音响功放的接口。

(3) 线性输出插孔 2(line out 2,绿色):音频输出接口。

(4) 线性输出插孔 3(line out 3,橙色):音频输出接口。

(5) MIDI 接口(标记为 MIDI):该接口可以配接游戏摇杆、模拟方向盘,也可以连接电子乐器上的 MIDI 接口,实现 MIDI 音乐信号的直接传输。

3. 声卡的性能指标

1) 采样频率

因为模拟音频信号是连续的电信号,所以必须对模拟音频信号进行采样和量化,转换成计算机所能处理的数字音频信号。

采样频率是指每秒钟对音频信号的采样次数。采样频率越高,声音的还原就越真实越自然。目前市场主流声卡的采样频率已达到 44.1 kHz 或 48 kHz,即达到了 CD 音质水平。

2) 量化位数

采样得到的离散信号序列为模拟量,还需要把它们转化为数字量。转换后的数字用 n 位二进制来表示,称为量化位数。8 bit 可以表示 256 种状态,16 bit 则可以表示 65536 种状态。量化位数越高,声音的质量就越好。目前市场主流产品的量化位数是 16 位和 24 位。

3)声道

声道是指音频信号通过扬声器的通道,可分为单声道、多声道、准立体声、立体声、四声道环绕等。

4)信噪比

信噪比是输出信号电压与同时输出的噪音电压的比值,是声卡抑制噪音的能力,也是衡量声卡音质的一个重要因素,单位是 dB。信噪比越大,代表噪音越小。一般集成声卡的信噪比在 80 dB 左右,PCI 声卡的信噪比大多数可以达到 90 dB,有的高达 195 dB 以上。

5)频率响应

频率响应是对声卡数/模与模/数转换器频率响应能力的评价。人耳的听觉范围是在 20 Hz～20 kHz 之间,声卡就应该对这个范围的音频信号响应良好,最大限度地重现播放的声音信号。

6)声效合成技术和三维音效技术

声效合成技术有 wave 音效合成、MIDI 音乐合成,以及 FM 合成、波表合成和 DLS 技术等。三维音效技术有 direct sound 3D、A3D、A3D Surround 和 EAX 等三维应用程序接口(application programming interface,API)。

4. 集成声卡

目前主板上集成的声卡主要有两种:一种是符合音频多媒体数字信号编/解码器(audio codec′97,AC′97)标准的软声卡,另一种就是集成有音效芯片的硬声卡。无特殊要求,计算机可以采用一体化集成主板。

5. 声卡的选购

声卡的选购除按需选购外,同时还应关注声卡的技术指标、兼容性、生产工艺水平,以及与音箱的合理搭配等因素。

2.5.2 音箱

音箱(见图 2-32)是将电信号还原成声音信号的一种装置,声音还原的真实性是作为评价音箱性能的重要标准。

1. 音箱结构

音箱的主要结构分为扬声器和箱体两部分。音箱的发声部件是扬声器,俗称"喇叭"。音箱中的扬声器大多是动圈式结构,喇叭的个头越大,其输出功率越大、低音效果越好。箱体有木质材质或塑料材质两种,箱体的作用有二:一是承载扬声器,二是阻挡扬声器振膜正面和反面的声波信号直接形成回路,造成仅有波长很小的高频、中频声音可以传播出来,而其他较低频率的声音信号被叠加抵消掉。使用箱体可以消除扬声器单元的声波信息短路、抑制声响共振、拓宽频响范围、减少失真。

图 2-32　音箱

2. 音箱的分类和特点

1）按使用场合分

按使用场合分可分为专业音箱与家用音箱两大类。

家用音箱一般用于家庭放音,其特点是放音音质细腻、柔和,外形较为精致、美观,放音声压不太高,承受的功率相对较小,价格相对较低。

专业音箱一般用于影剧院、体育场馆、大会堂、歌舞厅等专业文娱场所。一般专业音箱的灵敏度较高,放音声压高,力度好,承受功率大,价格甚至接近万元。在专业音箱系统中的监听音箱,其性能与家用音箱较为接近,所以常被家用 HI-FI 音响系统所采用。

2）按放音频率分

按放音频率分可分为全频带音箱、低音音箱和超低音音箱。

所谓全频带音箱是指能覆盖低频、中频和高频范围放音的音响。全频带音箱的下限频率一般为 $30\sim60$ Hz,上限频率为 $15\sim20$ kHz。在一般中小型的音响系统中只用一对或两对全频带音箱即可完全担负放音任务。低音音箱和超低音音箱一般是用来补偿全频带音箱的低频和超低频放音不足的专用音箱。这类音箱一般用在大、中型音响系统中,用以加强低频放音的力度和震撼感。使用时,放音大多经过一个电子分频器(分音器)分频后,将低频信号送入一个专门的低音功放,再推动低音或超低音音箱。

3）按用途分

按用途分一般可分为主放音音箱、监听音箱和返听音箱等。

主放音音箱一般用作音响系统的主力音箱,承担主要放音任务。主放音音箱的性能对整个音响系统的放音质量影响很大,也可以选用全频带音箱和超低音音箱进行组合放音。

监听音箱用于控制室、录音室作节目监听使用,它具有失真小、频响宽而平直,对信号很少修饰等特性,因此最能真实地重现节目的原来面貌。

返听音箱又称舞台监听音箱,一般用在舞台或歌舞厅供演员或乐队成员监听自己演唱或演奏声音。一般返听音箱做成斜面形,放在舞台地板上,这样既不致影响舞台总体造型,又可让演员听清楚,不致造成啸叫声。

4）按箱体结构分

按箱体结构分可分为密封式音箱、倒相式音箱、迷宫式音箱、声波管式音箱和多腔谐振式音箱等。其中在专业音箱中用得最多的是倒相式音箱,其特点是频响宽、效率高、声压大,符合专业音响系统音箱形式,但其因效率较低,在专业音箱中较少应用,主要用于家用音箱。只有少数的监听音箱采用封闭式音箱。密封式音箱具有设计制作与调试简单、频响较宽、低频瞬态特性好等优点,但对拨声器单元的要求较高。目前,在各种音箱中,倒相式音箱和密封式音箱占大多数,其他音箱的结构形式繁多,但所占市场比例很少。

5）按有无内置功率放大器分

按有无内置功率放大器分可分为有源音箱和无源音箱。"源"指电源、功率放大器。

① 有源音箱:就是音箱内部有一组电路,有功率放大的作用。音箱内置功率放大电路,接通电源和信号输入就能工作。

② 无源音箱:内部没有功率放大电路,需外接功率放大器才能工作。无源音箱又称被动式音箱即通常采用的内部不带功率放大电路的普通音箱。无源音箱虽不带功率放大器,但常常带有分频网络和阻抗补偿电路等,可以把它看成"木箱子加上喇叭",它的好处是声音能达到

最佳状态,不会受到干扰。

3. 音箱的选购

日常办公和家用一般使用的是双声道音响系统,选用一对普通音箱即可。但对于音乐发烧友来说,他们喜欢使用多声道系统,如杜比降噪 5.1 音乐输出系统。多声道系统的整数部分表示包含几个声道,小数部分表示含有一个低音炮音箱。例如,5.1 声道音响表示声场的分布有前、后、左、右 4 个方位,外加一个中置音箱和低音炮音箱,共 6 个体积大小不同的音箱,摆放位置如图 2-33 所示。购买多声道音箱时,要注意与主机音频输出的具体情况相匹配。选购时还应注意音箱的输出功率等性能指标,以及箱体材质、振膜材质、扬声器单元口径、防磁性能等。

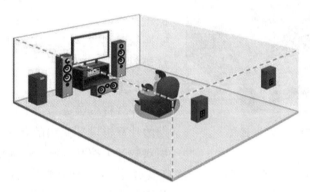

图 2-33   5.1 声道音箱摆放位置

2.6   机箱与电源

2.6.1   机箱

机箱是微机组成不可或缺的单元,它的作用是放置和固定微机组成的各个配件,起到承托和保护作用。此外,机箱还具有屏蔽电磁辐射的重要作用。机箱一般包括外壳、支架和面板。面板上装有开关、指示灯和扩展接口等;支架用于固定主板、电源和各种驱动器;外壳部分由铁皮冲压完成。组装微机时小心铁皮的毛刺划伤自己,机箱操作最好戴手套。

1. 机箱的分类

机箱可分为 AT、ATX、Micro ATX 以及最新的 BTX 四种类型。各种机箱类型支持的主板类型会有所不同,且电源的使用也有差别。

AT 机箱的全称应该是 baby AT,主要应用在只能支持安装 AT 主板的早期机器中。ATX 机箱是目前流行的机箱,支持目前市场上绝大部分类型的主板。Micro ATX 机箱是为了进一步的节省桌面空间而制造的产品,因而比 ATX 机箱更轻薄一些。最新推出的 BTX 机箱改变了布局,重新设计了机箱内部气流回路,使散热、机械性能及噪音等方面达到最佳平衡,同时便于主板的安装。各个类型的机箱只能安装其支持的类型的主板,一般是不能混用的,而且电源也有所差别。所以大家在选购时一定要注意甄别。

2．机箱的选购

机箱用来支撑、固定和保护计算机部件，在选购时，既要考虑选择好的品牌、材质、工艺以及拆装方便性，也要综合考虑散热、扩展性、防振、防尘和减少辐射电磁波等性能。

2.6.2 电源

计算机属于数字信号的运行设备，采用直流供电。CPU 等计算机芯片的供电电压不高于
5 V；电机驱动部分（硬盘、光驱）为了提高输出功率，采用 12 V 供电。由此可知，计算机电源的作用是将交流市电转换为计算机工作时所需要的低压直流电。计算机电源采用轻巧的开关电源变换器，封装在单独的铁盒内，ATX 250 W 电源盒如图 2-34 所示。

图 2-34　ATX250 W 电源盒

1．电源分类

计算机电源分为 AT 电源和 ATX 电源。早期的计算机设备使用的是 AT 电源，这种电源使用双联开关控制交流电的通断。AT 电源不支持 Windows 软件的关机功能，在系统退出时屏幕显示"你可以安全地关闭计算机了！"，此刻需要手动关闭计算机的电源开关。AT 机型的主板和电源已经退伍，或许在计算机维修时可能会碰到。ATX 电源与 Windows95 相伴，现已成为业界的标准。

1）AT 电源

AT 电源应用在早期的主板上，电源供电功率一般为 150～220 W，共有 4 路输出（＋5 V、－5 V、＋12 V、－12 V）。一般，连接电源开关的四根接线用 4 种颜色表示，分别是棕、蓝、白、黑。在实际接线时，可随便选一种颜色的线，比如蓝色线接在开关的任意一个接头上，此刻其他三个接头就被接线规则固定了。接头不能搞错，否则会使电源短路。

AT 电源连接主板的接头也很特殊，由两个六芯插头组成。红色线表示 5 V，黑色线表示地线，接插时应注意使两个插头的黑线在中间。

2）ATX 电源

ATX 电源广泛应用现在流行的计算机中，它更符合"绿色计算机"的节能标准，对应的主板是 ATX 主板。与 AT 电源相比，ATX 电源增加了＋3.3 V、＋5VSB、PS-ON 三个输出。其中，＋3.3 V 输出主要是给 CPU 供电；而＋5VSB、PS-ON 输出则体现了 ATX 电源的特点。ATX 电源取消了控制电源工作的传统的机械开关，而是采用＋5VSB、PS-ON 的组合实现电源的软开启和关闭。只要控制 PS-ON 信号电平的变化，就能控制电源的开启和关闭，使微机的自动关机和远程唤醒成为现实。ATX 电源的 20 针接头如图 2-35 所示。

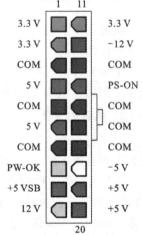

图 2-35　ATX 电源的
20 针接头

2. 电源功率

电源功率可分为额定功率、最大功率、峰值功率。额定功率是在环境温度$-5\sim50\ \text{℃}$、输入电压在$180\sim264\ \text{V}$时，电源长时间稳定输出的功率，是选购电源的重要指标。最大功率是在环境温度在$25\ \text{℃}$左右、输入电压在$200\sim264\ \text{V}$之间，电源可以长时间稳定输出的功率。峰值功率是电源在极短时间内能达到的最大功率，时间仅能维持$30\ \text{s}$左右。

3. 电源的选购

随着计算机运算速度的提升，微机部件的功耗越来越大，电源承载的功率也应加大。电源的性能直接关系计算机各个部件的正常运作，劣质电源会导致系统工作不稳定或死机现象，甚至造成 CPU、主板、显卡和硬盘等部件的物理损坏。选购电源时，除了选择好的品牌外，还应该考虑如下因素。

(1) 电源输出的额定功率不低于 230 W。如果有条件或热衷于"超频"，可考虑选购 300 W 以上的电源。如果电源输出功率太小，会出现计算机不能启动的现象。

(2) 电源的风扇转动应顺畅，且噪声比较小。

(3) 应具有双重过压保护功能，以防电压不稳定。否则一旦遇到瞬间高压，会烧毁系统。

(4) 优质电源应拥有中国强制性产品认证（China compulsory certificate，3C）、美国联邦通信委员会（federal communications commission，FCC）认证、欧盟 CE 认证，以及其他安全规范认证。

 小资料　UPS 电源简介

不间断供电系统（uninterruptible power system，UPS）电源是一种含有储能装置，以逆变器为主要组成部分的恒压、恒频的不间断电源，主要用于给计算机、服务器或银行办公的电子设备提供不间断的电力供应。当市电输入正常时，UPS 将市电稳压后供应给负载使用，同时还向机内的蓄电池充电，此时 UPS 就是一台交流稳压器。当市电中断（如事故停电）时，UPS 立即将机内电池的电能通过逆变转换的方法向负载继续供应 220 V 交流电，使负载不间断地维持正常工作，保护负载软、硬件不受损坏。

2.7　计算机部件与装配

由计算机零部件组装成一部整机，首先要正确识别微机主板、CPU、内存、硬盘等基本部件和常用的外围设备，了解各部件的主要技术指标。

2.7.1　准备工作

装配计算机较为简单，主要工具就是一把十字螺丝刀，可配有一字螺丝刀、镊子、万用表等工具和设备。装配计算机的注意事项：微机部件要轻拿轻放，不要碰撞，尤其是硬盘等精密电子器件。不要用手接触主板、声卡等各类板卡上的集成电路，以防静电损坏芯片。

计算机芯片是一个高度密集的部件,静电所引起的破坏十分常见。触摸计算机配件首先要消除静电,可以用手摸一摸金属水管等接地设备,有条件也可以佩戴防静电环,防止人体所带静电损坏电子器件。

通常将主板放在比较柔软的物品上,如防静电包装袋或泡沫板,以免刮伤主板背部的印刷电路。仔细阅读主板说明书,参考主板 PCB 上的印刷,观察主板输出接口的不同形状(见图2-36),认识主板的主要芯片组及 CPU 插槽等主要组成部分,并记录主板的型号和技术指标等信息。

音频端口(8声道音频输出)

网络端口

Ieee1394接口

USB接口(共6只)

S/PDIF输出端口

鼠标(绿色)

键盘(蓝色)

图 2-36   主板输出接口的不同形状

在计算机装配中,固定硬件的螺钉的选择往往是被忽略的问题,要注意光驱和硬盘的固定螺丝是不一样的。由于硬盘的壳体由金属铝铸造,壳体厚壮、丝纹较宽,应选用粗纹螺钉固定;而光驱和机箱多是铁皮冲压而成的,螺丝纹路仅能有一两道丝纹,应该用密纹螺钉固定;塑料面板则采用自攻螺钉固定。三种螺钉纹路如图 2-37 所示,自攻螺钉是左边两个、细纹螺钉是中间两个、粗纹螺钉是右边两个。

2.7.2   机箱面板的连线

机箱面板上的连线往往容易接错,在面板的人机交互界面上,通常有开机、复位、喇叭或蜂鸣器、音响、USB 接口等电路。主板上的标识通常是英语或者没有任何书写,所以仔细阅读主板说明书是不错的选择。主板与面板的接插连线提示如图 2-38 所示,常规的标准连线方式如图 2-39 所示。

英文标识的含义如下。

PLED=POWER LED,电源指示灯。

SPEAKER,面板喇叭(大多主板具有蜂鸣器)。

HDD LED,硬盘指示灯。

POWER SW,微机启动按钮(开关)。

RESET,复位按钮。

图 2-37 三种螺钉纹路

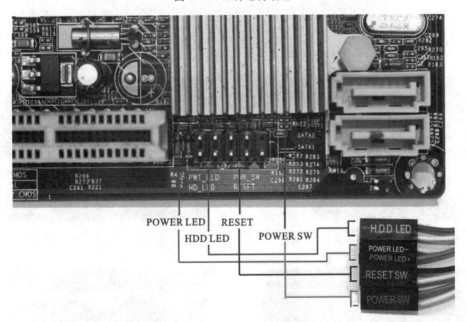

图 2-38 主板与面板的接插连线提示

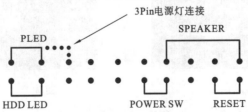

图 2-39 常规的标准连线方式

2.7.3 计算机组装图解

1. 安装 CPU

第一步：打开固定的 CPU 盖子，露出 CPU 插座。用适当的力向下轻压 CPU 的锁定压杆，同时稍向外侧推，使其脱离固定卡扣，如图 2-40 所示；然后将固定 CPU 的盖子与压杆反方向提起，如图 2-41 所示；打开盖子后，可看到 LGA 775 触点式 CPU 插座，如图 2-42 所示。

图 2-40　锁定压杆

图 2-41　提起压杆

第二步：放入并固定 CPU。对准 CPU 标示方向，将 CPU 凹槽对准插座凸起位置，把 CPU 放进插座，如图 2-43 所示；然后盖上固定 CPU 的盖子，最后压下固定 CPU 的压杆，将其卡入固定卡扣，固定好的 CPU 如图 2-44 所示。

图 2-42　LGA 775 触点式 CPU 插座

图 2-43　将 CPU 放进插座

图 2-44　固定好的 CPU

图 2-45　固定 CPU 散热器

第三步：安装 CPU 散热器。先在 CPU 表面均匀地涂上一层适量的导热硅脂，然后将散热器固定在对应插座上，如图 2-45 所示；在主板上找到标识为"CPU_FAN"的风扇电源接口，将风扇连接线插入电源插头,如图 2-46 所示;操作完成后,连接后的风扇电源如图 2-47 所示。

图 2-46　将风扇连接线插入电源插头　　　　图 2-47　连接后的风扇电源

2. 安装内存

将内存条对准 DIMM 插槽,如图 2-48 所示,均匀用力插到底,插槽两端的卡子会自动卡住内存条,如图 2-49 所示。

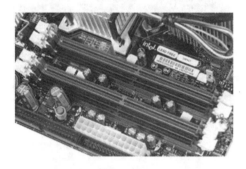 

图 2-48　DIMM 插槽　　　　　　　　图 2-49　安装内存条

3. 安装主板

第一步:拆开机箱,取下机箱的外壳,使机箱底板水平放置。

第二步:将主板平放于机箱中,并使其外部接口与底板上的预留位置对齐。

第三步:用螺丝钉将主板固定在机箱中,如图 2-50 所示。

图 2-50　固定主板

4. 安装电源

将电源放入机箱内的电源固定架上,对齐安放位置,拧紧螺丝即可。

5. 安装显卡和声卡

对于游戏发烧友们,他们会因不满足集成装置的需求而添加性能更高的显卡和声卡,步骤如下。

第一步:去除机箱上对应显卡、声卡位置的槽口挡板。图 2-51 所示的是显卡插槽和 PCI 插槽。

第二步:将显卡或声卡以垂直于主板的方向插入插槽,用力适中并要插到底部,保证卡上的金手指和插槽的簧片接触良好,如图 2-52 所示。

第三步:安装好显卡和声卡后,用细纹螺钉将显卡和声卡固定在机箱上。

图 2-51　显卡插槽和 PCI 插槽

图 2-52　适当用力插入显卡

6. 安装驱动器

第一步:安装光驱(光驱包含光盘刻录机)。先将机箱上的面板取下一个 5 英寸固定架前的槽口挡板,然后将光驱从机箱面板前插入固定托架,如图 2-53 所示。

第二步:将光驱的正面与机箱面板对齐,如图 2-54 所示,在光驱两侧分别用两个细纹螺钉初步固定,进一步调整光驱的位置,使其保持水平且正面与机箱面板平齐、美观,然后再把螺钉拧紧。注意力度不要太大,以免损坏主板上的电子线路。

图 2-53　光驱插入固定托架

图 2-54　将光驱的正面与机箱面板对齐

第三步:安装硬盘。将硬盘插入机箱内的 3.5 英寸固定托架,如图 2-55 所示。

第四步:在硬盘两侧分别用两个粗纹螺钉初步固定,进一步调整硬盘的位置,使其保持水平,然后再把螺丝拧紧。

图 2-55 将硬盘插入固定托架

7. 连接电源线和数据线

第一步:连接主板主电源。ATX 电源输出线中最大的、双排 24 芯接头为主板供电,将其插入主板的主电源插槽,如图 2-56 所示。

第二步:连接主板辅助电源。电源线中方头四芯的是 ATX 12 V 电源接头,将其播入主板的辅助电源插槽,如图 2-57 所示。

图 2-56 24 芯接头插入主电源插槽   图 2-57 ATX 12 V 电源接头插入辅助电源插槽

第三步:连接硬盘驱动器电源和数据线。取出 SATA 串口硬盘数据线,将一端插入主板对应的 SATA 接口,如图 2-58 所示,另一端插入硬盘背面的接口。再从主机电源盒中找出一个硬盘驱动器电源接头,将其插入硬盘背面的电源插槽即可,如图 2-59 所示。

图 2-58 连接主板与串口硬盘的数据线   图 2-59 连接硬盘驱动器电源和数据线

第四步:连接光驱电源线和数据线。光驱一般为 IDE 接口。取出 IDE 数据线,将一端插入主板对应的 IDE 接口,如图 2-60 所示,另一端插入光驱背面的接口。再从主机电源盒中找出一个光驱电源接头,将其插入光驱背面的电源插槽,如图 2-61 所示。

图 2-60　连接主板和 IDE 数据线

图 2-61　连接光驱电源线和数据线

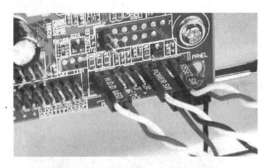

图 2-62　机箱面板线的接脚连接

8. 连接机箱面板线

第一步:连接扬声器线缆(SPEAKER)。从机箱内取出插头标注"SPEAKER"的线缆,找到主板上标注"SPEAKER"的插针,将红线对准正极,插入即可(其实喇叭不分极性)。

第二步:连接复位开关线缆(RESET SW)。从机箱内取出插头标注"RESET SW"的线缆,找到主板上标注"RESET SW"的插针,如图 2-62 所示。

第三步:连接电源开关线缆(POWER SW)。从机箱内取出插头标注"POWER SW"的线缆,找到主板上标注"POWER SW"的插针。

第四步:连接硬盘指示灯线缆(HDD LED)。从机箱内取出插头标注"HDD LED"的线缆,找到主板上标注"HDD LED"的插针,将红线对准标注"1"的位置插入插头。注意如果正、负极接反了,发光二极管指示灯不会点亮。

9. 收尾工作

仔细检查一下各部件的连接情况,确保无误后,梳理好机箱内所有连线稍加捆绑固定(整洁、美观);把剩余的槽口用挡板封好。

10. 连接外设

第一步:连接显示器,将显示器的数据线插到机箱背面的 D 型 15 针显卡接口上。

第二步:将键盘的连线接头插入机箱背面的相应接口处(如 PS/2 接口)。

第三步:将 USB 鼠标的连线接头插入机箱背面的相应接口处(如 USB 接口)。

11. 通电测试

第一步:检查主机内各板卡、电源线、数据线的连接,主机和外设备的连接。

第二步:将主机电源、显示器电源连接到市电电源插座。

第三步:按主机启动按钮,观察并记录开机情况,如有故障,则关闭电源后排查上述各安装步骤是否有误。若正常启动,则退出系统、关闭电源、合上机箱端盖。

小资料　Intel **酷睿** i9 **处理器**

　　Intel 酷睿 i9 是 Intel 公司在 2017 年 5 月"台北国际电脑展"上发布的全新的酷睿 i9 处理器,向 AMD 公司高端处理器 Ryzen 发起挑战。Intel 公司表示,酷睿 i9 处理器最多包含 18 个内核,主要面向游戏玩家和高性能 PC 的需求者。

　　Intel 公司在"台北国际电脑展"上发布了五款酷睿 i9 处理器,分别为 i9-7900X、i9-7920X、i9-7940X、i9-7960X 和 i9-7980XE。其中,最高端的 i9-7980XE 售价 1499 美元,远远高于一台普通 PC 的整机价格(2020 年 1 月)。

　　实际上,Intel 公司对酷睿 i9 的定位正是"极致的性能与大型任务处理能力";而它的性能则主要表现在"诸如虚拟现实内容创建和数据可视化等数据密集型任务的革新"。

　　酷睿 i9 处理器的真正面对对象,是超越 PC 普通任务之外的 VR 内容创建等需要处理大量数据的任务。Intel 公司在 PC 处理器市场的竞争对手 AMD 公司推出了 Ryzen 系列高端处理器,性能力压 Intel 公司的产品,且价格低廉。Intel 公司发布酷睿 i9 处理器,显然是为了抗衡 AMD 公司,力图重新称霸 PC 处理器市场。

2.8　本章小结

　　本单元主要介绍了计算机系各部件的基本功能、分类、主要性能指标和选购要点。重点介绍了 CPU 的工作原理、外观与构造、主要性能指标、CPU 研发的新技术以及风扇的性能指标;主板的结构及其主要组成部件的作用和性能;内存的主要类型和性能。同时介绍了硬盘、移动硬盘和 U 盘等常用外部存储器的性能指标及选购方法。还介绍了微机显卡和显示器的工作原理和性能指标;键盘、鼠标、打印机和扫描仪等其他输入/输出设备的分类和选购要点;光驱、声卡和音箱等多媒体设备的工作原理、性能指标和选购要点。在装配指导课程中结合图片内容详细描述了微机部件选配和组装过程。通过本单元的学习,学生的微机硬件知识会有一个新的提升。

练　　习

1. 思考题。

(1) 什么是计算机主板芯片组?

(2) ATX 主板具有什么特点?

(3) 简单说明 CPU 插座的结构特点。

(4) 说说计算机内部风扇的作用和技术指标有哪些。

(5) 结合教材图 2-11 说明不同层次的存储器的作用。

(6) 试问固态硬盘的物理结构和技术特点是什么?

2. 单项选择题。

(1) SRAM 存储器的中文含义是(　　)。

A. 静态随机存储器　　　　　　　B. 动态随机存储器

C. 静态只读存储器　　　　　　　D. 动态只读存储器

(2) 微型计算机硬件系统中最核心的部件是(　　)。

A. 主板　　　　　B. CPU　　　　　C. 内存储器　　　　　D. I/O 设备

(3) 计算机 ATX 技术的主板使用 Windows 系统的界面图标关机称为(　　)。

A. 电源关机　　　B. 硬关机　　　C. 软关机　　　　　D. 手动关机

(4) 计算机主板芯片组通常称为(　　)。

A. 集成电路芯片　　B. BIOS 芯片　　C. 内存条　　　D. 南桥和北桥

(5) CPU 的降温方式可以是(　　)。

A. 固态散热器　　B. 液态散热器　　C. 风冷散热器　　D. 以上都可以

(6) 能与 CPU 直接进行数据交换的是(　　)。

A. 内存储器　　　B. 外存储器　　　C. 硬盘存储器　　D. U 盘存储器

(7) 液晶显示器的像素控制原理是(　　)。

A. 晶体固有特性　　　　　　　　B. LCD 显示器

C. 电场控制晶体的排列方向　　　　D. 光盘

(8) 计算机电源的输出线中,代表 5V 和 12V 的通常采用什么颜色?(　　)

A. 黑色导线和红色导线　　　　　B. 红色导线和黄色导线

C. 黄色导线和绿色导线　　　　　D. 蓝色导线和红色导线

(9) 计算机在使用过程中,鼠标出现定位不准、移动不灵活的现象,引发该故障的原因不可能是(　　)。

A. 鼠标有关触点受灰尘污物污染　　B. 鼠标与机箱的连接不良或鼠标线有断裂

C. 计算机感染病毒　　　　　　　D. 主板的 CPU 出现严重故障

(10) 键盘出现部分按键失效或不灵敏,引发该类故障的原因不可能是(　　)。

A. 键盘受灰尘污染严重　　　　　B. 用户非常规的操作失误

C. 计算机感染病毒　　　　　　　D. 键盘与主机连接错误

(11) 键盘某些功能失常,下列选项中不可能的原因是(　　)。

A. 碗形塑料支撑变形　　　　　　B. 印制线损坏

C. 印制板锈蚀以及断裂　　　　　D. 微处理器损坏

(12) 计算机键盘的薄膜电路是印制在塑料材质上的,在寒冷季节这些电路容易(　　)。

A. 发生短路现象　　B. 印刷电路断裂　　C. 塑料粘连　　D. 按键无反应

3. 判断题。

(1) 计算机是智能化的电子设备。(　　)

(2) 计算机硬件系统的核心部分是主板、CPU 和内存储器。(　　)

(3) CPU 可以直接和硬盘交换数据。(　　)

(4) 计算机主板上的 CPU 插座通常采用针式和触点方式两种。(　　)

(5) 计算机的 CPU 降温方式通常采用风冷方式。(　　)

(6) 显示器的三原理基色分别是红、绿、蓝。(　　)

（7）并行接口数据的传输速度一定比串口数据传输快。（　　）

（8）图形处理芯片的符号表示为 GPU，它是图像处理的核心元件。（　　）

（9）SATA 硬盘数据线和 IDE 接口硬盘数据线相同。（　　）

（10）通常硬盘是指机械式磁盘存储器，硬盘的内部有电机、读写磁头和磁盘片等。（　　）

4．计算题。

（1）如果设置显示器的屏幕分辨率为 1024×768，同时选择 32 位真彩色，则此时所需显存容量最少为多少？

（2）CPU 芯片 Intel 酷睿 i3 4160 的主频为 3.6 GHz，倍频系数（倍频）值为 2，计算出与之配套的主板的外频值。

第3章　微机软件系统概述

软件系统和硬件系统共同构成实用的计算机系统,两者相辅相成、缺一不可。软件系统是指计算机系统所使用各种程序的总称,软件的主体驻留在存储器中,用户通过软件系统对计算机进行控制并与计算机系统进行信息交换,使计算机按照用户意图完成预定任务。

软件系统一般分为操作系统软件、程序设计软件和应用软件三类。

1. 操作系统软件

虽然计算机能完成许多非常复杂的工作,但计算机完成相关的工作,必须有一个翻译器把人类语言翻译给计算机。操作系统软件就是起到翻译器的作用,负责把人的意思"翻译"给计算机,由计算机完成人想做的工作。常用的操作系统(OS)有 Microsoft 公司的 Windows10、苹果的操作系统和 Linux 操作系统、UNIX 操作系统(服务器操作系统)等。

2. 程序设计软件

程序设计软件是由专门的软件公司编制,用来进行编程的计算机语言,主要包括机器语言、汇编语言和高级语言。如汇编语言、Delphi、Java、C++语言等。

3. 应用软件

应用软件是用于解决各种实际问题以及实现特定功能的程序。常用的应用软件有 Office 办公软件、WPS 办公软件、图像处理软件、网页制作软件、游戏软件和杀毒软件等。

3.1　CMOS 常用选项的设置

本节主要介绍 BIOS 和 BIOS 的设置方法,包括设置标准 CMOS、高级 BIOS、开机密码和启动顺序等,另外还介绍了升级 BIOS 的方法。

3.1.1　BIOS 与 CMOS 简介

BIOS 是计算机中最基础而又最重要的程序。这段程序存放在 ROM 芯片中。BIOS 为计算机提供最低级的、最直接的硬件控制,计算机的原始操作都是依照固化在 BIOS 里的内容来完成的。所以说,BIOS 是硬件与软件程序之间的一个接口,负责开机时对系统各项硬件进行初始化设置和测试,以确保系统能够正常工作。它在计算机系统中起着非常重要的作用,如果硬件不正常则立即停止工作,并把出错的设备信息反馈给用户,主板 BIOS 芯片如图 3-1 所示。

互补金属氧化物半导体存储器(complementary metal oxide semiconductor,CMOS)是主板上一块可读写的 RAM 芯片,其大小通常为 128 MB 或 256 MB,功耗极低,由主板上的一粒纽扣电池供电,即可保存其信息在关机后不丢失(有些主板使用不需供电的闪存)。CMOS 中存储着计算机的重要信息,主要有以下信息。

（1）系统日期和时间。

（2）主板上存储器的容量。

（3）硬盘的类型和数目。

（4）显卡的类型。

（5）当前系统的硬件配置和用户设置的某些参数。

CMOS 与 BIOS 不同，CMOS 是存储芯片，属于硬件，用来保存当前系统的硬件配置和用户对某些参数的设定。CMOS 本身只是一块存储器，而对 CMOS 中各项参数的设定要通过专门的程序来完成。厂家都将 CMOS 设置程序做到了 BIOS 芯片

图 3-1　主板 BIOS 芯片

中，在开机时通过特定的按键可进入 CMOS 设置程序，以便对系统进行设置，因此，CMOS 设置又称为 BIOS 设置。

一台计算机的好坏，不能只用硬件性能的优劣来衡量，BIOS 设置是否得当，在很大程度上会影响计算机的性能优化。BIOS 设置能避免硬件可能产生的冲突，提高系统的运行效率，通常在以下情况下需要运行 BIOS 设置程序。

（1）新组装的计算机。

（2）重新安装操作系统。

（3）更换 CMOS 电池。

（4）系统启动时提示错误信息。

（5）CMOS 的设置丢失。

3.1.2　BIOS 的功能和作用

1. BIOS 芯片的功能

（1）硬件中断服务：BIOS 中断服务程序实质上是微机系统中软件与硬件之间的一个可编程接口，主要用于程序软件功能与微机硬件之间的接口。例如，Windows 对软驱、光驱、硬盘等的管理、中断等服务。

（2）BIOS 系统设置程序：计算机部件配置记录存放在一块可写的 CMOS RAM 芯片中，主要保存系统的基本情况（CPU 特性、软/硬盘驱动器等部件的信息）。在 BIOS ROM 芯片中装有"系统设置程序"，主要用来设置 CMOS RAM 中的各项参数。这个程序在开机时按其对应键就可进入设置状态，并提供良好的界面。

（3）POST 上电自检：计算机接通电源后，系统首先由 POST 程序对内部各个设备进行检查。完整的 POST 上电自检包括以下方面。

① 对 CPU、主板、内存和系统 BIOS 的测试。

② CMOS 中系统配置的校验。

③ 初始化显卡、显存，检验视频信号和同步信号，对显示器接口进行测试。

④ 对键盘、软驱、硬盘及光驱进行检测。

⑤ 对并口、串口进行检测：一旦在自检中发现问题，系统将给出提示信息或鸣笛警告。

（4）BIOS 系统启动自举程序：系统完成 POST 自检后，BIOS 芯片就按照系统 CMOS 设置中保存的启动顺序搜索软/硬盘驱动器及 CD-ROM 或网络服务器等有效的启动驱动器，读入操作系统引导记录，然后将系统控制权交给引导记录，并由引导记录来完成系统的顺序启动。

2. BIOS 芯片的作用

（1）自检及初始化：开机后 BIOS 最先被启动，然后它会对计算机的硬件设备进行完全、彻底的检验和测试。如果发现问题，分两种情况处理：严重故障停机，不给出任何提示或信号；非严重故障则给出屏幕提示或声音报警信号，等待用户处理。如果未发现问题，则将硬件设置为备用状态，然后启动操作系统，把对计算机的控制权交给用户。

（2）设定中断：开机时，BIOS 会告诉 CPU 各硬件设备的中断号，当用户发出使用某个设备的指令后，CPU 就根据中断号使用相应的硬件完成工作，再根据中断号跳回原来的工作。

（3）程序服务：BIOS 直接与计算机的输入/输出（input/output，I/O）设备打交道，通过特定的数据端口发出命令，传送或接收各种外部设备的数据，实现软件程序对硬件的直接操作。

3.1.3 BIOS 跳线

（1）BIOS 跳线的目的是通过跳线（短路环）给 CMOS 存储器放电，用于清除 CMOS 中的用户所设置的数据。在"删除 CMOS"操作后，BIOS 将出厂时的原始数据存入 CMOS 存储器中。

（2）BIOS 跳线的作用是通过放电的方法来清除开机密码或 BIOS 进入密码。

（3）BIOS 跳线的方法：将 CMOS 电池旁边的跳线帽拔出，如图 3-2 所示，短接 2、3 针几秒钟即可，然后再拔出，插回原来的位置；或者将 CMOS 电池取出，将电池盒上的正、负极短接几秒钟，再把电池安上即可。这个"几秒钟"很重要，是为了使电路中的电容器充分放电。

图 3-2　BIOS 跳线

3.2　计算机操作系统

操作系统（operating system，OS）是电子计算机系统中管理和控制计算机硬件与软件资源的计算机程序,是直接运行在"裸机"上的最基本的系统软件。OS 不仅负责支撑应用程序运行环境以及用户操作环境,同时也是计算机系统的核心与基石。它的职责包括对硬件的直接监管、各种计算资源的管理,以及提供诸如作业管理之类的面向应用程序的服务等。

操作系统人机交互的系统软件用于改善人机界面、为其他应用软件提供支持等,使计算机系统所有资源最大限度地发挥作用,为用户提供方便的、有效的、友善的服务界面。

3.2.1 磁盘操作系统

磁盘操作系统(disc operating system,DOS)是个人计算机上最早的操作系统。从 1981 年 MS-DOS1.0 到 1995 年,DOS 作为 Microsoft 公司在个人计算机上使用的一个操作系统载体,推出了多个版本。DOS 在 IBM PC 兼容机市场中占有举足轻重的地位,可以直接操纵管理硬盘的文件,以 DOS 的形式运行。

DOS 是 1979 年由 Microsoft 公司为 IBM 个人计算机开发的 MS-DOS,它是一个单用户、单任务的操作系统。后来 DOS 的概念也包括了其他公司生产的与 MS-DOS 兼容的系统,如 PC-DOS、DR-DOS 以及一些其他相对不太出名的 DOS 兼容产品。它们在 1985—1995 年的一段时间内占据操作系统的统治地位,最著名和广泛使用的 DOS 系统是从 1981—1995 年的 15 年间,Microsoft 公司在推出 Windows 95 之后,宣布 MS-DOS 不再单独发布新版本。

DOS 操作系统是 16 位的系统,刚开始都在软盘上运行,自从有了硬盘后,就安装在硬盘上了。但是需要 FAT16 格式的磁盘分区,而且分区的容量不能超过 2 GB。DOS 系统都是以命令的方式运行指令,有的也支持鼠标,甚至也可以做成菜单方式,但早期的 DOS 用户界面(见图 3-3)是字符形式的命令和数据显示,与图标形式的 Windows 的亲和性是无法相比的。

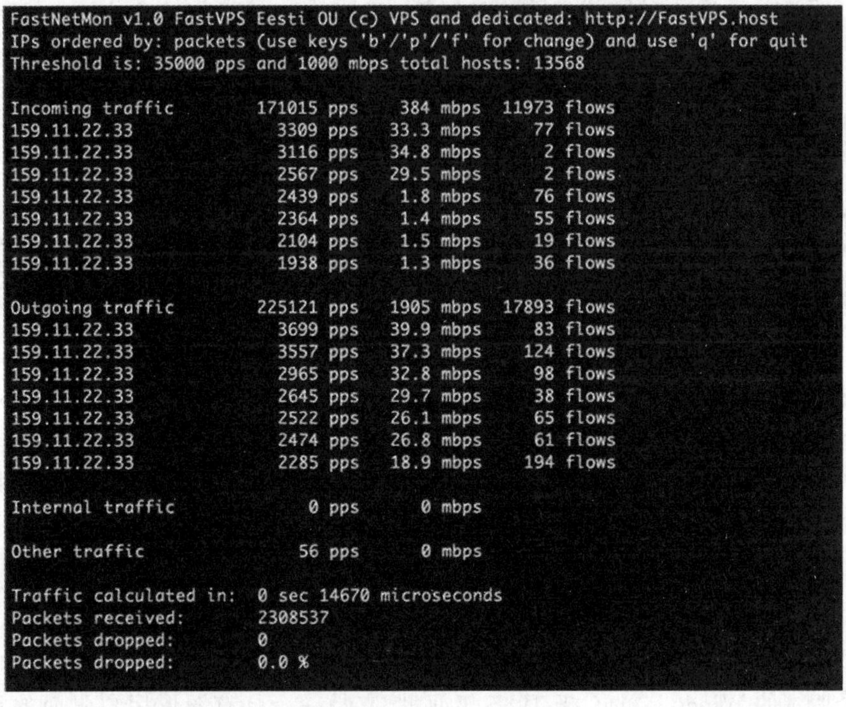

图 3-3 早期的 DOS 用户界面

DOS 系统虽然落后了,但是还有存在的必要,当 Windows 系统崩溃或硬盘出现故障时,还需要 DOS 工具来解决问题。因此,DOS 系统更多的是作为一个维护 Windows 系统的平台。

3.2.2　Windows 系统

Microsoft Windows 是美国 Microsoft 公司研发的一套图形界面的多任务操作系统,它问世于 1985 年。起初仅仅是 Microsoft-DOS 模拟环境,后续的操作系统版本由于 Microsoft 不断地更新升级,不仅易用,也是当前应用最广泛的计算机操作系统。

Windows 采用了图形化模式 GUI,比起从前的 DOS 需要输入指令的使用方式,更为人性化,便于应用的普及推广。随着计算机硬件和软件地不断升级,Microsoft Windows 也在不断升级,从架构的 16 位、32 位再到 64 位,系统版本从最初的 Windows 1.0 到大家熟知的 Windows 95、Windows 98、Windows 2000、Windows XP、Windows 7、Windows 8、Windows 10 和 Windows Server 服务器企业级操作系统,不断持续更新,Microsoft 公司一直在致力于 Windows 操作系统的开发和完善。目前多数计算机操作系统安装的是 Windows 8 或 Windows 10,图 3-4 所示的是 Windows 10 的开机界面。

图 3-4　Windows 10 的开机界面

在计算机网络服务中,新技术文件系统(new technology file system,NTFS)是 Windows NT 内核的系列操作系统支持的,一个特别为网络、磁盘配额、文件加密等管理安全特性设计的磁盘格式,提供长文件名、数据保护和恢复,能通过目录和文件许可实现安全性,并支持跨越分区。

1. Windows 的发展历程

Microsoft 公司从 1983 年开始研制 Windows 系统,最初的研制目标是在 MS-DOS 的基础上提供一个多任务的图形用户界面。

第一个版本的 Windows 1.0 于 1985 年问世,它是一个具有图形用户界面的系统软件。1987 年,推出了 Windows 2.0,最明显的变化是采用了相互叠盖的多窗口界面形式。但这一切都没有引起人们的关注,直到 1990 年推出 Windows 3.0,它成为一个重要的里程碑,以压倒性的商业成功确定了 Windows 系统在 PC 领域的垄断地位。现今流行的 Windows 窗口界面的基本形式也是从 Windows 3.0 开始基本确定的。1992 年,主要针对 Windows 3.0 的缺点推出了 Windows 3.1,为程序开发提供了功能强大的窗口控制能力,使 Windows 和在其环境下运行的应用程序具有了风格统一、操纵灵活、使用简便的用户界面。Windows 3.1 在内存管理上也取得了突破性进展。它使应用程序可以超过常规内存空间限制,不仅支持 16 MB 内存寻址,而且在 80386 及以上的硬件配置上通过虚拟存储方式可以支持几倍于实际物理存储器大小的地址空间。Windows 3.1 还提供了一定程度的网络支持、多媒体管理、超文本形式的联机帮助设施等。这对应用程序的开发有很大影响,同时,也使网络的触角伸向了千家万户,催生了地球村等热门词语。

2. Windows 操作系统的主要特点

(1) 直观、高效的面向对象的图形用户界面,易学易用。

Windows 用户界面和开发环境都是面向对象的。用户采用"选择对象—操作对象"这种方式进行工作。例如,要打开一个文档,我们首先用鼠标或键盘选择该文档,然后从右键菜单中选择"打开"操作,打开该文档。这种操作方式模拟了现实世界的行为,易于理解、学习和使用。

(2) 用户界面统一。

Windows 应用程序大多符合 IBM 公司提出的公共用户访问(common user access,CUA)标准,所有的程序拥有相同的或相似的基本外观,包括窗口、菜单、工具条等。用户只要掌握其中一个,就不难学会其他软件,从而降低了用户培训学习的费用。

(3) 丰富的设备无关的图形操作。

Windows 的图形设备接口(GDI)提供了丰富的图形操作函数,可以绘制出诸如线、圆、框等几何图形,并支持各种输出设备。设备无关意味着在针式打印机上和高分辨率的显示器上都能显示出相同效果的图形。

(4) 多任务。

Windows 是一个多任务的操作环境,它允许用户同时运行多个应用程序,或在一个程序中同时做几件事情。每个程序在屏幕上占据一块矩形区域,这个区域称为窗口,而且窗口是可以重叠的。

用户可以移动这些窗口,或在不同的应用程序之间进行切换,并可以在程序之间进行手工和自动的数据交换和通信。虽然同一时刻计算机可以运行多个应用程序,但仅有一个是处于活动状态的,其标题栏呈现高亮颜色。一个活动的程序是指当前能够接收用户键盘输入的程序。

3. Windows 操作系统对硬件支持良好

硬件的良好适应性是 Windows 操作系统的有一个重要特点。Windows 操作系统支持多种硬件平台,对硬件生产厂商宽泛、自由的开发环境激励了这些硬件公司选择与 Windows 操作系统相匹配,也激励了 Windows 操作系统不断完善和改进,同时,硬件技术的提升也为操作系统功能拓展提供了支撑。另外,该操作系统支持多种硬件的热插拔,方便了用户的使用,也受到了广大用户的欢迎。

4. 市面主流 OS

由于计算机科学与技术的全球发展,在计算机领域同时还存在着其他操作系统,用于台式计算机上的有 Microsoft 公司的 Windows 操作系统(Windows XP,Windows 7 等)、苹果公司的 MAC 系统、开源的 Linux 系统衍生出的各种 Linux 系统(redhut,ubuntu 等)和其他系统。

用于平板电脑上的有 google(谷歌)公司的 Android 系统、苹果公司的 iOS 系统、Microsoft 公司的 Windows 7。其中,Android 系统最为主流。

注意,开源的意思是开放源代码和自由定制,最著名的开源操作系统是 Linux 系统。在遵循开源协议(GNU)的前提下任何人都可以免费使用,随意控制软件的运行方式、编译和再发布。

3.3　硬件驱动程序及安装

本节主要介绍操作系统安装之后的系统设置方法,包括设置硬件驱动程序、安装软件等;还介绍了驱动程序的安装顺序和安装方式等。

1. 什么是驱动程序

驱动程序实际上是一段能让计算机与各种硬件设备通话的程序代码。通过它,操作系统才能控制计算机上的硬件设备。如果一个硬件只依赖操作系统而没有自己的驱动程序,这个硬件就不能发挥其特有的功效,同时 CPU 的工作效率大为降低。

常见的"For 9x"或"For NT/2000"之类的驱动程序,是由于这两种操作系统的内核不一样,需要针对 Windows 的不同版本进行修改。

2. 驱动程序的安装顺序

在安装驱动程序时,应该特别留意驱动程序的安装顺序。如果不能按顺序安装,有可能会造成频繁的非法操作、部分硬件不能被 Windows 识别或出现资源冲突,甚至会有黑屏、死机等现象出现。

(1) 在安装驱动程序时应先安装主板的驱动程序,其中最需要安装的是主板识别和管理硬盘的 IDE 驱动程序。

(2) 依次安装显卡、声卡、Modem、打印机、鼠标等驱动程序,这样就能让各硬件发挥最优的效果。

3. 驱动程序的安装方式

(1) 可执行驱动程序安装法。

可执行驱动程序一般有两种,一种是单独一个驱动程序文件,只需要双击它就会自动安装相应的硬件驱动;另一种则是一个现成目录中有很多文件,其中有一个"Setup. exe"或"Install. exe"可执行程序,双击这类可执行文件,程序也会自动将驱动装入计算机中。

(2) 手动安装驱动法。

有些硬件的驱动程序没有一个可执行文件,而是采用了"inf"格式手动安装驱动的方式。

安装方法:从"开始"菜单中启动"控制面板",然后双击"系统",打开"硬件"选项卡中的"设备管理器"。用户会发现没有安装驱动的设备前面标着一个黄色的问号,还打上一个感叹号,表示 Windows 无法识别该硬件,或者没有安装相应的驱动程序,所以 Windows 就用这样的符号把设备标示出来,以便用户能及时发现未装驱动的硬件。

一般常见的未知声卡设备名为"PCI Multimedia Audio Device"；未知网卡为"PCI Network Adpater Device"；未知 USB 设备为"未知 USB 设备"。

双击需要安装驱动程序的设备,并依次选择"升级驱动程序""安装的途径",直接使用推荐方法并点击"下一步"。选择安装程序的位置,如果已经找到了一个设备的驱动程序,点击"下一步"按钮。随后经过一些文件的复制,并自动安装了一些相应驱动之后,此设备驱动安装完毕。

 小提示

即插即用(plug and play,PnP)是一种由系统自动分配 IRQ(中断请求)、DMA(直接存储访问)等资源,并确保 PC、硬件设备、驱动程序以及操作系统自动地相互兼容的技术。现在的操作系统都支持即插即用,可以为安装的硬件自动分配 IRQ、DMA 等资源。

3.4 计算机安全与防护

随着计算机技术与网络技术的发展,我们日益感受到信息技术所带来的便利和变革。与此同时,网络的开放性以及现有软件中所存在的各种安全漏洞使得计算机安全问题越来越受到人们的重视。所以了解、掌握计算机安全与防护的相关知识,提高安全防护意识已成为计算机应用中必要的常识。

3.4.1 计算机病毒

1. 计算机病毒的概念

《中华人民共和国计算机信息系统安全保护条例》中明确定义,计算机病毒(computer virus)是指"编制者在计算机程序中插入的破坏计算机功能或者数据的代码,能影响计算机使用、能自我复制的一组计算机指令或者程序代码"。

计算机病毒有医学病毒相同的复制能力,能够实现自我复制并且借助一定的载体存在,具体表现在计算机病毒通过磁盘、磁带、网络等介质传播、扩散,并能够"传染"其他程序。

计算机病毒与医学病毒不同的是,计算机病毒是某些人利用计算机软件和硬件所固有的脆弱性编制的一组指令集或程序代码,它能通过某种途径潜伏在计算机的存储介质(或程序)里,当达到某种条件时即被激活,通过修改其他程序的方法将自己精确拷贝的或者可能演化的形式放入其他程序中,从而感染其他程序,对计算机资源进行破坏。所以计算机病毒可以很快地蔓延,且又常常难以根除。

2. 计算机病毒的历史及发展阶段

1) 计算机病毒的发展史

计算机病毒出现的历史并不长。在 20 世纪 80 年代初,微机得以普及后才有病毒出现。1982 年,一个名为 Elk Cloner 的计算机程序,以软盘作为传播介质,成为计算机病毒史上第一种感染个人计算机的计算机病毒。不过它的破坏能力相当轻微,受感染计算机只是会在屏幕上显示一段小小的诗句而已。1983年,弗瑞德·科亨(Fred Cohen)博士制作了世界上第一个有案可查的病毒程序。同年11月,这一病毒获准在UNIX操作系统的机器上进行实验。实验非常成功:在成功的5次演示中,导致系统瘫痪所需的平均时间为30 min,最短的一次仅仅用了5 min。1984年9月,国际信息处理联合会计算机安全技术委员会在加拿大多伦多举行年会,弗瑞德·科亨博士首次正式发表了论文《计算机病毒:原理和实验》,公开提出了"计算机病毒"的概念。自此,"计算机病毒"正式被定义。

2)计算机病毒的发展阶段

(1)DOS、Windows等传统阶段。

早期的计算机操作系统以DOS操作系统为主,因此病毒主要是引导型病毒,具有代表性的是"小球"和"石头"病毒。引导型病毒正是利用了软盘的启动原理工作,修改系统启动扇区,在计算机启动时取得控制权,减少计算机内存,修改磁盘读写中断,影响系统工作效率,在系统存取磁盘时进行传播。

1996年,随着Windows的日益普及,利用Windows进行工作的病毒开始发展,典型的代表是"DS.3873";而随着MS Office功能的增强,开始盛行宏病毒,使用Word宏语言也可以编制病毒。这一阶段的顶峰应该是"谈虎色变"的CIH病毒。1999年4月26日,CIH病毒全球爆发。这一天简直成了PC用户的灾难日:开机后,屏幕没有任何显示,只有死一般的沉寂。当时,计算机经销商发了一笔"横财"。

(2)基于Internet的网络病毒。

在因特网诞生以前,计算机病毒是被囚禁在一个个计算机之中的。1995年后,随着网络的普及,计算机病毒开始利用网络进行传播。通过网络或者系统漏洞进行自主传播,向外发送带病毒邮件或通过即时通信工具(QQ、MSN等)发送带病毒文件,阻塞网络。例如"红色代码""冲击波""震荡波"等病毒皆是属于此阶段,这类病毒往往利用系统漏洞进行世界范围的大规模传播。而因特网上的邮件传递也成为病毒设计者的选择,邮件病毒一度泛滥。如果不小心打开了这些带病毒的邮件,计算机就有可能中毒。

莫里斯制造的"蠕虫"是网络蠕虫的典型代表。它不占用除内存以外的任何资源,不修改磁盘文件,只是利用网络功能搜索网络地址,将自身向下一个地址进行复制传播。网络中如果有大量蠕虫程序的运行和传递,系统便会发生"梗阻",使网络阻断甚至瘫痪。

"梅利莎"(melissa,也称为"美丽杀手")是典型的电子邮件病毒。尽管病毒本身并不会对个人计算机造成损失,但这种病毒可以自动地快速复制并通过电子邮件发送,使大量的垃圾邮件像洪水一样蔓延互联网,最终邮件服务器因不堪重负而导致死机。

(3)基于Internet的网络威胁。

如今,可以说是处于计算机病毒的第三阶段,这个阶段已不再是用一个简简单单的病毒之说可以概述的了,网络蠕虫、传统计算机病毒、木马程序、恶意代码、黑客攻击等合为一体,对世界范围的网络和主机造成了很大的危害,可称为新一代的计算机病毒,也称为基于Internet的网络威胁。

3. 计算机病毒的特性

1)寄生性

计算机病毒与其他合法程序一样,是一段可执行程序,但它不是一段完整的程序,它寄生在其他合法程序之中,当执行这个合法程序时,病毒就有可能被激活而与合法程序争夺系统的控制权,起破坏作用。在未启动它所寄生的合法程序之前,不易被人察觉。

2)传染性

传染性是计算机病毒最基本的特征。计算机病毒不但本身具有破坏性,而且具有传染性。计算机病毒会通过各种渠道,如软盘、硬盘、移动硬盘、计算机网络去传染其他的计算机。这段人为编制的计算机程序代码一旦进入计算机并得以执行,它就会搜寻其他符合其传染条件的程序或存储介质,确定目标后再将自身代码插入其中,达到自我繁殖的目的,在某些情况下造成被感染的计算机工作失常甚至瘫痪。一旦病毒被复制或产生变种,其速度之快令人难以预防。是否具有传染性是判别一个程序是否为计算机病毒的最重要条件。

3)隐蔽性

计算机病毒具有很强的隐蔽性,有的可以通过病毒软件检查出来,有的根本就查不出来,有的时隐时现、变化无常,这类病毒处理起来通常很困难。

4)潜伏性

一个编制精巧的计算机病毒程序,进入系统之后,不用专用检测程序是检查不出来的,并且它一般也不会马上发作,会潜伏在合法文件中几周或者几个月甚至一年。

5)可触发性

病毒因某个事件或数值的出现,诱使病毒实施感染或进行攻击的特性称为可触发性。病毒既要隐蔽又要维持杀伤力,它必须具有可触发性。病毒的触发机制就是用来控制感染和破坏动作的频率值。病毒具有预定的触发条件,这些条件可能是时间、日期、文件类型或某些特定数据等。

6)破坏性

无论哪一种计算机病毒,至少都存在一个共同的危害,即都具有破坏性。就算是最善意的病毒,它也降低了计算机系统的正常工作效率,抢占了系统资源。计算机病毒的危害程度取决于计算机病毒程序,特别是计算机病毒设计者的目的。一般情况下,计算机病毒的危害主要表现在三大方面:一是破坏文件或数据,造成用户数据丢失或损毁;二是抢占系统网络资源,造成网络阻塞或系统瘫痪;三是破坏操作系统软件或计算机(主板等)硬件,造成计算机无法启动。

7)不可预见性

计算机病毒相对于防毒软件永远是超前的。理论上讲,没有任何杀毒软件能将所有的病毒杀除。此外,计算机病毒还具有攻击的主动性、针对性、衍生性、欺骗性、持久性等特点。

4. 计算机病毒的分类

按不同的分类标准,计算机病毒的分类是多样的。根据病毒攻击的操作系统分类,计算机病毒可以分为 DOS 病毒、Windows 病毒、UNIX 病毒、Linux 病毒等。根据病毒寄生的方式分类,计算机病毒可以分为引导型病毒、文件型病毒、复合型病毒等。

5. 恶意代码

恶意代码(unwanted code)这一名词是近几年流行起来的一种新的说法,一个最安全的定义是把所有不必要的代码都看作是恶意代码。恶意代码不具有传统计算机病毒自我复制的特性,但它却有恶意,而且是一段程序,通过执行产生作用。如修改主页、注册码锁定、篡改 IE 标题栏、启动时弹出对话框、IE 窗口定时弹出等都属于恶意代码。从恶意代码的定义来看,宏病毒、网络蠕虫程序、特洛伊木马、垃圾邮件、后门程序等也都可以归为此类。

恶意代码一般利用三类手段进行传播：软件漏洞、用户本身或者两者的混合。恶意代码操作系统或者应用程序的漏洞，攻击服务器或者网络设施。如红色代码（code red）、尼姆达（nimda）等蠕虫程序都是利用软件漏洞来进行自我传播，而不再需要搭乘或者依附其他代码。有的恶意代码本身就是软件，是自启动的蠕虫或者是嵌入脚本，如特洛伊木马。

特洛伊木马简称木马，其名称来源于古希腊神话中的木马计，意为一种可运行的恶意代码，它与病毒的不同之处在于，木马是通过伪装成无害的应用程序、软件等来骗过用户以及杀毒软件，从而进入计算机内部，为非法用户提供服务，窃取系统的非法信息和资源。木马程序主要包含两个部分：客户端（控制端）和服务端（被控制端）。服务端指被植入木马的计算机，而客户端指非法用户对服务端进行控制的计算机。木马程序是通过某种手段来使外部用户可以监听被植入木马的计算机，甚至获得服务端的控制权，获得非法操作计算机的权限，进而暗中监视被入侵者，窃取用户的秘密（见图 3-5）。在 Windows 8 系统中，木马的危害是非常巨大的。由于 Windows 用户大多是专业性不强的普通用户，而木马正是利用这一点，它可以通过简单的隐藏（如在任务栏中隐藏以及在任务管理器中隐藏等）来欺骗没有防范意识的 Windows 用户。它还可以通过加载到 win.ini 中或加载到注册表中来保证自己不会因为一次计算机重启就失效。

图 3-5　窃取用户的秘密

6. 计算机感染病毒的症状和原因

计算机在使用过程中，会出现各种各样的故障，很多现象是由计算机本身的软、硬件引起的。那么如何判断计算机是否感染病毒，这就需要我们对计算机感染病毒后的症状有一定的判断能力。计算机感染病毒后的症状比较多，而且还会因不同的病毒及变种后的症状有所不同，常见的症状有以下几个方面。

（1）经常无缘无故地死机。

病毒打开了许多文件或者占用了大量的内存；有时候关闭计算机后还会自动重启。

（2）操作系统无法正常启动。

这种情况一般是病毒修改了硬盘的引导信息或者删除了某些启动文件。操作系统报告缺少必要的启动文件或启动文件被破坏。

（3）运行速度明显变慢。

大多数病毒会抢占资源，占用大量内存或者 CPU 资源以便在后台进行非法操作，这肯定会导致计算机的运行速度明显变慢。如果这时候上网，上网的速度将会变得很"卡"。

（4）文件打不开或者数据莫名丢失，出现大量来历不明的文件。

如果文件打不开可能是病毒修改了文件格式，而数据莫名消失的原因则可能是病毒删除了文件。由于病毒有复制功能，一些病毒会复制文件，会产生大量来历不明的文件。

（5）能正常运行的软件在运行时经常提示内存不足。

（6）软盘等设备未访问时却有读、写操作。

可能是病毒在作怪，需要用户用心观察，在没有操作计算机时，稍微留意下主机箱上的硬盘灯、软盘或者其他外设的灯是否在闪烁。

（7）打印机的通信发生异常，无法进行打印操作或打印出来的是乱码。

（8）无故发送邮件。

如果计算机感染了冲击波病毒,那么可能会有以下症状:莫名其妙地死机;重新启动计算机或在弹出"系统关机"警告提示后自动重启;IE 浏览器不能正常地打开链接;不能复制、粘贴;有时出现应用程序,如 Word、Excel、PowerPoint 等软件无法正常运行;网络变慢;最重要的是,在任务管理器里有一个"msblast.exe"的进程在运行。

3.4.2 计算机病毒的传播途径与防范措施

1) 计算机病毒的传播途径

计算机病毒具有自我复制和传播的特点,所以研究计算机病毒的传播途径极为重要。只有明确它的传播途径,我们才能采取正确的方法防患于未然。

(1) 不可移动的计算机硬件设备。

利用专用集成电路芯片进行传播。这种计算机病毒比较少,但破坏力极强。

(2) 移动存储设备(包括软盘、磁带、U 盘等)。

可移动式磁盘包括软盘、CD-ROM、USB 等。早期的软盘是使用最广泛的存储介质,因此也成了计算机病毒传播的温床。而如今,USB 的普遍使用代替了软盘,成为计算机病毒传播最主要的途径之一。硬盘是数据的主要存储介质,因此成为计算机病毒感染的重灾区。硬盘之间或者硬盘与移动设备相互传递文件都有可能导致病毒蔓延。

(3) 网络。

如今,越来越多的人通过网络获取信息、收/发文件,发布、下载程序,网络已成为计算机病毒最快捷的传播工具。特别是通过互联网传播,比传统的方式要快得多。再加上操作系统漏洞,黑客们通过对这些漏洞编制病毒程序,然后通过互联网瞬间就可以传遍全世界。最著名的冲击波病毒,在不到一天的时间,造成全球数亿美元的损失。

2) 计算机病毒的防范措施

要保证计算机的安全,就要做好防范工作,预防第一,防患于未然。

(1) 了解一些防病毒知识、养成良好的安全习惯是防范计算机病毒的起码要求。

(2) 安装病毒防护软件、安装网络防火墙并定期更新杀毒软件,确保拥有最新的病毒库,以便查杀、导出不穷的病毒。

(3) 定期扫描系统、及时更新操作系统补丁,不让黑客们找到系统漏洞,让病毒或者恶意代码无机可乘。

(4) 不要轻易执行附件中的.exe 和.com 等可执行程序。

(5) 不要轻易打开附件中的文档文件,也不要直接运行附件,这样很容易让计算机中招。

(6) 使用复杂的密码,防止如特洛伊木马之类的恶意代码进入计算机轻而易举地盗取重要信息。

(7) 若是发现网络中有中毒的计算机,要迅速隔离被感染的计算机,防止病毒蔓延。

(8) 关闭或删除不需要的服务,没准这些是病毒在作怪,即使不是病毒,也可以节省系统资源,提高运行速度。

在如今的信息时代,网络高度发达,病毒防不胜防。我们只有建立病毒防治和应急体系,严格管理,对系统做好风险评估,选择并正确配置、使用病毒软件,定期检测,筑好计算机上的防火墙,养成良好的上网和操作习惯,才能将危害降到最低。

3.5　本章小结

本章较为详细地介绍了计算机的软件组成部分以及计算机硬件的启动程序 BIOS。重点介绍了负责支撑应用程序运行环境以及用户操作环境、也是计算机系统的核心与基石软件的操作系统;详细分析了计算机病毒及其性质,指出了木马病毒的恶毒用意和破坏影响,提出了计算机安全防护的基本方法和操作建议。

练　　习

1. 思考题。

(1) 如何将硬盘设为系统的第一启动设备?

(2) 什么是 BIOS? 什么是 CMOS? 二者有什么区别与联系?

(3) 如何利用 Windows XP 的磁盘管理功能删除硬盘的扩展分区?

(4) 如果用户计算机的 BIOS 设置错误且不能启动,可以采取什么措施修复?

2. 单项选择题。

(1) 如果要从光驱启动,需要将"First Boot Device"设为(　　　)。

A. Floppy　　　　　　B. HDD-0　　　　　　C. HDD-1　　　　　　D. CD-ROM

(2) 对 Windows XP 操作系统进行更新时,以下方法不正确的是(　　　)。

A. 购买操作系统更新安装盘　　　　　　B. 在网上下载补丁程序,然后进行安装

C. 利用 Windows Update 进行更新　　　　D. 利用原安装盘中相关选项进行更新

(3) 以下关于硬件设备驱动程序的说法,正确的是(　　　)。

A. 硬件设备驱动程序一次安装完成后就再也不需要更新了

B. 安装 Windows 操作系统时已经自动安装好一部分设备的驱动程序

C. 所有硬件的驱动程序在安装好操作系统后都需要手动安装

D. 硬件驱动程序一旦安装完成后,将不能更新,只能重新安装

(4) 在用安装盘安装 Windows XP 前,必须做的工作包括(　　　)。

A. 启动 DOS 系统　　　　　　　　　　B. 对磁盘的所有空间进行分区

C. 对磁盘分区进行格式化　　　　　　　D. 在 BIOS 中将第一启动设备改为光驱

(5) 以下不是文件系统格式的是(　　　)。

A. NTFS　　　　　　B. FAT32　　　　　　C. DOS　　　　　　D. xls

(6) 下面哪一个图像文件是没有经过压缩的? (　　　)

A. BMP　　　　　　B. JPG　　　　　　C. GIF　　　　　　D. TIFF

(7) 计算机病毒具有寄生性、传染性、隐蔽性、潜伏性、可触发性、破坏性和不可预见性,但危害最大的是(　　　)。

A. 寄生性和潜伏性　　　　　　　　　　B. 隐蔽性和可触发性

C. 传染性和破坏性　　　　　　　　　　D. 寄生性和不可预见性

(8) 下面属于恶意代码的是(　　　)。

A. 网络蠕虫　　　　　B. 后门程序　　　　　C. 特洛伊木马　　　D. 以上都是

(9) 如果需要将硬盘上的相片与文档刻录成光盘作为备份文件,那么我们应该选择刻录成(　　　)光盘。

A. 标准数据光盘　　B. CD 光盘　　　　C. Video CD　　　　D. 有声读物 CD

(10) 完成软件杀毒后,建议最好进行(　　　),以彻底清查病毒。

A. 快速查杀　　　B. 全盘查杀　　　　C. 自定义查杀　　　D. 以上都是必需的

3. 判断题。

(1) 所有的硬件设备都必须有相应的驱动程序才能正常使用。(　　　)

(2) 不同厂家的主板都可以在开机未启动操作系统时按 Del 键进入设置程序。(　　　)

(3) 在安装 Windows XP 前,必须通过专门的分区软件对硬盘进行分区。(　　　)

(4) 一个硬盘可以划分多个主分区。(　　　)

(5) NTFS 文件系统格式不能应用于 Windows 98 操作系统。(　　　)

(6) 安装应用软件时,通常可以由用户设置计算机名。(　　　)

(7) 驱动程序一旦安装后,只能对其更新,而不可卸载。(　　　)

(8) Office 2003 与 Office 2007 后的版本是兼容的。(　　　)

(9) 有些音频文件太大,可以经过压缩处理,经过压缩处理后还可以再还原。(　　　)

(10) 一般情况下,要安装查杀病毒的软件,还需要安装防火墙,以防止黑客等入侵。(　　　)

第4章　计算机科学与技术的拓展应用

迄今为止,人类文明史上共有三次科技革命。第一次科技革命开始时间为 18 世纪 60 年代,以蒸汽机的发明和应用为主要标志;第二次科技革命开始时间为 19 世纪 70 年代,以电力的广泛应用为主要标志;第三次科技革命开始时间为 20 世纪 40 年代,以原子能、电子计算机、空间技术和生物工程的发明和应用为主要标志,是涉及信息技术、新能源技术、新材料技术、生物技术、空间技术和海洋技术等诸多领域的一场信息控制技术革命。

特别是以计算机为代表的科学与技术研究,自动化、信息化、智能化的应用遍地开花。计算机与现代通信技术的结合对第三次科技革命影响巨大。

4.1　计算机技术的广泛应用

计算机在各行各业中的广泛应用常常产生显著的经济效益和社会效益,从而引起产业结构、产品结构、经营管理和服务方式等方面的重大变革。在产业结构中已出现了以计算机为核心技术的制造业和服务业以及知识产业等新的行业。计算机作为新时期社会推行智能化、电子化、信息化发展的重要介质,为推动社会现代化建设提供了重要的科学技术保障。

计算机的应用领域包括以下几个方面。

(1) 科学计算(或称为数值计算)。

早期的计算机主要用于科学计算。目前,科学计算仍然是计算机应用的一个重要领域,如高能物理、工程设计、地震预测、气象预报、航天技术、导航定位等。在世界计算机运算比赛中,我国屡屡拔得头筹。

(2) 数据处理(信息管理)。

用计算机来加工、管理和操作任何形式的数据资料,如企业管理、物资管理、报表统计、账目计算、信息情报检索,主要包括数据的采集、转换、分组、组织、计算、排序、存储、检索等。与学生相关的有学籍管理、教务系统、学习网络等。数据处理的代表作是"大数据"。

(3) 生产自动化。

利用计算机和它的衍生兄弟——单片机构成的自动控制系统,对工农业生产过程中的某些信号自动进行检测,并把检测到的数据输入计算机中,自控系统再根据需要对这些数据进行处理和信号控制,如汽车制造自动化生产线等。

(4) 人工智能。

人工智能(artificial intelligence, AI)是研究并开发用于模拟、延伸和扩展人的智能的理论、方法、技术及应用系统的一门新的技术科学。人工智能是计算机科学的一个分支,它企图了解智能的实质,并生产出一种新的能以人类智能相似的方式做出反应的智能机器,该领域的研究包括机器人、语音识别、图像识别、自然语言处理系统等。人工智能可以对人的意识、思维的信息过程进行模拟。人工智能不是人的智能，但能像人那样思考、也可能超过人的智能。总的说来，人工智能研究的一个主要目标是使机器能够胜任一些通常需要人类智能才能完成的复杂工作。

（5）云办公与在线教育。

云办公和在线教育是 2020 年催生的新名词。计算机不仅是大家喜爱的办公用品，还是人们的学习工具和生活工具，借助个人计算机、宽带接入网、数据库系统和各种终端设备，人们可以在线学习各种课程，获取各种情报和知识，处理各种行政事务和生活事务（如订票、购物、存/取款等）。2020 年的春天，居家办公已成潮流。作为生活工具，手机当首屈一指，今天的智能手机可以说"万事皆能，包揽天下"。

计算机的诞生对科学技术的发展和人类社会的进步有着不可估量的作用，相关计算机科学和技术的智能产品不胜枚举，下面列举几个典型示例。

4.1.1　国计民生——天气预报

1957 年 6 月 1 日，中央气象台（当时为"中央气象局"）正式开始每天公布天气预报。于是从这一天起，大到躲避台风、抵御寒潮，小到出门是穿多还是穿少，天气预报逐渐成了大家生活不可或缺的一部分。

天气预报主要是通过收集大量的数据（气温、湿度、风向、风速、气压等气象资料），然后通过对大气过程的认识（气象学）来确定未来空气的变化。气象资料的研究、分析是气象工作的一项重要基础工作，认识复杂的天气变化、探索气候演变规律、研究气象变化的奥秘，以及为国民经济和国防建设服务，都必须从统计、分析大量第一手的气象资料做起，工作量十分繁重。40 年前气象资料员就是靠一支笔、一把算盘来工作，到 70 年代依然如此，虽然也使用了计算尺、统计表、速算表、手摇或电动计算机（机械式），但公布的天气预报也只能是小范围和短时间内的，且准确性不高，对于台风、海啸之类的灾难气象更是手足无措。

天气预报面对的是大量复杂的数学计算问题，这些问题用一般的计算工具来解决非常困难，而用计算机处理却非常容易。不过计算机的科学计算能力仍然有限，例如在天气数值预报方面只能进行中、短期预报。要进行长期的天气数值预报、处理更精确的数学模型，必须配备更强大的计算设备。就我国自主研发的 GRAPES 数值天气预报模式来讲，目前中国大地上均匀分布有近 400 万个格点需要进行数值计算，所以没有超级计算机，这些工作根本无法在有限的时间内顺利完成。

从手工画图到智能化预报，我国气象事业发展迅速。在气象事业发展之初，制作天气预报以天气图为主要工具，需要填图员把数以万计乃至数十万计的数据、符号一个个填在天气图上，再由预报员进行手工分析。这种预报结论有很强的主观性，预报精准度和时效性受到了极大的限制。

数值天气预报的出现、气象云图的绘制很快成为更为客观、准确的天气预报的重要参考。随着数值预报技术和高性能计算机的发展，我国的现代化数值天气预报业务已于 20 世纪 80 年代正式开展。

从最初水平分辨率 300 km 到现在水平分辨率 3 km 的数值预报系统,离不开高性能计算机的一路相随。目前我国自主研发的数值天气预报系统——GRAPES 系列预报系统已在"派-曙光"上日夜兼程地运转,使我国天气预报水平赢得了更多的赞誉。

还是以台风为例,正是有了超级计算机、风云卫星等高科技手段的支撑,近年来,我国台风路径预报 24 小时误差稳定在 70 km 左右,各时效预报全面达国际领先水平。同样,降水、雷电、雾霾、沙尘等预报的预测准确率也整体得到提升。风云三号 D 气象卫星发射升空效果图如图 4-1 所示。

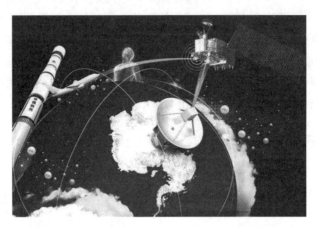

图 4-1　风云三号 D 气象卫星发射升空效果图

 小资料　**国家气象局"派-曙光"高性能计算机**

"派-曙光"高性能计算机峰值运算速度达到每秒 8189.5 万亿次,约为此前中国气象局使用的进口高性能计算机系统的 8 倍;内存总容量达到 690432 GB;在线存储物理容量为 23088 TB;全系统可用度超过 99%;操作系统为 Linux,配套基础软件、并行语言及集成开发环境。截至 2019 年 3 月,来自"风云"系列国产气象卫星的数据也已经全面应用到这台国产高性能计算机系统所支持的各项业务和科研作业中。

4.1.2　诺贝尔奖——医学成像技术

瑞典卡罗林斯卡医学院把 2003 年诺贝尔生理学或医学奖授予美国科学家保罗·劳特布尔(Paul Lauterbur)和英国物理学家彼得·曼斯菲尔德(Peter Mansfield)教授,以表彰他们在核磁共振成像技术领域的突破性成就。诺贝尔奖评选委员会认为,用一种精确的、非入侵的方法对人体内部器官进行成像,对医学诊断、治疗和康复非常重要。这两位科学家的成果对核磁共振成像技术的问世起到了奠基性的作用。

原子是由电子和原子核组成的。原子核带正电,它们可以在磁场中旋转。磁场的强度和方向决定原子核旋转的频率和方向。在磁场中旋转的原子核有一个特点,即可以吸收频率与其旋转频率相同的电磁波,使原子核的能量增加,当原子核恢复原状时,就会把多余的能量以电磁波的形式释放出来。这一现象如同拉小提琴时琴弓与琴弦的共振一样,因而被称为核磁共振。1946 年美国科学家费利克斯·布洛赫和爱德华·珀塞尔首先发现了核磁共振现象,他们因此获得了 1952 年的诺贝尔物理学奖。

核磁共振现象为成像技术提供了一种新思路。如果把物体放置在磁场中,用适当的电磁波照射它,然后分析它释放的电磁波就可以得知构成这一物体的原子核的位置和种类,据此可以绘制成物体内部的精确立体图像。如果把这种技术用于人体内部结构的成像,就可获得一种非常重要的诊断工具。

然而从原理到实际应用往往有漫长的距离。直到 20 世纪 70 年代初期,核磁共振成像技术的研究才取得了突破。1973 年,美国科学家保罗·劳特布尔发现,把物体放置在一个稳定的磁场中,然后再加上一个不均匀的磁场(即有梯度的磁场),再用适当的电磁波照射这一物体,这样根据物体释放出的电磁波就可以绘制成物体某个截面的内部图像。随后,英国科学家彼得·曼斯菲尔德又进一步验证和改进了这种方法,并发现不均匀磁场的快速变化可以使上述方法能更快地绘制成物体内部结构图像。此外,他还证明了可以用数学方法分析这种方法获得的数据,这为利用计算机快速绘制图像奠定了基础。在这两位科学家成果的基础上,第一台医用核磁共振成像仪于 20 世纪 80 年代初问世。后来,为了避免人们把这种技术误解为核技术,一些科学家把核磁共振成像技术的"核"字去掉,称其为磁共振成像(英文缩写为 MRI)技术。磁共振计算机成像技术如图 4-2 所示。

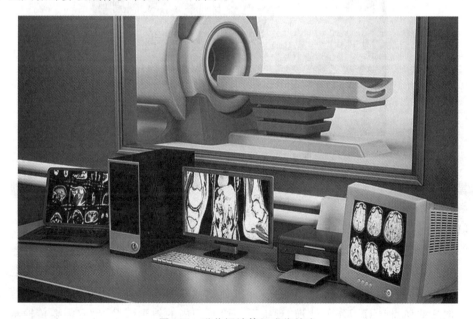

图 4-2　磁共振计算机成像技术

磁共振成像技术的最大优点是能够在对身体没有损害的前提下,快速地获得患者身体内部结构的高精确度立体图像。利用这种技术,可以诊断以前无法诊断的疾病,特别是脑和脊髓部位的病变;可以为患者需要手术的部位准确定位,特别是脑手术;可以更准确地跟踪患者体内的癌变情况,为更好地治疗癌症奠定基础。此外,使用这种技术时不直接接触患者的身体,因而可以减轻患者的痛苦。

磁共振计算机成像技术现在是医学诊断中的常规方法了,全球每年超过 6000 万 MRI 检测,这种方法仍在迅速发展中。MRI 技术通常比其他成像技术要高明,并显著地改善了许多种疾病的诊断。MRI 检测已经淘汰了好几种有创性的检查,降低了许多病人的风险和不便。

保罗·劳特布尔和英国科学家彼得·曼斯菲尔德在磁共振成像技术领域取得的突破性成就是医学诊断及其研究领域的重大成果。这种技术精确度高,可以获得患者身体内部结构的立体图像。根据现有实验结果,它对身体几乎没有损害。2003 年诺贝尔生理学或医学奖表彰的就是这一领域的奠基性成果。这两位获奖者在如何用核磁共振技术拍摄不同结构的图像上获得了关键性发现,这些发现促使了在临床诊断和医学研究上获得突破的核磁共振成像仪的出现。

4.1.3　卫星通信——定位与导航

卫星导航(satellite navigation)是指采用导航卫星对地面、海洋、空中和空间用户进行导航定位的技术。常见的 GPS 导航、北斗星导航等均为卫星导航。卫星定位与导航场景如图 4-3 所示。

图 4-3　卫星定位与导航场景

卫星导航与定位系统由导航卫星、地面台站和用户定位设备三个部分组成,信息通信由计算机网络完成。

导航卫星:卫星导航系统的空间部分由多颗导航卫星构成空间导航网。

地面台站:跟踪、测量和预报卫星轨道并对卫星上设备的工作进行控制管理,它通常包括跟踪站、遥测站、计算中心、注入站及时间统一系统等部分。跟踪站用于跟踪和测量卫星的位置坐标。遥测站接收卫星发来的遥测数据,以供地面监视和分析卫星上设备的工作情况。计算中心根据这些信息计算卫星的轨道,预报下一段时间内的轨道参数,确定需要传输给卫星的导航信息,并由注入站向卫星发送。

用户定位设备:通常由接收机、定时器、数据预处理器、计算机和显示器等组成。它接收卫星发来的微弱信号,从中解调并译出卫星轨道参数和定时信息等,同时测出导航参数(距离、距离差和距离变化率等),再由计算机计算出用户的位置坐标(二维坐标或三维坐标)和速度矢量分量。用户定位设备分为船载、机载、车载和单人背负等多种形式。

北斗卫星导航系统(BDS)是中国自行研制的全球卫星定位与通信系统,是继美国全球定位系统(GPS)和俄罗斯全球卫星导航系统(GLONASS)之后第三个成熟的卫星导航系统,系统由空间端、地面端和用户端组成。北斗一号卫星已经退役,北斗三号卫星导航系统由 24 颗中圆地球轨道、3 颗地球静止轨道和 3 颗倾斜地球同步轨道共 30 颗卫星组成。2010 年 1 月 17 日凌晨 0 时 12 分,中国成功将第三颗北斗导航卫星送入预定轨道,并宣告北斗卫星导航系统对国内正式开放使用。

2019 年 12 月 16 日,北斗三号卫星导航系统面向全球导航服务的最后一组 MEO 卫星——第 52、53 颗北斗导航卫星终于落子于北斗“大棋盘”的中圆地球轨道。至此,北斗三号卫星导航系统在该轨道上规划的 24 颗卫星已全部到位,标志着全球系统核心星座部署完成,覆盖全球的北斗卫星导航系统性能达到同期国际先进水平。北斗卫星导航系统提供高质量的卫星导航服务,包括开放和授权两种服务类型。开放服务面向大众用户免费提供高可靠性的定位、测速和授时服务,定位精度为 10 m,测速精度为 0.2 m/s,授时精度为 10 ns;授权服务面向专业用户提供更高精度的定位、测速、授时、短报文通信、差分服务以及系统完好性信息服务。

4.1.4 5G 通信——万物互联

以计算机技术和无线通信技术为依托的移动通信终于在 2019 年推出了具有自主产权的 5G 新技术。5G 作为第五代移动通信技术是新一代蜂窝移动通信技术,也是 4G(LTE-A、WiMax)、3G(UMTS、LTE)和 2G(GSM)技术的延伸。

1. 5G 技术

5G 网络通过光纤般的接入速率、“零”时延、高可靠、千亿设备的连接能力、多样化场景的一致体验、超百倍的能效提升,实现了“信息随心至,万物触手及”。

与 4G 相比,5G 具有更强的性能:体验速率更快(4G×100)、连接数密度更高(4G×10)、空口时延更低(4G×0.2);5G 具有更多场景:增强移动宽带场景 eMBB(增强/虚拟现实、云端机器人等),低功耗、广覆盖场景 mMTC(海量物联网、智慧城市等),低时延、高可靠场景 uRLLC(车联网、网联无人机等)。5G 网络构成全新一代基础设施,打造跨行业融合新生态,打造万物互联的新世界。

5G 外场建设组网如图 4-4 所示。目前,价格不菲的 5G 手机已经上市,香港、北京、广州、上海等局部区域已经开通了 5G 信号的覆盖,5G 的推广普及正在阔步向前。

2. 物联网

物联网(internet of things,IoT)即“万物相连的互联网”,是在互联网基础上延伸和扩展的网络,将各种信息传感设备与互联网结合起来而形成的一个巨大网络,实现在任何时间、任何地点,人、机、物的互联互通。

物联网(见图 4-5)是新一代信息技术的重要组成部分,在 IT 行业又称为泛互联,意指物物相连,万物万联。由此,“物联网就是物物相连的互联网”。这有两层意思:第一,物联网的核心和基础仍然是互联网,是在互联网基础上延伸和扩展的网络;第二,其用户端延伸和扩展到任何物品与物品之间进行信息交换和通信。因此,物联网是通过射频识别、红外感应器、全球定位系统、激光扫描器等信息传感设备按约定的协议,把任何物品与互联网相连接,进行信息交换和通信,以实现对物品的智能化识别、定位、跟踪、监控和管理的一种网络。

在物联网中,计算机担当着重要角色,而 5G 通信技术又给物联网增添了无限的活力。

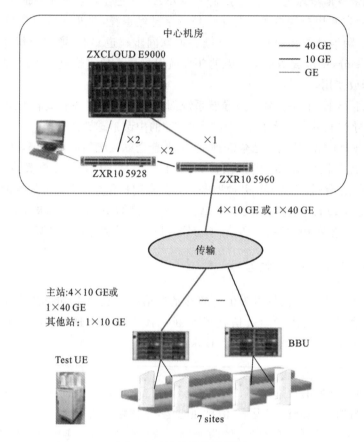

图 4-4   5G 外场建设组网

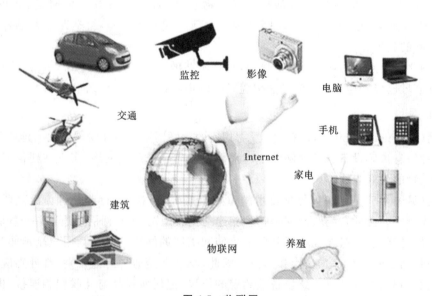

图 4-5   物联网

4.2 通信技术与计算机技术的融合发展

随着科学研究和社会发展,人们对信息的交互和需求日益高涨,基于互联网产生的大数据得到了人们的重视。在当前大数据时代,对数据的收集、整理和分析可以更好地了解社会状态、判断消费者行为,及时调整方针政策,更好地实现精准营销。因此,对数据的传输需求量也在明显的提升,同时对传输效率也提出了更高的要求。通信技术与计算机技术的有效融合可以大大提高数据传输的精准性,同时还可以有效地监管数据传输的整个过程,保障数据的安全。在当前背景下,通信技术与计算机技术的融合发展具有重要的现实意义。

4.2.1 通信技术的发展

通信技术的快速发展从 19 世纪开始,1835 年莫尔斯发明了电报机,1873 年贝尔发明了电话机,之后通信技术得到了快速的发展。20 世纪 30 年代左右,基于现代通信技术的控制理论以及信息理论逐渐形成。通信技术发展历程如表 4-1 所示。

表 4-1　通信技术发展历程

时间	1835 年	1837 年	1876 年	1878 年	20 世纪 30 年代
通信技术	莫尔斯电报	莫尔斯电码	电话机	人工电话交互	控制论、信息论发展

21 世纪以来,由于信息技术的快速发展,传统的通信技术得到了进一步的优化,传输的渠道更加宽广,基于光纤的传输方式具有容量大、传输快、损耗低、抗干扰能力强的特点,在电话网、广播、电视以及互联网等通信网络领域应用广泛。信息传输主要有有线传输和无线传输两种方式,有线传输技术是无线传输技术发展的基础。当前,现代通信技术已经实现了数字化,并逐步朝着智能化、自动化方向发展。通信技术的发展是以通信网络为基础,有效地传递数据信息,同时保证了信息传递的安全与准确性。无线通信技术同样也得到了快速的发展,短波通信系统通过信道估计以及均衡技术等有效地提高了信号传输质量。移动通信已经迎来了 5G时代,无线局域网的传输稳定性越来越高。

总之,在不同的发展时期,通信技术具有不同的特征,但是通信技术的快速发展是与计算机技术密不可分的。计算机技术的支持优化了信息传输的模式,让现代通信技术得以快速、稳定的发展。

4.2.2 通信技术与计算机技术的融合

1. 计算机通信技术

计算机通信技术是基于计算机技术与通信技术发展起来的,对数据的研究、分析是计算机通信技术研究的重点。其中,计算机数据是通过二进制实现的,在计算机技术的支持下,信息通信实现了数据通信,而且实现了规范化的数据通信。在数据通信过程中,计算机发挥着载体作用,主要有近距离通信和远距离通信两种。在近距离通信的情况下,用电缆将终端串行口与并行口进行连接,让数据的传输更加稳定、可靠。远距离通信需要在通信规则的基础上,将计算机与通信设备连接,通过传输介质的引导保证数据传输的可靠性。计算机技术与通信技术的融合,让计算机资源得以整合,通过计算机通信系统保证了计算机通信的安全性与便捷性,更大限度地发挥了计算机技术的作用。

2. 信息技术

信息技术是科学技术水平发展形势下形成的一种技术形式,具有明显的先导性。信息技术的应用范围比较广,与信息相关的收集、处理以及传输等技术都可以称为信息技术。信息技术的核心就是计算机技术,通过计算机技术将收集到的信息进行加工处理,并实现有价值的转换。基于计算机技术和信息技术构建的信息库不仅满足了信息传递需求,而且促进了资源共享。随着云计算、移动互联网等新技术的广泛应用,信息的增长速度越来越快,类型越来越丰富,信息的价值也越来越重要。

在当前的信息时代,信息技术发挥的作用越来越重要,人们的生活、学习方式都受到了影响,信息产业成为发展迅速的产业。

3. 多媒体通信技术

多媒体通信技术在通信设备的支持下,应用价值越来越大,利用精准化计算,实现了通信控制,实现了多媒体信息的采集、整理以及存储功能,让信息传输的时效性更强。随着当前信息技术的快速发展,多媒体通信技术满足了数据信息的同步传输需求,通过可靠的技术支持提高了远程监控的有效性。安防系统结构示意图如图 4-6 所示。

4. 蓝牙技术

蓝牙技术属于短距离无线通信技术。蓝牙技术主要包括蓝牙专用 IC 以及蓝牙通信协议栈,其中,基带处理模块以及射频模块组成蓝牙专用 IC,构成了蓝牙通信的硬件平台。蓝牙通信协议栈是在主机或嵌入式产品的处理器上完成设备的发现及鉴别等工作。蓝牙技术的不足之处是只能在近距离内才能实现有效的传输,而其优势在于它的数据传输时效性比较强,操作比较便捷,能够满足不同的近距离数据传输要求。

5. 实时远程通信

无线传输和有线传输是通信技术的主要传输形式,有线传输是无线传输的基础,无线传输的技术水平更高,应用比较广泛。但是在一些偏远地区,局域网不能覆盖的情况下,无线传输就受到了限制,这时就需要通过有线传输来满足通信要求。在有线通信模式下,计算机就是信息传输的载体。实时远程通信的实现需要加强有线传输与无线传输的有机结合,通过现代信息技术建立符合实际需求的通信网络体系,满足区域范围内的通信需求。

6. 数据库

在当前的大数据时代,数据的传输量巨大,数据的收集、整理、分析等工作对数据库系统的安全、稳定运行提出了更高的要求。通信技术与计算机技术的融合,保证了数据库系统结构的有序性,确保在不同条件下实现多元的数据传输需求,同时保证数据的完整性。加强对数据库内容的管理,对促进通信技术与计算机技术的融合具有重要的促进作用。

在当前的信息化时代,社会发展对信息的传输提出了更高的要求,更加注重信息传输的真实性与可靠性。通信技术与计算机技术的有效融合,促进了信息通信的发展,实现了数据的有效传输和交换。随着科学技术的发展,通信技术与计算机技术地不断融合,数据的传输效率会

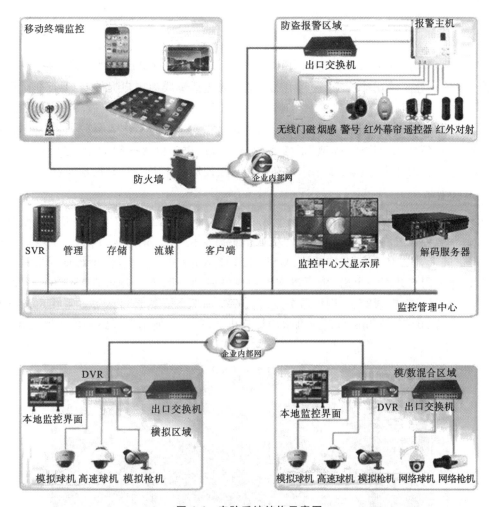

移动终端监控

防盗报警区域　　　报警主机

出口交换机

无线门磁 烟感　警号 红外幕帘 遥控器 红外对射

防火墙　　　企业内部网

SVR　管理　存储　流媒　客户端　　监控中心大显示屏　解码服务器

监控管理中心

企业内部网

DVR　　　　　　　　　模/数混合区域

本地监控界面　出口交换机　　本地监控界面　DVR 出口交换机

横拟区域

模拟球机 高速球机 模拟枪机　　模拟球机 高速球机 模拟枪机 网络球机 网络枪机

图 4-6　安防系统结构示意图

更高,计算机数据处理速度会更快,基于二者融合开发的系统会更加的丰富、多元,综合性能会越来越强。

4.3　宽带接入与无线局域小网

在互联网高速发展的今天,网络就像世界巨人的神经系统一样,联系着你、我、他,覆盖着地球。目前提及的宽带接入是相对传统拨号上网而言,尽管没有统一标准规定宽带的带宽应达到多少,但依据大众习惯和网络多媒体数据流量考虑,网络的数据传输速率至少应达到 256 Kbps 才能称为宽带,其最大优势是带宽远远超过 56 Kbps 拨号上网的窄带带宽。现在的光纤通信,其网速的理论值可达千兆以上。

4.3.1　宽带接入方式

宽带用于办公或进入家庭,其主流宽带接入方式通常有四种:ADSL、小区宽带、数字电视宽带网和电力线通信。

1. ADSL

非对称数字用户环路(asymmetrical digital subscriber loop,ADSL)技术是运行在原有普通电话线上的一种高速宽带技术,它利用现有的一对电话铜线为用户提供上、下行非对称的传输速率(带宽)。非对称主要体现在上行速率(最高 1 Mbps)和下行速率(最高 8 Mbps)的非对称性上。因此,凡是安装了电信电话的用户,只要和电信部门的工作人员联系即可安装 AD-SL。另外,电信宣传的 ADSL"提速"通常指的是下行速率。值得一提的是,这里的传输速率为用户独享带宽,因此不必担心多家用户在同一时间使用 ADSL 会造成网速变慢。

2. 小区宽带

小区宽带(FTTx+LAN)是大、中城市目前较普及的一种宽带接入方式,网络服务商采用光纤接入到楼,再通过网线接入到户。网络通信信息交换中心如图 4-7 所示。小区宽带一般为居民提供的带宽是 10 Mbps,这要比 ADSL 的 512 Kbps 高出不少,但小区宽带采用的是共享宽带,即所有用户共用一个出口,所以在上网高峰时间小区宽带会比 ADSL 慢。这种宽带接入通常由小区出面申请安装,网络服务商不受理个人服务。这种接入方式对用户设备要求低,只需一台带 10/100 Mbps 自适应网卡的计算机即可,也可使用无线路由器产生家庭 Wi-Fi 的全覆盖场景。

图 4-7　网络通信信息交换中心

3. 数字电视宽带网

数字电视宽带网也称为"广电通",这是与前面两种完全不同的方式,它直接利用现有的数字电视网络,稍加改造,便可利用闭路线缆的一个频道进行数据传送,而不影响原有的数字电视信号传送,其理论传输速率可达到上行 10 Mbps、下行 40 Mbps。在用户端使用的设备是数字电视机顶盒,它是一个连接电视机与外部信号源的设备。

近年来,随着宽带网络的发展,特别是 IPTV 如火如荼的发展带动了终端市场的活跃,使原有的数字电视机顶盒厂商纷纷试水双向 IP 机顶盒。数值电视系统由原来单一的解扰或数/模转换专用机顶盒发展到支持多种接入方式和IP,有多种编/解码能力和图形浏览器功能,可以支持包括数字电视在内的视频点播、时移电视、网络浏览、信息服务、远程教学和医疗、互动游戏等业务功能的 IPTV 机顶盒。目前的数字电视宽带网已作为一种家用数字平台被广泛用于不断扩大的交互式多媒体数字内容服务领域。

4. 电力线通信

电力线通信（power line communication，PLC）又称电力上网，利用传输电流的电力线作为通信载体，使得 PLC 具有极大的便捷性。此外，除了上网外，PLC 还可将房屋内的电话、电视、音响、冰箱等家电利用 PLC 连接起来，进行集中控制，实现"智能家庭"的梦想。目前，PLC 主要是作为一种新的接入技术适用于居民小区、学校、酒店、写字楼等领域。PLC 安装需要增加 PLC 的局端设备（该设备俗称电力猫）和 PLC 调制解调器两种硬件，电力猫 HiFi 套装如图 4-8 所示。电力上网可以达到 4.5～45 Mbps 的高速网络接入，可以实现数据、语音、视频和电力于一体的"四网合一"。电力上网在速率上很有优势。

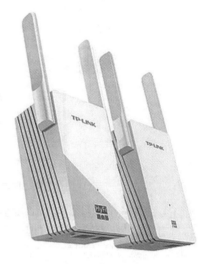

图 4-8 电力猫 HiFi 套装

4.3.2 Wi-Fi 和无线路由器

WiFi 一词可谓是当前的流行语，机场、地铁、宾馆、商场等游客众多的地方，随处可见"WiFi 信号"可用的标示，但在幕后辛勤工作的无线路由器却鲜为人知。下面将分开介绍两者的区别和密切关系。

1. Wi-Fi

WiFi 的标准写法是"Wi-Fi"，在中文里又称作"行动热点"，是 Wi-Fi 联盟制造商的商标（作为产品的品牌认证），是一个创建于 IEEE 802.11 标准的无线局域网技术。基于两套系统的密切相关，也常有人把 Wi-Fi 当作 IEEE 802.11 标准的同义术语。"Wi-Fi"常被写成"WiFi"或"Wifi"，但是它们并没有被 Wi-Fi 联盟认可。

Wi-Fi 与蓝牙技术一样，同属于短距离无线技术，是一种网络传输标准。符合 IEEE 802.11 协议标准的数字设备已安装在市面的许多产品上，如个人计算机、游戏机、MP3 播放器、智能手机、平板电脑、打印机、笔记本电脑以及其他可以无线上网的周边设备。这些电子产品所到之处，只要有 Wi-Fi 信号就可不用连线而进入网络深海遨游。

2. 无线路由器

无线路由器（wireless router）是用于用户上网、带有无线覆盖功能的终端设备。无线路由器可以看作一个转发器，将家中墙上接出的宽带网络信号通过天线转发给附近的无线网络设备（笔记本电脑、支持 Wi-Fi 的手机、平板以及所有带有 Wi-Fi 功能的设备）。市场上流行的无线路由器一般只能支持 20 个以内的设备同时在线使用。一般的无线路由器信号范围为 50 m，而部分无线路由器的信号范围可达 300 m（见图 4-9）。

无线路由器好比将单纯性无线 AP 和宽带路由器合二为一的扩展型产品，它不仅具备单纯性无线 AP 的所有功能（如支持 DHCP 客户端、VPN、防火墙、WEP 加密等），而且还包括了网络地址转换（NAT）功能，可支持局域网用户的网络连接共享。可实现家庭无线网络中的

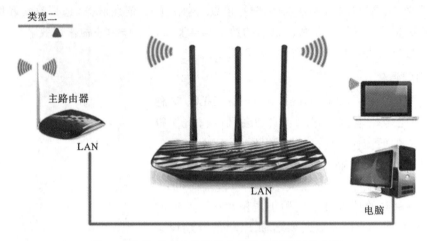

图 4-9　加接高功率无线路由器扩大网络覆盖范围

Internet 连接共享,实现 ADSL、电缆调制解调器和小区宽带的无线共享接入。无线路由器可以与所有以太网的 ADSL 调制解调器或电缆调制解调器直接相连,也可以在使用时通过交换机/集线器、宽带路由器等局域网方式再接入。其内置有简单的虚拟拨号软件,可以存储用户名和密码实现拨号上网,可以为拨号接入 Internet 的 ADSL、CM 等提供自动拨号功能,而无须手动拨号或占用一台计算机作服务器使用。此外,无线路由器一般还具备相对完善的安全防护功能。

3. 无线 AP 的概念

AP 是 access point 的简称,即接入点的意思,那么无线 AP 就是一个无线网络的接入点。提供无线 AP 的设备可以是路由器和交换机,也可以是但存的无线 AP 接入设备。单纯的无线 AP 接入设备主要用来对有线网络进行扩展,它可以与其他 AP 或者主 AP 连接,扩大无线网络的覆盖范围。路由器、交换机提供的 AP 一般是网络的核心。

无线 AP 接入点支持 2.4 GHz 频段的无线应用,敏感度符合 802.11n 标准,并采用双路射频输出,每一路最大输出 600 mW,可通过无线分布系统(点对点和点对多点桥接)在大面积的区域部署无线覆盖,是酒店宾馆等发展无线网络必需的无线 AP 设备。

4.3.3　无线 Wi-Fi 的搭建

无线局域小网特指 Wi-Fi 的无线覆盖,即家庭、办公室以及小店铺等无线局域网系统。以前的无线局域小网仅使用两台装有无线网卡的计算机实施无线互联,其中一台计算机连接着Internet,另一台计算机则可蹭网漫游。这个基于 Ad-Hoc 结构的无线局域网缺点比较明显:范围小、信号差、功能少、使用不方便。

无线 AP 的加入丰富了组网的方式,并在功能及性能上满足了家庭无线组网的各种需求。技术的发展令 AP 已不再是单纯的连接"有线"与"无线"的桥梁,带有各种附加功能的产品层出不穷,这给多种多样的家庭宽带接入方式提供了有力的支持。下面就宽带接入的不同类型,介绍两例无线组网方案。

1. 以太网宽带接入

在单位办公室、宾馆、学生宿舍等房间里边,可以看到墙壁上有类似衔接电话的空闲插座,这就是普遍采用的以太网宽带接入方式。其方式为通过一条主干线接入 Internet,每个接口配备一个静态 IP 地址。若作为单机用户只需将所提供的接入端(一般是 RJ-45 网卡接口)插入计算机中,设置好所分配的 IP 地址、网关以及 DNS 后即可连入 Internet。就过程及操作看,这种接入方式的过程十分简便。

若对手机办公或家庭多用户的无线使用,添加一部无线路由器即可解决问题,以太网宽带接入方式的无线网拓展如图 4-10 所示。一般情况下只需将 Internet 接入端,通过一条 5 类双绞线插入无线路由中,设置无线路由器为"基站模式",分配好相应的 IP 地址、网关、DNS 即可。

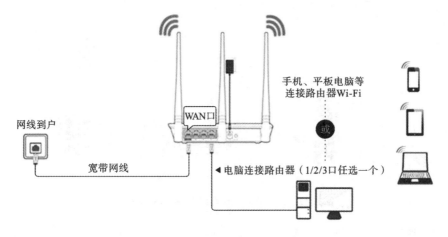

图 4-10　以太网宽带接入方式的无线网拓展

2. DSL Modem 光纤接入

数字用户线路(digital subscriber line,DSL)是以电话线为传输介质的传输线路。DSL 是目前最普及的家庭宽带接入方式,由中国电信所提供的宽带接入。DSL Modem 无线网络拓展示意图如图 4-11 所示。在这种宽带接入方式下,组建无线覆盖网络的方式同样需要无线路由器的支持。另外需要注意的是,无线路由器应通过网线连接在 DSL Modem 的下端。同时要求 DSL Modem 支持路由的模式,作为单独的网关进行拨号并占有公有 IP 地址。此时,一个普通的 AP 接入既可满足大家的需要,又可将所有无线终端的网关都指向 DSL Modem 的 IP 地址。

图 4-11 中的外网是指电信部门铺设的线路;内网是指"光猫"之后无线 Wi-Fi 网络覆盖的无线数码设备所组成的内部局域网。

随着激烈的市场竞争,出现了"宽带电视"和"电视宽带",这使各大电信集团积极争取客户份额。目前,有线电视部门推出了宽带数字机顶盒,客户不用再申请铺设电信宽带即可满足上网的需求了。

目前,市场上流行的无线路由器一般都支持专线 xdsl、cable、动态 xdsl、pptp 四种接入方式,它还具有其他一些网络管理的功能,如 dhcp 服务、nat 防火墙、mac 地址过滤、动态域名等功能,使得 Wi-Fi 的无线覆盖搭建变得十分容易。

4.3.4　无线路由器的安装设置

新型路由器的安装设置可以使用计算机设置路由器的方法,也可以使用手机设置路由器的方法,两者略有不同,下面介绍手机设置路由器的方法。

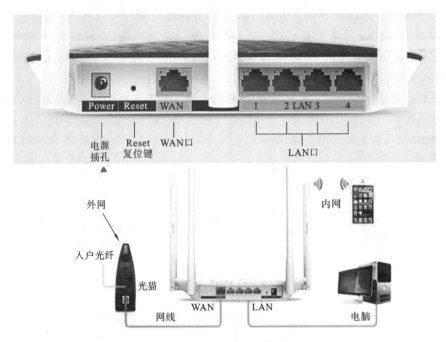

图 4-11　DSL Modem 无线网络拓展示意图

1. 工具/原料

无线路由器(Wi-Fi)一台(以 tplink 为例),接入互联网的 RJ45 接口(各种"猫"的网络输出端口或墙壁上的以太网宽带接口),网线一根(路由器购买时自带),计算机、笔记本电脑或智能手机皆可。

2. 方法/步骤

步骤一:连接线路。

将前端上网的宽带线连接到路由器的 WAN 口,上网计算机连接到路由器的 LAN 口。路由器的基本参数如图 4-12 所示。

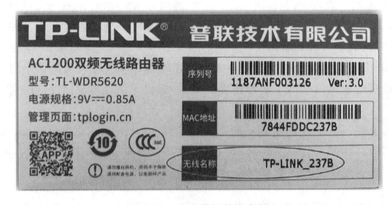

图 4-12　路由器的基本参数

步骤二:设置路由器上网。

(1) 在路由器的底部标签上查看路由器出厂的无线名称(见图 4-12)。

（2）打开手机的无线设置，连接路由器出厂的无线信号，即"TP-LINK_2378"（见图 4-13）。

（3）连接 Wi-Fi 后，手机会自动弹出路由器的设置页面。若未自动弹出请打开浏览器，在浏览器地址栏输入"tplogin.cn"（部分早期的路由器管理地址是"192.168.1.1"），如图 4-14（a）所示。在弹出的窗口中设置路由器的登录密码（密码长度在 6～32 位区间），如图 4-14（b）所示。该密码用于以后管理路由器（登录界面），请妥善保管。

如果弹出的登录界面与图 4-14 显示的不一样，说明你的路由器是其他页面风格，请点击该登录界面参考相应的设置方法。

（4）登录成功后，路由器会自动检测上网方式，根据检测到的上网方式，填写上网方式对应的参数，如图4-15所示。

宽带有宽带拨号上网、自动获取 IP 地址、固定 IP 地址三种上网方式。上网方式是由宽带运营商决定的，如果无法确认上网方式，请联系宽带运营商确认。

图 4-13　手机显示的无线局域网

（a）在浏览器地址栏输入"tplogin.cn"　　　（b）设置路由器的登录密码

图 4-14　路由器的设置

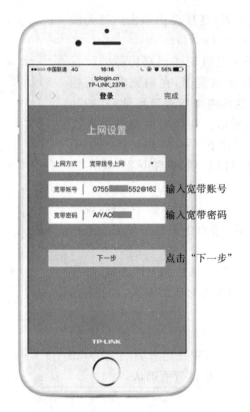

输入宽带账号

输入宽带密码

点击"下一步"

图 4-15 填写上网方式对应的参数

 小提示

76％的用户上不了网是因为输入了错误的账号和密码,请仔细检查输入的宽带账号和密码是否正确,注意区分中/英文、字母的大小写、后缀是否完整等。如果不确认,可咨询宽带运营商。

(5) 设置路由器的无线名称和无线密码(见图 4-16(a)),设置完成后,点击"完成"保存设置(见图 4-16(b))。请一定记住路由器的无线名称和无线密码,在后续连接路由器无线时需要用到。

 小提示

无线名称建议设置为字母或数字,尽量不要使用中文、特殊字符,避免部分无线客户端不支持中文或特殊字符而导致搜索不到或无法连接。

TP-LINK 路由器默认的无线信号名称为"TP-LINK_XXXX",且没有密码。为确保网络安全,建议一定要设置无线密码,防止他人非法蹭网。

步骤三:尝试上网。

路由器设置完成后,无线终端连接设置的无线名称,输入设置的无线密码,就可以打开网

（a）设置路由器的无线名称和无线密码　　　　　　　（b）设置完成

图 4-16　路由器的设置

页尝试上网了。

如果还有其他台式机、网络电视等有线设备想上网，将设备用网线连接到路由器 1/2/3/4 任意一个空闲的 LAN 口，直接就可以上网，不需要再配置路由器。

若使用计算机设置路由器，则要打开浏览器，清空地址栏并输入"tplogin.cn"（部分较早期的路由器管理地址是"192.168.1.1"），并在弹出的窗口中设置路由器的登录密码（密码长度在 6～15 位区间），如图 4-17 所示。该密码用于以后管理路由器（登录界面），请妥善保管。

登录成功后，路由器会自动检测上网方式。根据检测到的上网方式，填写该上网方式的对应参数。宽带有宽带拨号上网、自动获取 IP 地址、固定 IP 地址三种上网方式。

因篇幅所限，后续操作请自行尝试。

更多组网建设方法可参见企业网站 https://service.tp-link.com.cn/。

在使用中若忘记了登录密码，可以把路由器进行复位，恢复出厂设置。复位的方法是按路由器上的一个很小按钮，有些按钮是在一个小孔里，要用针去插。一般是连续按 3 下或按住不放等 5 s 就能复位。个别路由器是按住复位按钮不放，把电源插上等 5 s 再松开即可复位。复位后的路由器使用的是出厂时的用户名和密码。

所谓"蹭网"就是指用自己计算机的无线网卡连接他人的无线路由器上网，而不是通过正规的 Internet 服务提供商（internet server provider，ISP）提供的线路上网。蹭网是一种入侵并盗用其他可上网终端带宽的行为，而且从客观角度来讲，这种入侵可能造成更加严重的个人隐私、个人财产甚至经济、军事、政治上的损失。

图 4-17　计算机设置路由器的第一步

对于通信资费十分低廉的时代,蹭网的仅剩那些心怀叵测的黑客,这些以盗取他人机密为目的的行为应该阻止和防护。对于家庭 Wi-Fi 的宽带使用不用过度紧张,只要设置一定难度的路由器密码即可,最好的防护方法是出门、睡觉时关闭路由器电源。

4.4　单片机与自动控制

单片机(single-chip microcomputer)与计算机同属于计算机科学与技术的研究范畴。单片机是一种集成电路芯片,是采用超大规模集成电路技术把具有数据处理能力的中央处理器、随机存储器、只读存储器、多种 I/O 口和中断系统、定时器/计数器等功能(可能还包括显示驱动电路、脉宽调制电路、模拟多路转换器、A/D 转换器等电路)集成到一块硅片构成的一个小而完善的微型计算机系统,在工业控制领域广泛应用。从 20 世纪 80 年代的 4 位、8 位单片机发展到现在的 16 位和 32 位 300 M 高速单片机。

4.4.1　单片机

单片机出现的初衷是为了自动控制生产线和小型智能产品而研发的智能电子器件,单片机拥有以下几种应用特点:① 拥有良好的集成度;② 单片机自身体积较小;③ 单片机拥有强大的控制功能,同时运行电压比较低、功耗小;④ 单片机拥有易携带等优势,同时具有极高的性价比。单片机主要应用于自动化办公、机电一体化、尖端武器及国防军事领域、航空航天领域、汽车电子设备、医用设备领域、商业营销设备、计算机通信、家电领域、日常生活和实时控制领域等。作为计算机技术中的一个分支,单片机技术在电子产品领域的应用,丰富了电子产品的功能,也为智能化电子设备的开发和应用提供了新的出路,实现了智能化电子设备的创新与发展。

单片机也称单片微控器,属于一种集成式电路芯片。单片机主要包含中央处理器、只读存储器和随机存储器等,单片机内部结构框图如图 4-18 所示。多样化数据采集与控制系统能够让单片机完成各项复杂的运算,无论是对运算符号进行控制,还是对系统下达运算指令都能通过单片机完成。由此可见,单片机凭借着强大的数据处理技术和计算功能可以在智能电子设备中充分应用。简单地说,单片机就是一块芯片,这块芯片组成了一个系统,通过集成电路技术的应用,将数据运算与处理能力集成到芯片中,实现对数据的高速化处理。

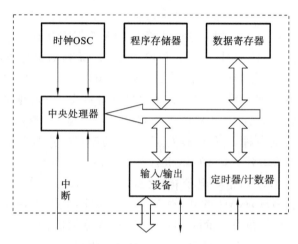

图 4-18 单片机内部结构框图

微处理器内通过内部总线把 ALU、计数器、寄存器和控制部分互联,并通过外部总线与外部的存储器、输入/输出接口电路连接。外部总线又称为系统总线,分为数据总线 DB、地址总线 AB 和控制总线 CB。通过输入/输出设备,实现与各种外围设备连接。与 CPU 结构不同,单片机里面多出了"寄存器"单元。

单片机的主要寄存器有以下几种。

(1)累加器(A)。

累加器是微处理器中使用最频繁的寄存器。在算术和逻辑运算时它有两个功能:运算前,用于保存一个操作数;运算后,用于保存所得的和、差或逻辑运算结果。

(2)数据寄存器(DR)。

数据寄存器通过数据总线向存储器和输入/输出设备送(写)或取(读)数据的暂存单元。它可以保存一条正在译码的指令,也可以保存正在送往存储器中存储的一个数据字节等。

(3)指令寄存器(IR)和指令译码器 ID。

指令包括操作码和操作数。

指令寄存器是用来保存当前正在执行的一条指令。当执行一条指令时,先把它从内存中取到数据寄存器中,然后再传送到指令寄存器。当系统执行给定的指令时,必须对操作码进行译码,以确定所要求的操作,指令译码器就是负责这项工作的。其中,指令寄存器中操作码字段的输出就是指令译码器的输入。

(4)程序计数器(PC)。

PC 是用于确定下一条指令的地址,以保证程序能够连续地执行下去,因此通常又被称为指令地址计数器。在程序开始执行前必须将程序的第一条指令的内存单元地址(即程序的首地址)送入 PC,使它总是指向下一条要执行指令的地址。

(5) 地址寄存器(AR)。

地址寄存器用于保存当前 CPU 所要访问的内存单元或输入/输出设备的地址。由于内存与 CPU 之间存在着速度上的差异,所以必须使用地址寄存器来保持地址信息,直到内存读/写操作完成为止。

显然,当 CPU 向存储器存数据、CPU 从内存取数据和 CPU 从内存读出指令时,都要用到地址寄存器和数据寄存器。同样,如果把外围设备的地址作为内存地址单元来看的话,那么当 CPU 和外围设备交换信息时,也需要用到地址寄存器和数据寄存器。

20 世纪 80 年代初,Intel 公司推出了 8 位的 MCS-51 系列的单片机,由于其体积小、功能强,被广泛用于工业控制、智能接口、仪器仪表等各个领域。8 位单片机在中、小规模应用场合仍占主流地位,代表了单片机的发展方向,在单片机应用领域发挥着越来越大的作用。

目前比较流行的单片机有 STC 89C52、ATMEGA 8/16/32/64/128 系列、PIC 12/16 系列。MSP430 是 TI 公司的一种 16 位超低功耗、具有精简指令集(RISC)的混合信号处理器。GAIP-5201 是全球最小的单片机,它的体积只有 2 mm×2 mm×2 mm,相当于之前市场上 SOT23-6 的三分之二,由深圳市格安电子有限公司联合几家公司共同打造,创新了集成电路单片机行业又一个新的领域,GAIP-5201 在芯片下面装了地脚,解决了小芯片散热等问题,GAIP-5201 在小巧的同时又加强了质量。GAIP-5201 是采用低耗、高速 CMOS 工艺制造的 8 位单片机,它内部包含一个 1024×13 bit 的一次性可编程只读电存储器(OTP-ROM)。有 15 位选项位可满足用户要求,其中的保护位可用来防止程序被读出。由于有 OTP-ROM,GAIP-5201 提供给用户一个方便的开发和检验程序的环境,而且程序代码可用 GAW 编程器写入芯片。

由 ATMEL 公司研发的 ATTiny1616 单片机是目前最新的、性价比最高的 AVR 芯片,零售价不到 0.5 美金,内置 16KFlash,除了传统串行外设,还集成 PTC 触摸控制器和 5 位 DAC,可满足消费类、工业级甚至汽车级别的各类应用。封装小巧,支持 udpi 仿真。ATtiny1616 的超低功耗设计使得其在运行触摸应用时能达到不超过 20 μA 的平均功耗。该公司提供的 AVR 单片机开发器如图 4-19 所示。另外,三星 S3F9454 单片机目前价格最低,S3F9454 AD+PWM+内部时钟+内部复位+4KFLASH+在片编程,价格才 2 元多。

图 4-19 AVR 单片机开发器

 小提示

脉冲宽度调制(pulse width modulation,PWM)简称脉宽调制,是利用微处理器的数字输出对模拟电路进行控制的一种非常有效的技术,广泛应用在从测量、通信到功率控制与变换的许多领域中。

4.4.2 单片机技术的开发

单片机在电子技术中的开发主要包括 CPU 开发、程序开发、存储器开发、计算机开发及C 语言程序开发,开发要能够保证单片机在十分复杂的计算机与控制环境中可以正常有序地进行,这就需要相关人员采取一定的措施,下面进行简单介绍。

(1) CPU 开发。开发单片机中的 CPU 总线宽度,能够有效完善单片机信息处理功能缓慢的问题,提高信息处理效率与速度,开发改进中央处理器的实际结构,能够做到同时运行2~3 个 CPU,从而大大提高单片机的整体性能。

(2) 程序开发。嵌入式系统的合理应用得到了大力推广,对程序进行开发时要求能够自动执行各种指令,这样可以快速、准确地采集外部数据,提高单片机的应用效率。

(3) 存储器开发。单片机的发展应着眼于内存,加强对基于传统内存读/写功能的新内存的探索,使其既能实现静态读/写又能实现动态读/写,从而显著提高存储性能。

(4) 计算机开发。进一步优化和开发单机片应激分析,并应用计算机系统,通过连接通信数据,实现数据传递。

(5) C 语言程序开发。优化 C 语言开发能够保证单片机在十分复杂的计算机与控制环境中可以正常、有序地进行,促使其实现广泛、全面的应用。

4.4.3 典型应用实例——电梯

在如今科技和信息产业迅猛发展的时代,单片机产品数不胜数,小到十几元的定时器,中到数万元的疫情红外成像体温监测系统,大到上亿元的航天卫星,单片机技术的应用无处不在。下面介绍的单片机应用实例是随处可见的电梯。

电梯是标志现代物质文明的垂直运输工具,是机电一体化的复杂运输设备。它涉及电子技术、机械工程、电力电子技术、微机技术、电力拖动系统和土建工程等多个科学领域。作为高层建筑物上下交通运输的重要设备,越来越多的机电专业将参与电梯技术方面的工作,为了掌握电梯的结构和控制技术有必要把这庞大的集机械、电气、传感器于一体的产品模拟化,用PLC、单片机、微机、变频器等控制手段去开发多功能应用软件。

电梯是基于单片机的控制系统,该系统采用单片机作为控制核心,使用按键控制电平的改变,作为用户的请求信息发送到单片机,单片机控制电动机转动,单片机根据楼层检测结果控制电机停在目标层。软件部分利用中断方式来检测用户请求的按键信息,根据电梯运行到相应楼层时,光电传感器产生电平变化,送到单片机计数来确定楼层数,并送到数码管进行显示。本例设计的硬件电路结构简单,软件采用 C 语言,其程序短小且运行速度快。

该系统核心控制芯片的选用根据实际的需求,使用高性能的 AT89C52 单片机和专用的显示、键盘控制芯片,配合相应的软件实现对电梯的实时控制。其主要特点有电路结构简单、控制功能强、可靠性高等。

1. 硬件电路设计

对于电梯的控制,传统的方法是使用继电器-接触器控制系统进行控制,随着技术的不断发展,微型计算机在电梯控制上的应用日益广泛,现在已进入全微机化控制的时代。电梯的微机化控制主要有以下几种形式:① PLC 控制;② 单板机控制;③ 单片机控制;④ 单微机控制;

⑤ 多微机控制;⑥ 人工智能控制。随着 EDA 技术的快速发展,单片机已广泛应用于电子设计与控制的各个方面。

本例设计为 8 层楼房,自控系统使用一片 AT89S52 单片机来实现对电梯的控制;用数码管显示当前电梯所在楼层。

具体要求如下。

(1)用数码管显示当前电梯所在楼层。

(2)先响应早的请求,如有同时发出的请求,则先响应近处请求。

主要任务与要求:设计一个 8 层自动电梯控制器,每层设请求按钮开关,电梯到达有请求的楼层,则相应指示灯灭,电梯门开,开门指示灯亮,5 s 后自动关闭,继续运行。

电梯控制器原理框图如图 4-20 所示,其硬件电路图如图 4-21 所示。

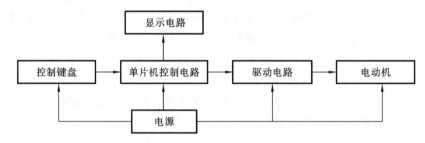

图 4-20 电梯控制器原理框图

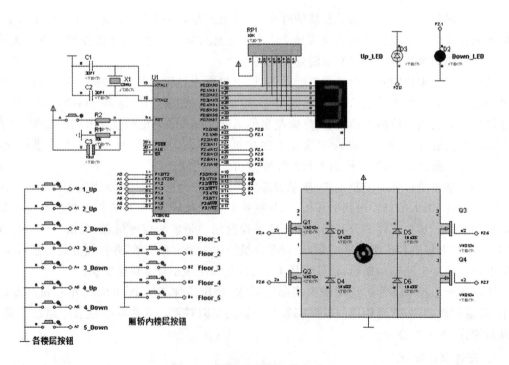

图 4-21 电梯控制器硬件电路图

本设计以单片机为核心控制,楼层请求用按键实现。因为只有 8 层,按键较少,所以采用非编码键(即每层按键信号直通单片机的输入端口),电梯楼层用一位 7 段数码管显示,电梯楼层请求显示使用 8 个 LED 指示灯。电梯驱动采用双全桥步进电机专用驱动芯片 L298 驱动器。

2. 软件设计

计算机系统的工作要依靠软件的支持,硬件只有在软件的指挥下,按照预定的目标工作,其整体才会发挥作用,软件的设计要依据硬件需要实现的功能而量身打造。

该软件的结构设计比较简单,采用 C 语言进行编程,程序短小且运行速度快,程序流程图如图 4-22 所示。

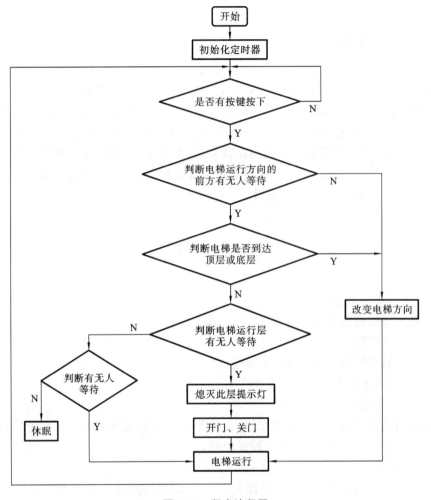

图 4-22 程序流程图

小提示

PLC 控制系统是在传统的顺序控制器的基础上引入了微电子技术、计算机技术、自动控制技术和通信技术而形成的一代新型工业控制装置,目的是取代继电器,执行逻辑、计时、计数等顺序控制功能,建立柔性的远程控制系统,具有通用性强、使用方便、适应面广、可靠性高、抗干扰能力强、编程简单等特点。

EDA 技术是指以计算机为工作平台,融合了应用电子技术、计算机技术、信息处理及智能化技术的最新成果,进行电子产品的自动设计。利用 EDA 工具,电子设计师可以从概念、算法、协议等开始设计电子系统,大量工作可以通过计算机完成,并可以将电子产品从电路设计、性能分析到设计出 IC 版图或 PCB 版图的整个过程在计算机上自动处理完成。EDA 的概念范畴很宽,机械、电子、通信、航空航天、化工、矿产、生物、医学、军事等各个领域都有 EDA 的应用。

4.5 本章小结

本单元主要介绍计算机科学和技术的拓展应用,介绍了计算机通信技术与宽带接入的组网方式;重点讲解了如何通过 DSL Modem 和局域网将微机连接入 Internet,使读者学会通过无线路由器组建无线局域小网——家庭 Wi-Fi,实现具有蓝牙功能的数码设备皆能上网的技能;讲解了单片机技术与智能化产品的内在联系,以及单片机在自动化方面的开发和应用。另外,课程实训中安排的组网软/硬件的安装和各个配置环节的具体实践,可以让读者掌握网线制作、组网和局域小网搭建的方法与技术。

练 习

1. 思考题与实训安排。
(1) 简述第三次科技革命的主要内容和作用。
(2) 何为人工智能?
(3) 卫星导航系统的三个组成部分是哪些?
(4) 5G 的技术水准和期待目标是什么?
(5) Wi-Fi 的应用技术是什么?
(6) 通过网络搜寻或图书借阅,自制网络连接的双绞线,要求符合 568A 和 568B 标准,清楚交叉线与直通线的区分,能够制作双绞线网线。
2. 单项选择题。
(1) 计算机作为新时期社会推行智能化、(   )发展的重要介质,为推动社会现代化建设提供了重要的科学技术保障。
A. 程序化、规范化   B. 电子化、信息化
C. 电子化、智能化   D. 自动化、信息化
(2) 人工智能是研究、开发用于模拟、(   )人的智能的理论、方法、技术及应用系统的一门新的技术科学。
A. 延伸和探索   B. 延伸和模仿   C. 延伸和扩展   D. 学习和扩展
(3) 窄带的网速是(   )。
A. 56 Kbps   B.128 Kbps   C. 256 Kbps   D. 2 Mbps
(4) 天气预报主要是通过收集大量的数据:气温、湿度、(   )、气压等气象资料,然后使

用对大气过程的认识(气象学)来确定未来空气变化。

　　A. 风向和流速　　　　B. 流向和风速　　　　C. 云层和风速　　　　D. 风向和风速

　　(5) 多媒体通信技术在通信设备的支持下,利用精准化计算,实现了通信控制,实现了多媒体信息的(　　)以及存储功能,让信息传输的时效性更强。

　　A. 采集、录入　　　　B. 采集、整理　　　　C. 接收、整理　　　　D. 探测、整理

　　(6) Wi-Fi 在中文里又称作"行动热点",是一个创建于 IEEE 802.11 标准的(　　)技术。

　　A. 无线局域网　　　　B. 城域网　　　　　　C. 通信网　　　　　　D. 协议网

　　3. 填空题。

　　(1) 双绞线一般可分为＿＿＿＿＿与＿＿＿＿＿＿两种。

　　(2) 路由器的默认 IP 地址为＿＿＿＿＿＿。

　　(3) RJ45 网卡接口的 8 根线中,规定 1.2 ＿＿＿＿＿＿信号线,＿＿＿＿＿接受信号线。

　　(4) DSL(digital subscriber line)的中文名是＿＿＿＿＿＿,是以电话线为传输介质的传输技术组合。

　　(5) 电力上网可以达到 4.5～45 Mbps 的高速网络接入,可以实现数据、语音、＿＿＿＿＿＿的用户需求。

　　(6) 卫星导航与定位系统中的用户定位设备:通常由＿＿＿＿＿＿、定时器、数据预处理器、计算机和显示器等组成。

　　4. 判断题。

　　(1) 卫星导航与定位系统由导航卫星、地面台站和用户定位设备三个部分组成,信息通信由计算机网络完成。(　　　)

　　(2) 蓝牙属于短距离无线通信技术。(　　　)

　　(3) 水晶头的质量好坏并不影响通信质量的高低。(　　　)

　　(4) 5G 网络通过光纤般的接入速率、"零"时延和高可靠、千亿设备的连接能力、多样化场景的一致体验、超百倍的能效提升,实现"信息随心至,万物触手及"。(　　　)

　　(5) 计算机通信技术是基于计算机技术与通信技术发展起来的,对于数据的研究分析是计算机通信技术的研究重点。(　　　)

　　(6) 蹭网是一种入侵并盗用其他可上网终端带宽的合法行为。(　　　)

　　(7) 数字电视宽带网已作为一种家用数字平台被广泛应用。(　　　)

　　(8) AP 是接入点的意思,那么无线 AP 就是一个无线网络的接入点。(　　　)

　　(9) 网络的数据传输速率至少应达到 256 Kbps 才能称为宽带。(　　　)

　　(10) 单片机也被称为单片微控器,属于一种集成式电路芯片,在单片机中主要包含CPU、只读存储器(ROM)和随机存储器(RAM)等。(　　　)

下篇

精编 Office 与多媒体技术

鉴于我国中小学计算机基础知识的普及教育,高校学生的计算机应用技能培训起点要精准定位,故本篇的 Office 操作技能以任务驱动模式安排相应的知识点,解决学生在学习和工作中遇到的 OA 难题,高效利用授课时间。随着计算机应用的多元化发展,计算机基础课程补充了相当数量的多媒体技术知识和技能,这些知识和技能对于信息时代的大学生来说是必不可少的。通过本篇的学习,学生能多方位地掌握常用的微机操作技术,提高获取新知识的能力,从而提高计算机文化素质,适应未来工作的需要。

第5章 Word 中公式的插入与文稿排版技术

当前流行的 Office(办公室)应用软件主要有两种:Microsoft(微软)Office 和金山 Office。其中自主产权的金山 Office 为政府部门免费使用,学校、家庭和企业单位的装机一般选用 Microsoft Office。最早推出 OA(办公自动化)系统的是由 Microsoft 公司开发的一套基于 Windows 操作系统的办公软件套装(Office 组件),常用组件有 Word(文字处理)、Excel(表格管理)、PowerPoint(幻灯片制作)、Outlook(邮件管理)、Access(数据库)等,最新版本为 Office 2019,另有 Office 365 属于订阅服务,费用较高。就目前的计算机应用环境,本节的插图多以 Office 2013 版本为操作界面截取而来。由于 Microsoft Office 2013 向下兼容,故对旧版 Office 文件可正常使用。

结合高等教育实际和大学生现有计算机应用水平,Word 等软件的应用重点讲授在实践中需要解决的疑难问题,急用先学、立竿见影,以帮助大家学习与工作。

5.1 公式插入与编辑

论文中插入公式常是一件烦心事,特别是理工科方面的文章和著作,常常遇到高等数学的微积分、行列式输入等棘手的问题。早在 20 世纪 90 年代初期,众多的文字秘书使用国产办公软件 WPS 和 CCED 时,使用文字的上下标定义等措施也难以应对复杂公式的排版要求(没有打印预览,不知后期效果),不得已时只能够手工绘图。当时,笔者发现 Microsoft 下的 Word 能够使用公式编辑器插件输入数学公式,解决了理科试卷和论文中的难题,从此对 Word 眷恋不舍,并极力推广。虽然 Word 5.0 要在 DOS 下启动 Windows 3.1 才能够工作,但是它的"图文混排、所见即所得"的功能使人爱不释手,特别是"公式"输入法,解决了书刊中繁杂公式的输入与编辑难题。

在文稿中插入"公式"的操作,称为插入"对象"。对象为何物? 对象是计算机程序设计领域中的一个术语,代表一个具体的实体,如公式、绘图、幻灯片等内容。Microsoft 公司把日常所用到的一项项具有独立风格、互不相干的操作内容(对象)做成一个个独立的工具软件,这些工具软件在安装系统时以插件的方式嵌入到 Word 等软件中。下面介绍公式插入方法的入门操作。

对象:每一个实体都是对象,又指思考或行动时作为目标的事物或特指恋爱的对方等含义。有一些对象是具有相同的结构和特性的,每个对象都属于一个特定的类型。在 C++中对象的类型称为类(class)。类代表了某一批对象的共性和特征,如文稿中插入的数学公式。

公式编辑器是 Microsoft 公司提供的办公组件中的插件,在 Office 装机时若没有选装该插件,则 Word 操作界面上的插入"公式"的标签呈现灰色,或在插入对象的列表中找不到"Microsoft 公式 3.0",在需要时可另行加装,但需要提供相应的程序光碟或 U 盘。通常在 Word 2013 插入功能栏的右侧有向文档中添加常见数学公式的按钮,若不满足使用要求,可调用公式编辑器。

5.1.1 Word 中的公式编辑器

公式编辑器是 Design Science 公司的 Math Type 公式编辑器的特别版，是为 Microsoft 应用程序定制的。利用公式编辑器软件，可以通过弹出的工具栏，从中挑选运算公式和特殊符号，并键入变量和数字创建复杂的公式。创建公式时，公式编辑器会根据数学排版惯例自动调整字号、间距和格式，还可以在工作时调整格式设置并重新定义自动样式。

点击"插入"标签，在插入菜单栏的右侧点击"对象"（见图 5-1），在弹出的对象窗口中点击"Microsoft 公式 3.0"（见图 5-2），此时将出现 公式编辑器（见图 5-3）。公式编辑器的工具栏分为两行，上行为常用"数学符号"，下行为各种"数学公式"。

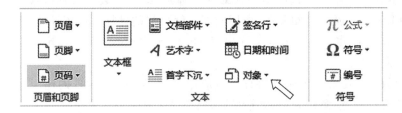

图 5-1 Word 2010 兼容模式下的插入对象界面

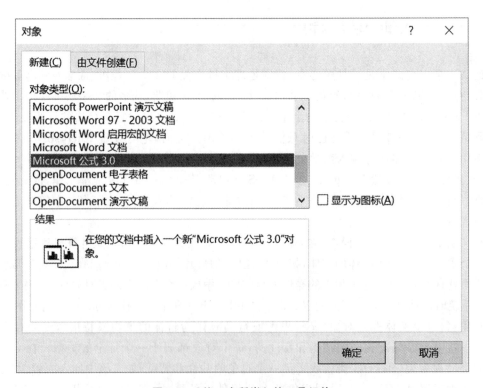

图 5-2 Office 中所嵌入的工具组件

公式编辑器提供了 150 多个数学符号，其中许多符号在标准 Symbol 字体中是没有的，如希腊字母、域的标示等。若要在公式中插入符号，可点击相应的符号标志按钮，然后在弹出的

图 5-3　满足数理运算的公式编辑器

界面上点击所需要的特定符号。

公式编辑器的公式输入按钮用于插入模板或结构,它们包括分式、根式、求和、积分、乘积和矩阵等符号,以及各种围栏、方括号和大括号等这样的成对匹配符号。许多模板包含插槽(键入文字和插入符号的空间)。工具栏上的模板大约有 120 个,按类型分组显示。可以通过嵌套模板(把模板插入另一个模板的插槽中)来创建复杂的多级化公式。

5.1.2　公式的插入与编辑

1. 插入公式

插入公式的方法步骤如下。

(1) 确定公式的插入位置,即在文稿中需要插入公式的地方点击鼠标。

(2) 同上操作,打开公式编辑器窗口。

(3) 按照文档的公式格式,在工具栏中选择需要输入的符号或模板完成公式的创建。

公式编辑的使用非常人性化,当把鼠标指针移到工具栏的某个按钮上时,系统会弹出所对应的按钮的符号或模板名称。然后,在弹出的花边编辑框内输入需要的公式。在公式编辑过程中,可以进行回车换行、添加文字符号等操作,直至修改满意为止。

例如,电磁波矢量场散度的计算公式:

$$\nabla \cdot \vec{F}(x,y,z) = \lim_{\Delta V \to 0} \frac{\oint_s \vec{F}(x,y,z) \cdot \mathrm{d}\vec{S}}{\Delta V}$$

需要使用分式、积分、上下标、希腊字母等多组模板(见图 5-4),可见公式编辑器功能之强大。

公式编辑器的使用需要一定时间的学习和探索,如字符的上下标模板中(见图 5-4 左二)就有 15 种模式,不仅分左标,还有右标;还有满足上式中求极限运算符的下标输入方法等。

2. 公式的编辑

公式的编辑有限制条件,必须是公式编辑器能够识别的公式,即由系统生成的符号代码,而对扫描图片等文件,系统将不予理睬。对于可编辑的公式,在鼠标双击它时系统将自动弹出公式编辑器进入编辑状态,且对应的公式也被围在虚线框内,并用闪烁的光标提示公式编辑的位置,此时可对公式中的运算符号和算式结构进行删减、添加编排。

公式编辑器所产生的数学公式等内容,以"矢量图形"的方式嵌入在文稿当中。若想调整公式的幅度大小,可点击选中对象后,通过拖曳边框四周的拖曳柄改变其幅度大小,同时公式的字体粗细也将随之改变,以达到满意的效果。矢量公式同样可以像图片一样定义版式和位置移动。

3. PPT 中的公式运用

公式在 PPT 中的运用也很多,为突出演示效果,还可以对公式赋予鲜明的颜色。但是,

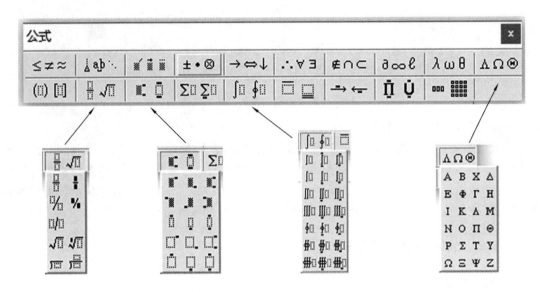

图 5-4　散度的计算公式所需使用的几个模板

PPT 中公式的兼容性远不如文字信息,在 Office 2013 版本上编辑 Office 97～2003 以前的文稿时,公式不予识别的尴尬现象常有发生。笔者就公式编辑器使用所遇到的问题提供以下几个处理经验。

(1) 对公式编辑器不能识别的式子,但是有缩小的表达式(字号定义不兼容),可拖曳边框进行伸缩处理。

(2) 对公式和文本组合、嵌套的式子,公式编辑器一般不予识别,可将组合或嵌套解开后,对公式进行编辑处理,然后再还原。

(3) 对定义为白色(浅色)的公式,该公式经过编辑处理后的字迹一般为黑色,可对文件保存后关闭,再打开,通常那一公式会自动按照 PPT 原来定义的色别显示。

(4) 在办公软件中,不同版本的 Office 软件在打开文件时会出现位置上的差错和公式变异(不同版本的字符定义不同)。所以文件若要转送他人,最好转换为 PDF 的图像格式。但是,此时的幻灯片所制定的动画功能也随之消失。

在 Windows 7 的操作系统下安装的 Office 版本不再是 Word XP。Word 2007 以后的版本,公式插入也不再是"插入→对象"的繁杂过程了。当点击"插入"→"公式"后,那些常用公式模式就展现在屏幕上方功能栏的右侧了。

"Microsoft 公式 3.0"公式编辑器不是 Office 默认安装的组件,如果办公软件中没有此插件,可以通过系统管理方式添加该组件。通常是在安装 Office 办公软件时,选择"自定义安装",勾选安装"公式编辑器"或其他工具软件即可安装相应插件。

5.2　文档中插图技巧

文档中插入图形是常见的事情,Word 强大功能使这一操作不再是难事。下面探讨文档中图形的插入和拓展应用。文中以 Word 2013 的实际操作为例,其他版本可参考运用。

5.2.1 图形和图像的区分

图形与图像在生活中一般不予区分,但在计算机系统中则认定两者是截然不同的。图形和图像两者的定义如下。

1. 图像

图像由像素点组合而成,称为位图。优点:色彩丰富、过渡自然;保存时计算机需记录每个像素点的位置和颜色,所以图像像素点越多(分辨率高),图像越清晰,文件就越大。一般能直接通过照相、扫描、摄像得到的图形都是位图图像。

2. 图形

图形由数学公式表达的线条所构成。优点:线条非常光滑、流畅,放大图形,其线条依然可以保持良好的光滑性及比例相似性,图形整体不变形;占用空间较小。工程设计图、图表、插图经常以矢量图形曲线来表示。

在计算机科学中,图形和图像这两个概念是有区别的。图形一般指用计算机绘制的画面,如直线、圆、圆弧、任意曲线和图表等;图像则是指由输入设备捕捉的实际场景画面或以数字化形式存储的任意画面。

图像是由一些排列的像素组成的,在计算机中的存储格式有 BMP、JPG、TIF、GIFD 等,一般数据量比较大。它除了可以表达真实的照片外,也可以表现复杂绘画的某些细节,并具有灵活和富有创造力等特点。图像在放大时不能增加图像的点数,可以看到不光滑边缘和明显颗粒(马赛克现象),质量不容易得到保证。

与图像不同,在图形文件中只记录生成图的算法和图上的某些特点,也称为矢量图。在计算机还原时,相邻的特点之间用特定的很多段小直线连接就形成曲线,若曲线是一条封闭的图形,也可用着色算法填充颜色。它最大的优点就是容易进行移动、压缩、旋转和扭曲等变换,主要用于表示线框型的图画、工程制图、美术字等。常用的矢量图形文件有 3DS(用于 3D 造型)、DXF(用于 CAD)、WMF(用于桌面出版)等。

图形只保存算法和特征点,所以相对于位图(图像)的大量数据来说,它占用的存储空间也较小。但由于每次屏幕显示时都需要重新计算,故显示速度没有图像快。

5.2.2 图形的绘制与组合

文档中的图形绘制一般采用 Word 自带的"绘图工具",完全可以满足大众化的工作要求。

1. 插入图形

在打开的 Word 文档中,点击标签"插入",调出插入功能栏,再点击"形状"按钮,此刻将弹出包含线条、基本形状、箭头总汇等所有可绘制图形的选择窗口(见图 5-5)。选择需要绘制的图形样式,如绘制一个花括号,可在"基本形状"中点击相应图标,具体操作方法如下。

(1) 在形状工具栏中选取所需的线条或图形。

(2) 首次执行绘图操作时,系统会在文中的空白区域显示一个虚框,并显示"在此处创建图形",这一虚框俗称"画布"。若需要在指定位置上进行操作,则要删除画布(点击 Del 键)。

(3) 删除画布后的鼠标指针变为"十"字,此时可在指定位置添加所需的形状。

(4) 当再次添加绘图时,系统将自动继承"随意"绘画的方式,不再出现画布。

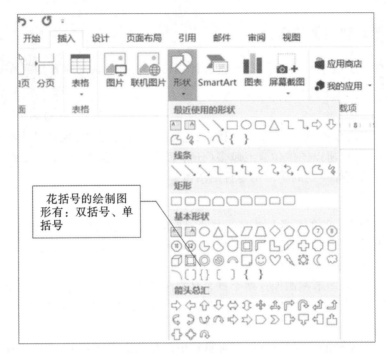

花括号的绘制图形有：双括号、单括号

图 5-5　Word 自带的绘图工具栏局部展示

图 5-6　设置图片格式的选项

绘图工具在 Word 10 的界面有所不同，在点击"插入"标签后，图形工具则以"形状"的字样显示在插入功能栏中。

2. 修饰绘画的内容

对于插入的图形或者是图片都可以通过右击对象（欲编辑的图像），在弹出的下拉菜单中点击"设置图片格式"选项，调出对应的工具栏（见图 5-6）可对其进行相关的所有操作。

（1）线条颜色：对不同的图形背景，为突出线条或箭头的指示作用，可使用"线条颜色"工具改变线条颜色（见图 5-7）。

（2）标注图形的填充颜色：系统默认图形的填充颜色为"白色"，一般为插图添加注解文字时不要覆盖下面的内容，所以标注图形的填充应选择"透明"，即通过"填充颜色"工具，选择"无填充颜色"。

（3）添加文字注解：除绘画的线条图形之外，其他图形均可以添加文字内容并对文字信息进行设置（见图 5-8），如矩形、圆形和各种形状的"标注"图形。

（4）标注图形的边框设置：注解文字的边框线按实际需要而定，并可选择不同颜色和粗细的边线，系统默认为黑色。在不需要边线时，可定义为"无边线"取消边线颜色。

OffIce 对认可的封闭图形均可以填充颜色，并且可以设定填充颜色的透明度（见图 5-9 下方），对添加在图片上面的"标注"可以起到透露底色的微妙效果。

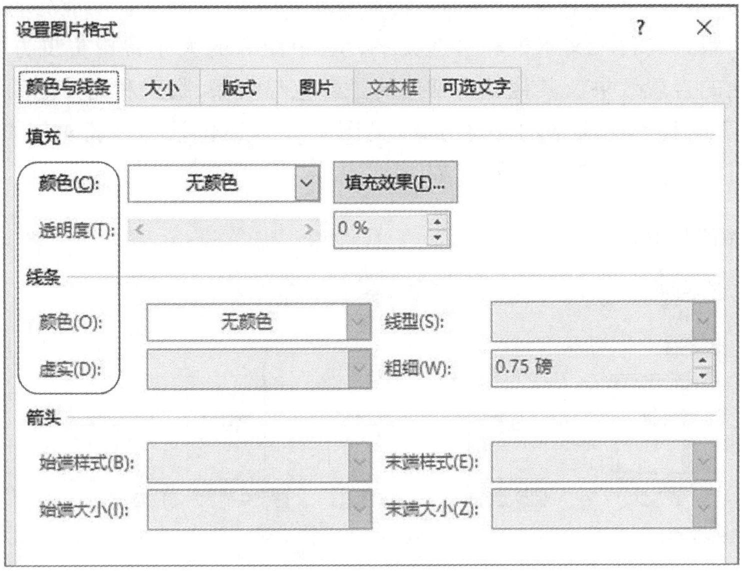

图 5-7　线条颜色设置

图 5-8　在绘制的图形上对添加的
文字信息进行设置

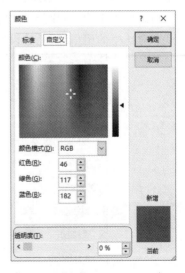

图 5-9　颜色设置菜单

在"设置图片格式"窗口中有六个标签,即系统把图片格式的设置功能分为六类,分别为颜色与线条、大小、版式、图片、文本框和可选文字。其中图片的大小常由拖曳方式解决,可以浏览图片大小变化的直观效果。其他较为常用的是颜色与线条、版式和图片的相关操作。

Word 中有五种图片与文字的环绕方式(见图 5-10),还包括图片相对于页面、段落、文字等的相对或绝对位置。五种版式的特点如下。

图 5-10 图片与文字的环绕方式

(1) 嵌入型:图片在文档上固定,排版不会错位。
(2) 四周型:文字在图片四周。
(3) 紧密型:图片与文字紧密连接在一起。
(4) 衬于文字下方:图片在文字下方。
(5) 浮于文字上方:图片在文字的上方。

在这些版式中最常用的是"嵌入型"和"四周型","衬于文字下方"的模式见到的也比较多,常用于文字内容的背景来烘托场面,如书籍或包装的封面设计、PPT 幻灯片的页面设计等。

格式设置中的"图片"管理功能也常用到(见图 5-11),主要是"图像控制"的相关内容,如亮度和对比度的调整、颜色的设置。

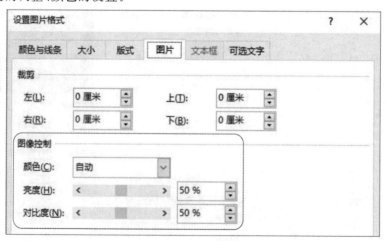

图 5-11 设置图片格式窗口

上述几例插图是 Word 2013 对旧版文档（Microsoft Word 97～2003）在"兼容模式"下的相应操作截图。对于 Word 2013 的新版文档（Microsoft Word），"设置图片格式"的操作界面和图形的页面布局如图 5-12 所示。虽然它的面貌有所变化、描述言语也略有不同，但操作效果一样。

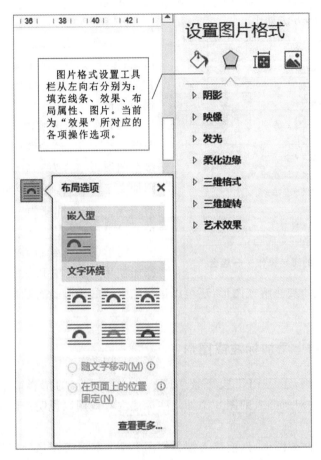

图 5-12　Word 2013 的新版文档"设置图片格式"的操作界面和图形的页面布局

另外，当在 Microsoft Office 2013 中插入或选择图片时，图片工具、格式选项卡将在功能区上自动弹出。通过此选项卡能够快速设置图片格式，包括调整图片，从库中设置图片样式的格式、应用效果，对齐、分组和裁剪图片等。

 小提示

对于图片的插入，若想使用"嵌入型"模式使图像和文字的排版同步、相对位置不变，一定要记得在插入图片的位置，定义"文档为单倍行距"；不然，插入的图片被掩盖在文字之下而仅露出一条边。解决方法：将光标移在该图像左边，点击"行距"定义按钮"⫶≡⫶"，将行距定义为"1.0"即可。

3. 组合

文章中所插入的图形若为多个集合模块搭建而成,如原理图、电路图、流程图等较为复杂的设计,在完成此项任务后必须将其绑定在一起。不然,在文章的编辑排版过程中,这些图形会因操作不当而支离破碎。Microsoft Office 提供了将"碎片"绑定在一起的方法,即运用绘图工具中的"组合"功能,方法如下。

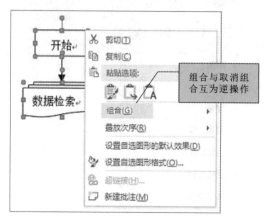

图 5-13 图形的绑定操作——组合

（1）选中需要组合的所有图形。具体方法是:按住"Shift"键不放,用鼠标点击需要组合的各个图形,使之处于编辑状态(图形上出现控制柄)。

（2）在图形区域内点击右键,会弹出快捷菜单,点击"组合"命令(见图 5-13),此时所选多个图形被整合为一个整体。注意,当图形中添加文字内容后,则需要将鼠标指针移到图形的边线上,在指针变为"十"字时,点击右键即可弹出窗口。

图形的插入绘制在 Office 的所有组件中都能使用,例如在 PowerPoint 中不仅可以使用绘图工具在图片上添加注解或图形,还可以运用幻灯片的动画设置功能,使多媒体演讲呈现更为精彩的效果。

5.2.3 在插图上添加标注或图形

无论是论文或书稿,还是 PPT 投影教学或演讲,图文并茂的精彩篇章常使人眼前一亮。在文稿中添加图片,并对所插入的图片添加一些标注内容或用以说明的图形(如指示箭头)等,一定会锦上添花。

在对图片添加标注或图形,以前有人推荐使用 Photoshop 等图像处理软件来实现,这些图像处理软件在操作过程中采用"图层"的方式处理那些互不相干的数字信息(文字、线条等),使工作实践过程较为简单。但是,Photoshop 等图像处理软件在工作完毕,进行"图层合并"后的输出是位图格式,该图形上的注解内容会随着图形的缩放出现字迹不清的现象。另外,学习 Photoshop 软件的操作应用需要不少的时间。

Microsoft Office 针对上述问题,提供了在绘制图形中增添文字和文本框的功能,灵活应用时可实现对图像和图形等增添"标注或注解"的效果。对于熟悉的 Office 环境,在插图上添加标注或图形的操作变得简单、易学。下面介绍在图像上添加矢量图形和文字的操作技巧,具体操作方法如下。

（1）选中绘制好的图形对象,点击右键,弹出快捷菜单(见图 5-14),左键点击"编辑文字",此时光标将在图形的中心闪烁。

图 5-14 在图形中添加文字的快捷菜单

（2）在图形区域内输入注解文字，并编辑和设置字号、字体、颜色、间距等。在完成后，点击图形外的任意处即可退出编辑状态。

同样，为图像添加的标注或图形最好也绑定在一起，以免错乱。其方法与图形的绑定一样，也是运用系统提供的"组合"功能。

具体应用示例参考图 5-13 中添加的标注说明、图 5-14 中添加的箭头提示等，并且对图形的填充可使用"透明度"的调节功能。一般透明度在 30％以上时就可以透出下面的图像，具体参数可在使用中灵活处理。

5.2.4　图片和图形的组合技巧

在使用 Word 进行图文混排时会遇到这样的问题：在文档中插入图片时，如果要为其加上标注图形，最后应当将图片和标注图形组合成为一个整体，以便于改变图片的位置。可是在 Word 中，却怎么也不能将两个对象组合。无论是按住 Ctrl 键，还是按住 Shift 键，鼠标的点选只能够选择其中的一个。

这是为什么呢？ Word 默认的图片与文字的排版方式是嵌入型，所谓嵌入型是把插入的图片当作一个字符插入到文本中，要改变其位置可以像改变文字位置一样用键盘上的空格键或 Backspace 键。虽然可以使用图片处理工具对其进行处理，但是在与别的图片进行编辑排版时它却被当成了文字对象处理，所以就会出现插入的图片与制作的标注图形无法组合的问题。看来问题出在图片与文字的排版方式设置上。此时把图片与文字的环绕方式改为其他形式即可。

把图片和图形的排版方式设置为四周型，确定之后回到编辑状态对其操作，再进行图片与图形的组合也可以进行组合设置。在弹出的"图片版式"标签中，其环绕方式有这样几种：嵌入型、四周型、紧密型、穿越型、上下型、浮于文字上方、衬于文字下方。在排除"嵌入型"版式设置后，笔者经过反复试验选择了一组高效的办法，步骤如下。

（1）选择放在下面的图像设置为"衬于文字下方"。

（2）选择浮现的标注图形设置为"浮于文字上方"。

（3）按住 Ctrl 键（或 Shift 键）点选两个操作对象，使之处于激活状态。可在此时右键点击其中一个对象，在弹出的菜单中点击"组合"命令，执行组合操作后即可合二为一、灵活排版，如图 5-15 所示。

若使用其他版式定义，同样也能够完成图像和图形的组合任务，如"四周型"＋"浮于文字上方"的环绕方式。但是，有些设置选择可能会在组合之后，需要执行二次设置定义，因为可能用于标注的图形不见了，别急，它只是被隐藏在图像之下。

5.2.5　文本框的使用技巧

文本框是一个计算机系统工具。在早期的 Office 中分为文本框和图像框，就是说文本框中不能插入图片，只能编辑文字，若要插入图片则需专门插入图像框，而后再输入图像编辑处理。当系统升级至 Office XP 以后，Microsoft 的后期产品就对两者合为一体，仅剩下文本框，并且在框内可以文本、图像兼容。目前的 Microsoft Office 2019 功能更加强大，Office 365 订阅版 Microsoft 还负责技术升级和功能扩展。

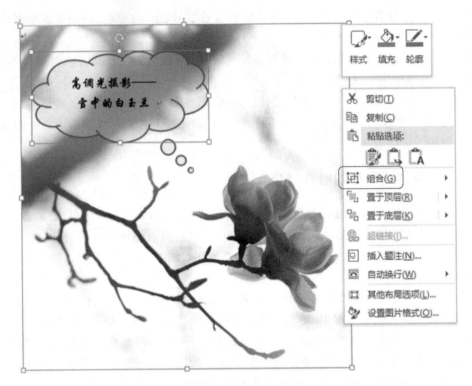

图 5-15　图像和图形的组合设置

1. 文本框特点

1) Word 中的文本框

在 Word 中文本框是指一种可移动、可调大小的文字或图形容器。使用文本框,可以在一页上放置数个文字块,或使文字按与文档中其他文字不同的方向排列。

2) PowerPoint 中的文本框

在 PowerPoint 中,文本框是已经存在的,可以直接在文本框内编辑文字。文本框可以拖动,改变大小(文本框内的文字不改变大小),也可以不使用既得的文本框而新建文本框,方法:点击插入,选择文本框即可。

2. Word 中的操作要领

以 Microsoft Office Word 2013 软件为例介绍 Word 中插入文本框的方法。

(1) 打开 Word 2013 文档窗口,切换到"插入"功能区。在右边的"文本"分组中点击"文本框"按钮。

(2) 在打开的内置文本框面板中选择合适的文本框类型。

(3) 返回 Word 2013 文档窗口,所插入的文本框处于编辑状态,直接输入所需要的文本内容即可。

在新版的 Office 中,绘制的几何图形中同样可以插入图片,但是它与文本框的区别在于"图形框没有弹性",即图形的边框大小不随框内首次插入图像的大小变化而变化(后期可以拖曳调整),因为它是以绘制图形为主要目的的。而文本框的大小则会随着首次插入图片的大小而自动进行边框调整,以显示出图像的全部内容为准。

文本框的使用在本书中多处使用,如图 5-10 所示的就是利用文本框版式定义为"四周型"将图片和文字混合编辑的。但是文本框和文字的混合编辑有着严重的隐患,就是在重新进行文档排版时常会出现文章中的混排文本框四处乱窜的现象,并且重新定位十分困难。处理经验是在文章基本定型时再插入需要混排的文本框;对于因排版而产生错位的文本框可以先将其剪切掉,然后再重新定位、粘贴。

5.3　论文格式

论文格式就是指进行论文写作时的样式要求以及写作标准。直观地说,论文格式就是论文达到可公之于众的标准样式和内容要求。论文常用来进行科学研究和描述科研成果,它既是探讨问题、进行科学研究的一种手段,又是描述科研成果、进行学术交流的一种工具。论文包括学年论文、毕业论文、学位论文、科技论文、成果论文等。

在高校的学习研究中,大作业、课程设计等文章的撰写,特别是大四毕业设计中的开题报告、科技论文翻译、论文答辩等,对文章的内容和格式都有严格的要求。

5.3.1　论文结构

论文一般由题名、作者、目录、摘要、关键词、正文、参考文献和附录等部分组成,其中部分组成(例如附录)可有可无。论文各组成的排序为题名、作者、摘要、关键词、英文题名、英文摘要、英文关键词、正文、参考文献、附录和致谢。

1. 题名

题目名称要规范。题名应简明、具体、确切,能概括论文的特定内容,有助于选定关键词,符合编制题录、索引和检索的有关原则。命题方式要简明扼要、提纲挈领。

关于英文题名则以短语为主要形式,尤以名词短语最常见,即题名基本上由一个或几个名词加上其前置和(或)后置定语构成;短语型题名要确定好中心词,再进行前后修饰。各个词的顺序很重要,词序不当,会导致表达不准。国外科技期刊一般对题名的字数有限制,有的规定题名不超过 2 行,每行不超过 42 个印刷符号和空格;有的要求题名不超过 14 个词。

2. 摘要

摘要是文章主要内容的摘录,要求短、精、完整。字数少可几十字,多不超过三百字为宜。随着计算机技术和 Internet 的迅猛发展,网上查询、检索和下载专业数据已成为当前科技信息情报检索的重要手段。对于网上各类全文数据库或文摘数据库,论文摘要的索引是读者检索文献的重要工具,为科技情报文献检索数据库的建设和维护提供方便。摘要是对论文综合的介绍,使读者了解论文阐述的主要内容。论文发表后,文摘杂志或各种数据库对摘要可以不做修改或稍做修改而直接利用,让读者尽快了解论文的主要内容,以补充题名的不足,从而避免他人编写摘要可能产生的误解、欠缺甚至错误。所以论文摘要的质量直接影响着论文的被检索率和被引频次。

1) 规范

摘要是对论文的内容不加注释和评论的简短陈述,要求简明扼要地说明研究工作的目的、研究方法和最终结论等，重点是结论，是一篇具有独立性和完整性的短文，可以引用、推广。

2）关键词

关键词是从论文的题名、提要和正文中选取出来的，是对表述论文的中心内容有实质意义的词汇。关键词是用作计算机系统标引论文内容特征的词语，便于信息系统汇集，以供读者检索。每篇论文一般选取 3～8 个词汇作为关键词，并另起一行，排在"摘要"的左下方。

3）选择关键词

一般关键词是作者在完成论文写作后，从其题名、层次标题和正文（出现频率较高且比较关键的词）中选出来的。

3. 正文

在篇幅较长的论文中，论文可有引言和正文两部分。引言又称前言、序言和导言，用在论文的开头。引言一般要概括地写出作者意图，说明选题的目的和意义，并指出论文写作的范围。引言要短小精悍、紧扣主题。

正文是论文的主体，正文应包括论点、论据、论证过程和结论。主体部分包括以下内容。

(1) 提出问题——论点。

(2) 分析问题——论据和论证。

(3) 解决问题——论证方法与步骤。

(4) 结论。

为了做到层次分明、脉络清晰，常常将正文部分分成几个大的段落。这些段落即所谓逻辑段，一个逻辑段可包含几个小逻辑段，一个小逻辑段可包含一个或几个自然段，使正文形成若干层次。论文的层次不宜过多，一般不超过五级。

4. 致谢

致谢是研究者对形成学术论文所提供帮助的单位、个人的感谢，肯定他们在形成学术论文过程中所起的作用。

1）致谢范围

(1) 横向课题合同单位，资助或支持研究的企业、组织或个人。

(2) 协助完成研究工作或提供便利条件的组织或个人。

(3) 在研究工作中提出建议或提供帮助的人员。

(4) 给予转载和引用权的资料、图片、文献、研究思想和设想的所有者。

(5) 其他应感谢的组织或个人。

但致谢不等同于参考文献和注释。

2）致谢意义

一项科研成果或技术创新，往往不是独自一人可以完成的，还需要各方面的人力、财力、物力的支持和帮助。因此，在许多论文的末尾都列有"致谢"。主要对论文完成期间得到的帮助表示感谢，这是学术界谦逊和有礼貌的一种表现。

5. 参考文献

一篇论文的参考文献是将论文在研究和写作中可参考或引证的主要文献资料，列于论文的末尾。参考文献应另起一页，标注方式按《GB7714-87 文后参考文献著录规则》进行。

中文：作者—标题—出版物信息（出版地、出版者、出版年）。

英文：作者—标题—出版物信息。

1）所列参考文献的要求

（1）所列参考文献应是正式出版物，以便读者考证。

（2）所列举的参考文献要标明序号、作者、著作或文章的标题、出版物信息。

2）参考文献的作用

（1）著录参考文献可以反映论文作者的科学态度和论文具有真实、广泛的科学依据，也反映出该论文的起点和深度。

（2）著录参考文献能方便地把论文作者的成果与前人的成果区别开来。

（3）著录参考文献能起索引作用。

（4）著录参考文献有利于节省论文篇幅。

（5）著录参考文献有助于科技情报人员进行情报研究和文摘计量学研究。

5.3.2　版面要求

以毕业论文为例，说明论文正文版面的格式要求，课程设计等大作业的要求可参照执行。

1. 版面要求

（1）正文部分与"关键词"行间空两行。

（2）汉语正文文字采用小四号宋体；英语正文文字采用 Times New Roman12 号，汉语标题采用四号黑体，英语标题采用 Times New Roman14 号，每段首起空两格，1.25 倍行距。

（3）段落间层次要分明，题号使用要规范。理工类专业毕业设计，可以结合实际情况确定具体的序号与层次要求。

（4）文字要求：文字通顺，语言流畅，无错别字，无违反政治的原则问题与言论，要采用计算机打印文稿，统一采用 A4 纸张。

（5）图表要求：所有表格、线路图、流程图、程序框图、示意图等不能随意徒手画，必须按国家规定的工作要求采用计算机或手工绘制。图表中的汉语文字用小五号宋体；英语文字采用 Times New Roman10.5 号；图表编号要连续，如图 1、图 2 等，表 1、表 2 等；图的编号放在图的下方，表的编号放在表的上方，表的左右两边不能有边框。

（6）字数要求：一般不少于 5000 字（按教师要求）。

（7）学年论文引用的观点、数据等要注明出处，一律采用尾注。

2. 页面设置

页面设置是文档打印输出的前期工作，纸质文档格式的规整对指导教师的第一印象至关重要，应引起重视。

纸型：A4 标准纸。方向：纵向。

页边距：左 3 cm，右 2.5 cm。上、下边距为默认值：上 2.8 cm，下 2.5 cm。

页眉 1.5 cm，页脚 1.5 cm。

3. 行距与字号

论文的正文行距多为（多倍行距）1.25 倍。在 Word 7 以上的版本中，"行距"的快捷制订参数中给出了 1.15 倍行距，笔者在使用中感到十分满意。在字号规定上，有如下安排。

（1）中/英文题目：中文，二号黑体加粗居中；英文（位于中文标题下方），2 号 Times New Roman 字体，加粗居中。

（2）中/英文摘要、关键词、参考文献的具体内容：五号字。

4. 图表要求

图面整洁，布局合理，线条粗细均匀，弧线连接光滑，尺寸标注规范，符合制图标准。插图和表格均需有编号和标题，图标题为五号，表标题为小四号。

5.3.3 论文创作技巧

技巧一：依据学术方向进行选题。论文写作的价值关键在于能够解决特定行业的特定问题，特别是学术方面的论文更是如此。因此，论文选择和提炼标题的技巧之一就是依据学术价值进行选择提炼。

技巧二：依据兴趣爱好进行选题。论文选择和提炼标题的技巧之二就是从作者的爱好和兴趣出发，只有选题符合作者兴趣和爱好，作者平日所积累的资料才能得以发挥效用，语言应用等方面也才能得心应手。

技巧三：依据掌握的文献资料进行选题。文献资料是支撑、充实论文的基础，同时也能体现论文所研究的方向和观点，因而，作者从现有文献资料出发进行选题和提炼标题，即成为第三大技巧。

技巧四：从小、从专进行选题。所谓从小、从专，即指论文撰稿者在进行选择和提炼标题时，要从专业出发，从小处入手进行突破，切忌全而不专、大而空洞。

5.4 文章目录的自动生成

在学习和工作中对论文、著作进行排版印刷是常事。文稿排版是指文档输入完以后，需要对文档进行格式的设置，包括页面格式化、字符格式化和段落格式化等，以使其美观，便于阅读。为此，使用 Word 文字处理软件解决上述问题轻而易举。

对于撰写较长的文章或编写教材，"目录"是必不可少的一项。在学生的论文辅导和毕业设计中，常看到一些文章的目录还是手工录入完成的，最明显的标记就是目录中的小数点添加不当，使右侧页码不能对齐。

Word、WPS 等文字处理软件一般都有"目录自动生成"的功能，并且目录与文稿之间具有潜在的超链接，使用文档中的电子目录翻阅长篇论文十分方便，只要在目录中按照提示操作，就可以直接打开所需页面。

使用"目录自动生成"功能，需要以下几个步骤：设定段落级别、指定生成位置、目录自动生成。

5.4.1 设定段落级别

自动生成目录前，必须使用大纲视图模式定义段落级别。依次点击"视图"→"大纲视图"（见图 5-16）可改换编辑窗口（Word 2010 的视图界面略有不同）。

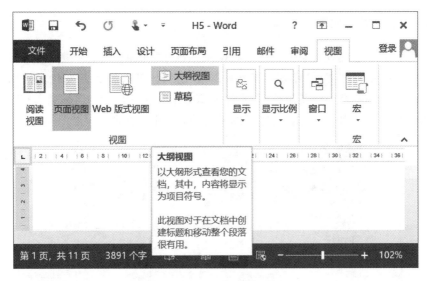

图 5-16　打开"大纲视图"的操作

一般情况下,图书资料采用 3 级目录,即章、节、小节。具体操作方法如下。

(1) 选中文章中的所有一级标题(也可以单独设置)。

(2) 在"格式"工具栏的左端,"样式"列表中点击"标题 1"(也可以自定义字体、字号等其他格式)。

(3) 仿照步骤(1)、(2)设置二级目录。

在段落标题的级别设定中,注意产生新段落时的"继承权",不要将"文本"信息搞错成目录项。例如图 5-17 中的"一、了解 H5",由于在标题后"回车"另起一段,使它继承了三级的特性,此时需要选中对象重新设定。

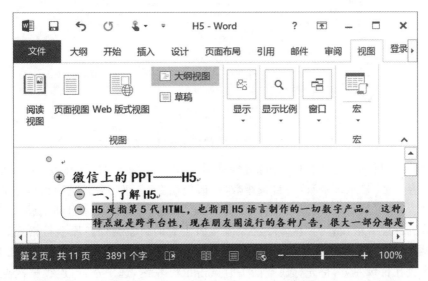

图 5-17　设定段落级别以自动生成目录

5.4.2　目录自动生成

首先将光标选定于放置目录的位置，对 Word 2003 版本依次执行"插入"→"引用"→"索引和目录"。Word 2013 的窗口界面与 Word 2003 的相比就有很大的变化，将"引用"功能升级为与"插入"同级的标签上，在制作目录时可直接操作："引用"→"目录"→"插入目录"。Word 2013 中的"目录"则在"引用"功能栏的最左侧，如图 5-18 所示。

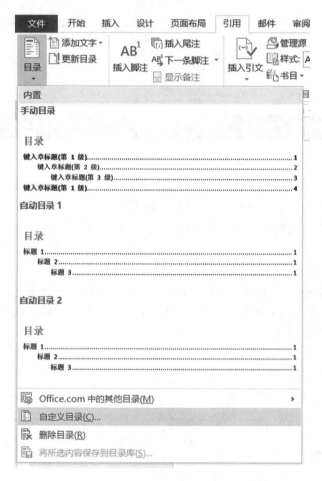

图 5-18　在 Word 2013 的目录栏选择使用方式

点击"自定义目录"，打开"目录"对话框（见图 5-19）后，点击"目录"标签，窗口展现相关目录的操作内容。在"显示级别"改写目录级数（一般使用 2～3 级），其他选项窗口中的内容可以进行适当设置，也可采用系统的默认值。点击"确定"按钮，文章的目录自动生成。

各章节的标题一般设置为"粗体"或"黑体"，而生成的目录会保持原字符格式。若对目录的字体、字号等进行修改，可选中后重新设置。注意，选取修改内容时不要直接点击目录，而是将鼠标指针放在目录左方，待光标成空箭头时点击鼠标左键，选中一行；连续三次点击鼠标左键，选中整个目录；该操作方法和文章正文的选取方式一样。

如果文章中某一处标题有改动，可在操作完毕后，在目录上点击右键，在快捷菜单中点击"更新域"，所修改内容在目录中会自动更新。

图 5-19　"目录"对话框

5.5　文章的高级排版技术

为使自己的文档具有不同的风格，在用 Word 进行排版时经常会将同一个文档中不同部分的内容采用不同的版面格式。例如，设置不同的页面方向、页边距、页眉和页脚（含页码）或重新分栏排版等。如果通过"页面设置"功能来改变其设置，将会引起整个文档所有页面的改变，因为"页面设置"功能是针对整个文档的操作控制。为了解决此类问题，Word 等编辑软件引入了"节"的概念。

5.5.1　Word 中"节"的概念

下面就"节"和"页"的理解与具体操作应注意的问题做如下说明。

（1）"节"是文档格式化的最大单位（或指某一种排版格式的范围），"分节符"是一个"节"的结束符号。默认方式下，Word 将整个文档视为"一节"，故对文档的页面设置是应用于整篇文档的。若需要在多页之间或一页之内采用不同的版面布局，只需插入"分节符"将文档分成几"节"，然后根据需要设置每"节"的格式。

（2）分节符中存储了"节"的格式设置信息，一定要注意分节符只控制它前面文字的格式。在分节进行页面排版时，或许会出现前后节信息的错乱现象，通常是改写页眉、页脚时不慎造成的。

（3）分隔符和分节符下面的选项用于表示把文本分开的方式。

① 分隔符分开的两部分文本,只能保持同样的页面设置。

② 分节符分开的两部分文本,可以用不同的页面设置。

5.5.2 "分节符"的使用技巧

(1) 点击需要插入分节符的位置。

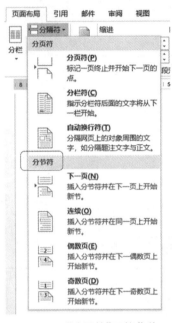

图 5-20 "分隔符"下拉菜单

(2) 点击"页面布局"标签,在功能栏中点击"分隔符"按钮,打开"分隔符"下拉菜单(见图 5-20),分隔符包含分页符和分节符两类。

(3) 分节符中有 4 种类型可选择。

① "下一页":可将分节符后的文本从新的一页开始。

② "连续":新节与其前面一节同处于当前页面中。

③ "偶数页":分节符后面的内容转入下一个偶数页。

④ "奇数页":分节符后面的内容转入下一个奇数页。

(4) 插入分节符后,要使当前"节"的页面设置与其他"节"不同,首先要对本节的"版式"进行设置。

在"文件"菜单中或"页眉和页脚"工具栏里都可以打开"页面设置"窗口。在"版式"标签中共有 4 项内容,即节的起始位置、页眉和页脚、页面、应用于(范围),首先要设定"应用于"项为"本节"。在实际应用中容易疏忽"节的起始位置"选项,将节的起始位置定于"偶数页"或"奇数页"至关重要,它直接干预不对称页眉的设置效果。

5.5.3 文档中各节页码的重置技巧

通常,目录页码应该与正文页码编码不同,设置方法如下。

(1) 把光标定位在目录页末,调出"分隔符"界面,在目录与正文之间插入分页符。

(2) 执行"插入"→"页眉和页脚"命令,把光标定位于正文首页的页脚处,注意点击"页眉和页脚"工具栏上的"链接到前一个"按钮,取消正文页脚与目录页脚的链接。

(3) 执行"插入"→"页码"命令,在"页码格式"(见图 5-21)中选择编号格式,点击"起始页码"并输入"1",点击"确定"。

对于后续章节的分"节"操作,"首页相同"时直接在首页输入"起始页码";"首页不同"时,在首页输入页号,在次页的"起始页码"框内输入"首页页码 + 1"。

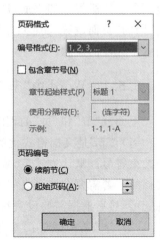

图 5-21 页码格式窗口

5.5.4 奇偶页不对称页眉的设置技巧

多数教材的排版都十分精彩,如书中奇、偶页眉的不同设置效果,无论是鉴赏还是翻页浏览书籍,页眉的书签作用十分有益。在图书资料的编辑排版中,进行奇、偶页不对称页眉的设置,需要一定的专业技术和细心工作,具体操作如下。

1. 插入不对称页眉内容

(1) 执行"插入"→"页脚和页眉"命令,进入页眉编辑状态。

(2) 执行"页面布局"→"页面设置"(点击"页面设置"右边的小箭头)命令,打开"版式"对话框,如图 5-22 所示。

(3) 选择"页眉和页脚"组框中的"奇偶页不同"选项,点击"确定"按钮,屏幕将显示偶数页的页眉。

(4) 在偶数页的页眉区输入所需的文本,并进行适当的文本格式设置。

(5) 点击"页眉和页脚"工具栏上的"显示下一项"按钮,编辑区域跳转到奇数页的页眉区,在其中输入所需的文本,此项工作完成。

2. 不同章节页眉内容的区分

(1) 在新的一章的首页插入"分节符",类型选择"下一页"(或奇数页),取消与前面页的联系,确定"节的起始位置"是否是奇数页。

(2) 双击本节页眉,界面呈现页眉的编辑状态,输入页眉内容,不同节的页眉和页脚信息显示如图

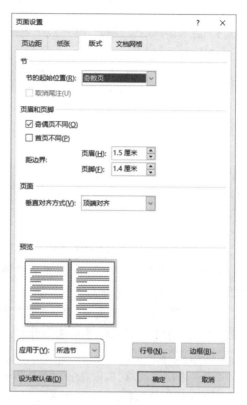

图 5-22　页面设置中的"版式"对话框

5-23 所示。一定要点击"链接到前一条页眉"按钮,取消"与上一节相同"的链接,然后输入新一章的名称信息。这是本节课的技术难点,请认真练习。

图 5-23　不同节的页眉和页脚信息显示

操作技巧:一般偶数页的页眉是书名,各节中页眉相同,则分节定义时为"与上一节相同";而奇数页页眉是章节名称,各节中页眉内容不同,则分节定义时一定要取消"与上一节相同"。

3. 页眉横线的删除与个性化设置

1) 页眉横线的删除

在 Word 文档中添加"页眉和页脚",页眉文字下出现一条横线是系统设定的格式。如果想使界面个性化,去除(或更改)横线的操作方法有如下三种。

(1)"边框"去除法:鼠标双击页眉,进入"页眉和页脚"编辑模式。选中页眉中的文字内容,点击"开始"功能栏右侧段落选项卡中的"边框"图标,在弹出的下拉菜单中选择"无框线",即可去掉页眉的横线,如图 5-24 所示。

图 5-24　去除页眉的横线

（2）"格式"清除法：这种方式会将页眉中的文本内容格式一起删除，所以这种方式很少使用。在这只是简单介绍一下，如果不喜欢页眉中的文本内容格式，需要重新设置，可以使用该方法删除了再重新设置。

操作步骤：鼠标双击页眉，进入"页眉和页脚"编辑模式。选中页眉中的文字内容，点击"开始"功能栏右侧"样式"选项卡中右下角的小箭头（样式下拉菜单按钮），在弹出的样式窗口中点击"清除格式"即可。

（3）"边框和底纹"清除法：雷同边框去除法，进入页眉编辑模式后，在边框的下拉菜单中选择"边框和底纹"，将弹出"边框和底纹"窗口（见图 5-25）。在对话框的右下方"应用于"列表框中选择"段落"，此时边框绘制区被激活，然后点击"下划线"按钮，去掉页眉下横线。

图 5-25　"边框和底纹"窗口

2）页眉个性化设置

删除页眉横线后，如果想突出页眉的个性化，可以在"页眉和页脚"激活的模式下，运用"边框和底纹"等操作工具，如同文稿正文的编辑处理一样，添加合适的花纹和图案。

5.6 文稿的双面打印及其他

在日常办公中，常遇到文件打印时的一些问题，诸如卡纸或打印失败等纸张浪费现象。节约纸张、保护环境是每一个公民应尽的责任和义务。

 小资料

造纸原料以杨树、白桦树和松树为佳。一棵松树（直径 0.3 m，高 18 m），重约 750 kg。造纸化浆、除去废料，利用率只有 1/2。如果 500 张 A4 的纸重约 2 kg 的话，那么一整棵树可以造纸约 93750 张（摘自《科学世界》）。

5.6.1 打印机性能

常见的打印机按工作原理一般分为针式打印机、喷墨打印机和激光打印机三种类型，日常办公配备的通常是单色激光打印机。

1. 打印机简介

（1）针式打印机简称针打，靠打印针击打色带完成文字输出工作，由于打印速度慢、噪声大、生产成本高等因素，日常办公很少使用它。但针打的多层打印功能无可匹敌，在银行等财务系统中依然使用。

（2）单色喷墨打印机已经淘汰，市面流行的是彩色喷墨打印机（彩喷）。彩喷因其良好的打印效果与较低价位优势而惠及家庭。在打印介质的种类上，喷墨打印机既可以打印信封、信纸等普通介质，还可以打印胶片和照片纸等特殊介质。

（3）激光打印机分为黑白和彩色两种，它的图文信息输出质量高、速度快，深受欢迎，但价格偏高。激光打印机内部有激光发射器、感光鼓、高压电、加热辊、墨粉盒等部件，在文稿打印时会产生有害气体，注意室内通风。

2. 激光打印机对纸张的要求

由于激光打印机采用光电转换机理，在墨粉转印时纸张带有高压静电。当纸张受潮后不能保存电荷，严重时打印出来的图文信息会产生局部空白现象。专业的复印机下所配置的铁皮柜，其实是一个纸张干燥箱。潮湿天气时，应将打印纸放在塑料袋内密封待用。另外，尽量不要使用较薄的纸张，不然卡纸现象将会发生。

5.6.2 双面打印时注意的问题

为节约和环保，提倡文稿双面打印。但是，如果操作和打印参数设置不当，会带来烦心的事情和造成更多的浪费。

（1）打印时，由于电热丝的加热熨烫作用，输出的纸张冒着热气带有热量，热气越大说明纸张越潮湿。潮湿的纸张经过烘烤会发生变形、变软，如果立刻进行双面打印，"卡纸"是在所难免的，且一次报废的是两页，定会使人懊丧无比。

进行文稿的双面打印，不仅要等纸张冷却以后，还要使用平整的纸张。最好采用一页一页的手工送纸方式，避免前功尽弃。

（2）双面打印的文稿输出方式有四种组合方式，默认方式是正、反两面都按向后次序打印。若是有人改变了参数的设置，书稿的双面打印将改变。注意在打印对话框左下角的"设置"选项里，查看双面打印顺序的参数设置，如图 5-26 所示。

5.6.3　Excel 打印时的注意事项

Excel 的页面输出时常会出现闹心的事！如本想在 Excel 中打印某页内容，结果打印机不停地输出无用的页面。此时要强制中断，否则会浪费许多纸张。

在需要打印表格页面时，系统将弹出的"设置"窗口（见图 5-27）。关于打印的参数设置有"打印范围"和"打印内容"两项选择。默认情况下，Excel 打印整个活动工作表（全部）。

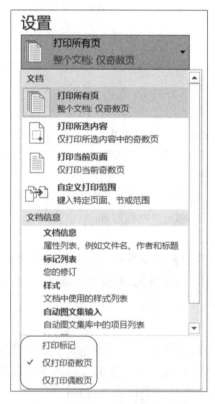

图 5-26　双面打印顺序的参数设置

图 5-27　Excel 的打印"设置"窗口

（1）打印范围：系统默认项是"全部（A）"。如果打印的是多页报表中的某一页或几页，一定记着设置页码范围，即输入开始和结束的页号。

（2）打印内容：系统默认项是"选定工作表"，另有"选定区域"和"整个工作簿"。工作簿的概念最大,包含你所打开的 Excel 文件中的所有页。

一般在打印时,如果只需要某一页的内容,只要在起始页码位置键入页号即可。通过"打印预览"的操作,也可以帮助正确识别打印效果。

5.7 网页信息拷贝的注意事项

"复制""粘贴"的操作功能使人情有独钟,只要是你喜欢的东西,无论在何处都可以"信手拈来"。正因为如此,一些从网上寻找到的信息资料,由于不能够正确地使用"粘贴"方式,往往会把网页的设置格式等不需要的信息也添加在 Word 文稿中。

例如,"Unicode 是基于通用字符集的标准来发展",引号内的"字符集"以蓝色表示,并标注有下划线,这是超文本标记语言(hypertext markup language,HTML),是用于描述网页文档的一种标记语言。设置的链接标记,按规定,点击此处可直接打开相应网页。

在文稿创作时,若需要插入从网络下载的信息资料,只要操作规程正确,可以获得和当前文本格式要求一致的效果,并去除与文字内容无关的一切信息。其操作技巧如下。

(1)文本复制:在获得信息的网页界面上,使用拖曳的方式选取所需内容。

(2)选择性粘贴:在"开始"功能栏的右侧,点击"粘贴"下的箭头,在下拉菜单中选择"选择性粘贴",将弹出选择性粘贴对话框(见图 5-28),选择"无格式的 Unicode 文本"后,点击"确定"即可。

图 5-28 选择性粘贴对话框

因为计算机系统从"剪贴板"上获悉的复制内容源自网络,默认的粘贴格式为 HTML 格式,如果点击"粘贴",Word 页面上则显现所有的 HTML 标记语言所设置的参数,所以复制网页上的文字信息,一定要选择"无格式文本"或"无格式的 Unicode 文本",这样不仅能保留文字内容,而且能够去除所有网络链接信息,还能够使粘贴内容的字体、字号、间距、行距等格式参数与原文保持一致。

需要注意的是,使用"无格式文本"滤除了网页参数信息,同时网页上的图像也被阻挡在外。如果需要对应内容的网络图片,可点击图片,点击鼠标右键,在弹出菜单中执行"图片另存为"或"复制图片"的操作而获取图像。

 小资料

Unicode(统一码)是一种在计算机上使用的字符编码。它为每种语言中的每个字符设定了统一并且唯一的二进制编码,以满足跨语言、跨平台进行文本转换和处理的要求。

练 习

1. 打开 Word 文字编辑软件,练习插入分式、积分、开方、求和等表达式的输入排版。

2. 在 Word 页面上绘制一个 5 级以上的流程图。

3. 在 Word 页面上练习插入图片,并在该图像上添加两个以上的标注图形。

4. 打开一篇万字论文(可由老师提供),在"大纲视图"模式下,定义文章中相应字段的大纲级别,练习文档目录的自动生成(一般取 3 级目录)。

5. 练习在文档中插入网络上截取的文字信息,使其符合当前文本格式的要求。

第6章　电子表格——Excel

Microsoft Excel 是 Microsoft 为使用 Windows 和 Apple Macintosh 操作系统的计算机编写的一款电子表格软件。直观的界面、出色的计算功能和图表工具使 Excel 成为流行的个人计算机数据处理软件。在 1993 年,作为 Microsoft Office 的组件发布了 5.0 版之后,Excel 一般为所适用操作平台上的电子制表软件的首选。

注:Excel——电子试算表程序是进行数字和预算运算的软件程序。

6.1　Excel 表中斜线的画法

Excel 是第一款允许用户自定义界面的电子制表软件(包括字体、文字属性和单元格格式),同时还具有强大的图形功能。Excel 虽然提供了大量的用户界面特性,但它仍然保留了第一款电子制表软件 VisiCalc 的特性:行、列组成单元格,数据、与数据相关的公式或者对其他单元格的绝对引用保存在单元格中。

Excel 的表格管理在学习和办公方面的使用率非常高,但是人们在使用中常遇到一些棘手的问题,如表格信息的运算、单元格内短文的插入、复杂的单元格绘制等。关于 Excel 应用的教材众多,本章讲述的几项操作难点仅仅是 Excel 强大功能的冰山一角。

6.1.1　表格斜线

在日常工作中,制作 Excel 报表时经常会用到斜线表头。在 Excel 表格中,如何插入斜线成为常见问题之一。以 Excel 2013 为例,其基本操作步骤如下。

(1) 打开需要编辑的 Excel 文档,将需要插入斜线的单元格以拖曳方式稍微拉大一点,以便形成容纳信息的空间。

(2) 在选择的单元格内点击鼠标右键,在弹出的下拉菜单中选择"设置单元格格式",然后在弹出的窗口中点击"边框"选项卡,在对话框上点击所需要的"斜线"选项,然后确定即可,如图 6-1 所示。

(3) 在单元格中输入文字,例如输入"地区日期",如图 6-2 所示。

(4) 根据输入的内容,利用手动的方法来调整格式,具体操作如下。

① 首先双击需要编辑的单元格,使光标在此单元格内闪烁,选中字符将字号减小。然后利用键盘上的"Alt＋Enter"键实现换行,再利用加空格的方法来调整字符的显示位置。

② 使用上、下标的定义,产生需要的文字格式。双击单元格后,输入"日期地区",选中日期将其定义为下标,将地区定义为上标,然后使用空格键将其调整到需要的位置即可。

两种方法效果相同,表格信息位置如图 6-3 所示。

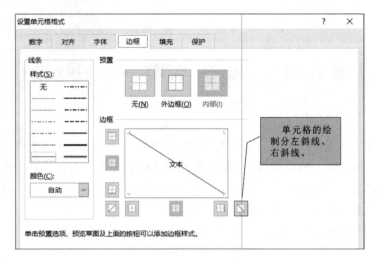

图 6-1　表格斜线的插入

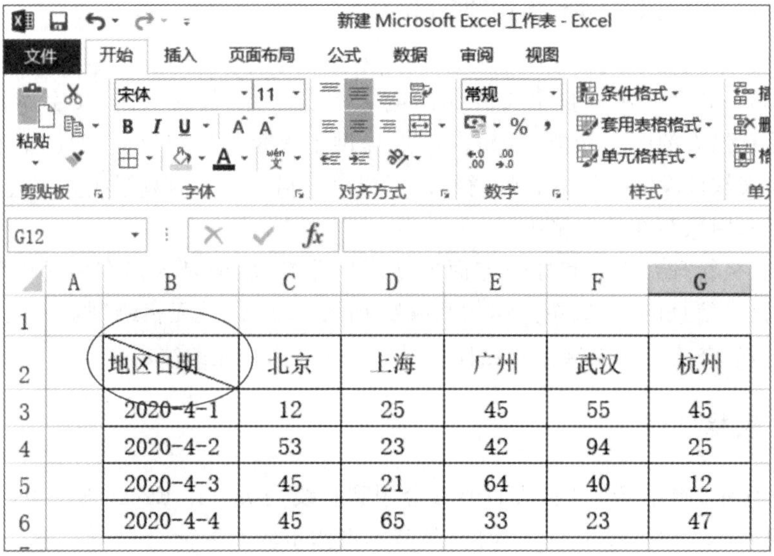

图 6-2　表格斜线插入示例

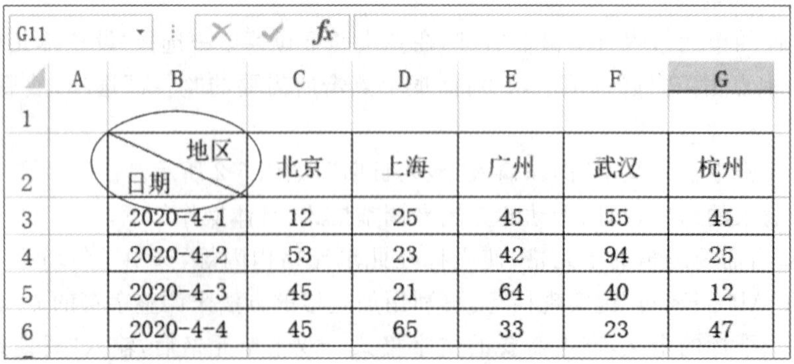

图 6-3　表格信息位置

6.1.2 表格中双斜线的画法

（1）在标签上点击"插入"选项卡，然后在菜单栏中点击"形状"选项，在弹出的窗口界面中选择"直线"绘画选项，如图 6-4 所示。

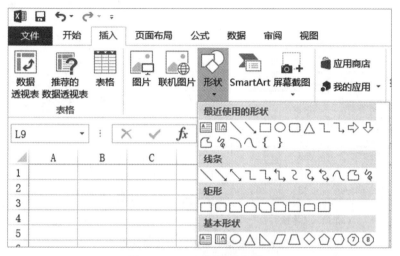

图 6-4 Excel 的"形状"选项

（2）利用直线工具在选中的单元格中，画出理想的两条直线，如图 6-5 所示。

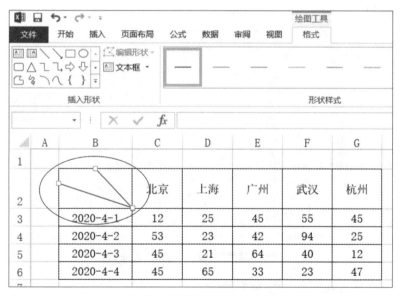

图 6-5 添加两条直线的效果

（3）利用插入文本框方式来插入表头斜线中的文字信息。在菜单栏点击"插入"选项卡，选择"文本框"。

① 插入文本框，输入行、列标。

② 按住"Ctrl"键，点击三个文本框，在框内输入相应字符，然后再选中文本框点击右键，选择"设置形状格式"，取消文本框线条。

③ 调整文本框或者两条直线的位置,以达到最佳效果,操作界面如图 6-6 所示。

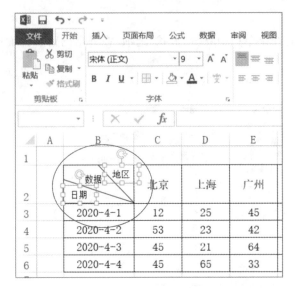

（a）插入文本框

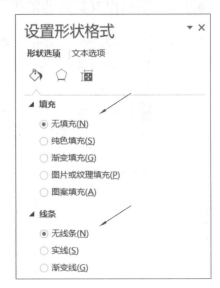

（b）取消文本框线条

图 6-6　利用文本框的方式添加文字

完成双线的插入,还可以使用"三线法"制作双线表头(见图 6-7),操作过程如下。

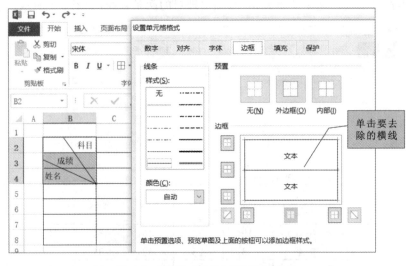

图 6-7　使用"三线法"制作双线表头

（1）选取 3 行作为表头一个格,画好斜线。

（2）在第一行调好"科目"位置。

（3）在第二行第三行分别输入"成绩"和"姓名",调整好位置。

（4）选中 A1:A3,点击"格式"→"设置单元格格式"→"边框",点击内部横框线,确定。该步骤是为了取消设置表格线后表头内部显示横线。

可在一个单元格内添加多根斜线,例如在表格中添加三斜线或四斜线,其方法和画双斜线类似。除了利用上面的方法画斜线外,也可以利用 Word 画表格之后复制到 Excel 中使用。

6.2 Excel 表中的函数应用

在数据处理方面,Excel 2013 提供了许多自动运算功能,Excel 的函数调用窗口如图 6-8 所示。熟练使用 Excel 的函数公式,可以应对较为大型的数据库管理应用,但在日常工作中,我们经常使用的仅是一些常见的函数公式,如果能对这些常用函数的计算方法了如指掌,对提高工作效率将有很大的帮助。下面介绍几例常用的函数公式。

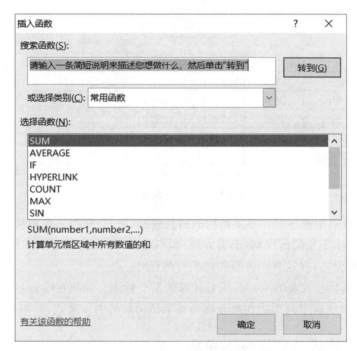

图 6-8　Excel 的函数调用窗口

6.2.1　求和:SUM 函数

在 Excel 中最简单也是最常用的就是求和函数 SUM。SUM 函数对参数的所有数字求和。其中每个参数都可以是单元格区域、单元格引用、数组、常数公式或另一函数的结果。

例如,SUM(A1：A5)对单元格 A1 到 A5(连续区域)中的所有数字求和。

再如,SUM(A1,A3,A5)对单元格 A1、A3 和 A5 中的数字求和。

自动求和的方式有两种,操作方法如下。

(1) 点击需要显示求和数值的单元格。

(2) 自动求和运算。

方法一:开始→自动求和。即在开始功能栏右侧的编辑区内有一个"Σ"自动求和标示符。

方法二:公式→自动求和。即在公式功能栏的左侧有一个很大的"Σ"自动求和标示符。

点击上面的自动求和运算后,Excel 会将与此单元格相邻的、带有数字的单元格、自动列入所选的显示单元内,你只需要根据自己的需要调整运算参数范围,然后确认即可。需要注意的是,Excel 的自动求和计算"行"的优先权大于"列"的优先权。在图 6-9 中,若在工资总计下 E2 单元格点击"自动求和",则函数形式为"＝SUM(B2：D2)",显示数值将是"张三"的 3 项工资之和。

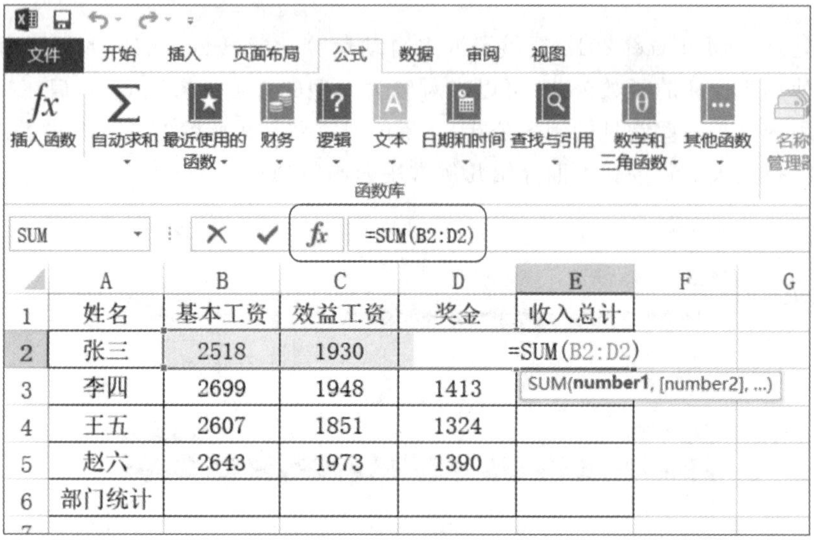

	A	B	C	D	E	F	G
1	姓名	基本工资	效益工资	奖金	收入总计		
2	张三	2518	1930		=SUM(B2：D2)		
3	李四	2699	1948	1413	SUM(**number1**, [number2], ...)		
4	王五	2607	1851	1324			
5	赵六	2643	1973	1390			
6	部门统计						
7							

图 6-9 Excel 的函数运算

在 Excel 中,可以很方便地将单元格内的信息复制(填充)到相邻单元格内。具体方法是:点击有公式单元格右下角的拖曳柄(小黑方块)向下拖曳,即可将精心编制的计算公式填充到光标经过的所有单元格,并且自动改写相应的行列标号。

在 Excel 中,函数公式前的"＝"是函数计算的重要标志。如果在编辑栏内输入公式,不加有"＝"的函数,则系统以字符形式在单元格内显示该函数的书面形式,而不产生运算过程。

6.2.2 求平均值:AVERAGE 函数

AVERGE 函数的功能是求出所有参数的算术平均值,语法(格式):AVERAGE(number1,number2,…)。其中括号内的参数是需要求平均值的数值或引用单元格区域。

例如,在图 6-9 的 E6 单元格中输入公式"＝AVERAGE(E2：E5)",即可求出表上 4 名职工工资总额的平均值,显示在部门统计一栏右侧的单元格内。

 小提示

如果引用区域中包含"0"值单元格,则计算在内;如果引用区域中包含空白或字符单元格,则不计算在内。

6.2.3 统计:COUNT 函数

COUNT 函数用于计算包含数值的单元格个数,可以用来统计人数、出勤天数等,如果出勤了,就会有出勤时间(数值是小时数),未出勤则没有。语法:COUNT(number1,number2,…)。

例如,在图 6-9 的 B6 单元格中输入公式"=COUNT(B2:B5)",则可以统计出 B2 至 B5 单元格区域中共有 4 名员工。

6.2.4 条件判断:IF 函数

IF 函数在 Excel 中是一个智能函数,多用于条件判断,然后根据条件判断的结果返回对应的内容。IF 函数的使用非常广泛,特别是在单条件判断的时候,用好 IF 函数可以完成很多功能。

IF 函数用法:判断一个条件是否满足,如果满足返回一个值,如果不满足则返回另外一个值。

IF 函数语法格式:=IF(logical_test,value_if_true,value_if_false)。

通俗的说法,就是 IF 是条件判断函数:=IF(测试条件,结果 1,结果 2),即如果满足"测试条件"则显示"结果 1",如果不满足"测试条件"则显示"结果 2"。条件函数可以嵌套使用。

下面举例说明 IF 函数单条件使用方法。

例如,图 6-10 所示的表格中,数学成绩 60 分以上(含 60 分)为合格,60 分以下为不合格,需要在 D 列标注出来。具体操作是在 D2 单元格输入:=IF(C2≥60,"合格","不合格"),再把此单元格公式往下填充(用鼠标拖曳单元格右下角的"拖曳柄")即可。

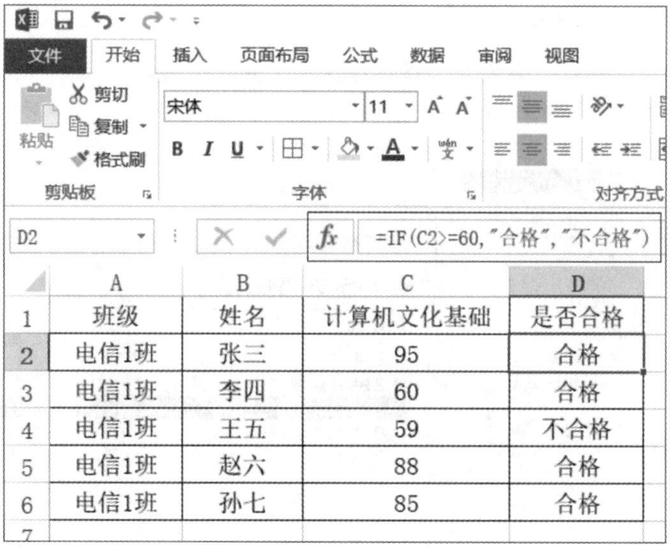

	A	B	C	D
1	班级	姓名	计算机文化基础	是否合格
2	电信1班	张三	95	合格
3	电信1班	李四	60	合格
4	电信1班	王五	59	不合格
5	电信1班	赵六	88	合格
6	电信1班	孙七	85	合格

D2 单元格公式: =IF(C2>=60,"合格","不合格")

图 6-10 IF 函数的简单应用

公式说明:f_x=IF(C2≥60,"合格","不合格")中,C2≥60 为条件,当条件为真时,返回"合格",否则返回"不合格"。

小提示

公式中的"合格""不合格"的双引号,一定要在英文输入法下输入的双引号(")。

6.3 Excel 中的单元格格式

在日常工作中,经常会使用有关 Excel 单元格格式设置的相关操作。可以在操作对象上点击右键,在弹出的菜单栏中点击"设置单元格格式",界面将弹出格式设置窗口。Excel 单元格格式的设置相关操作有六个方面,分别是数字、对齐、字体、边框、填充、保护。其中,字体类似 Word 文档字体格式的设置;边框在前面斜线绘制中介绍过;保护则是对 Excel 表格的私密措施和部分区域的限制。下面介绍数字、对齐、填充和保护四个方面的基本操作。

6.3.1 单元格格式的设置

1. 添加千位分隔符

单元格内关于数字的格式设置如图 6-11 所示。

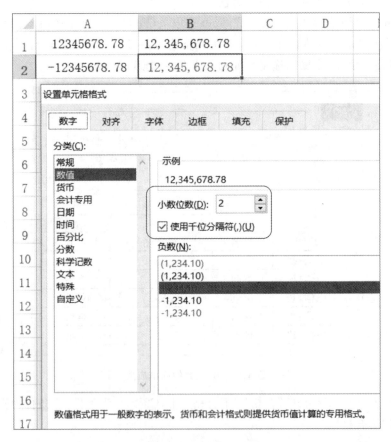

图 6-11 单元格内关于数字的格式设置

要求:将 A 列的数据通过设置 Excel 单元格格式,显示如 B 列的效果。

方法:选中单元格区域"A1:A2",点击右键,打开"设置单元格格式"对话框,选择"数字"标签,进行图 6-11 所示的参数设置即可。

2. 单元格内换行

Excel 表格长度是有限的,有时候输入一句很长的话就会超出表格,下面介绍的是单元格内的换行操作。

方法一:直接换行。

双击"单元格",将光标移至需要换行的地方,按下"Alt＋Enter"键即可。

方法二:直接设置。

点击要换行的单元格,在"开始"功能栏的"对齐方式"设置区中找到"自动换行",点击它,单元格内的文字就自动换行了。

方法三:通过格式窗口设置。

如果在"开始"对应的功能栏中没有找到"自动换行"的话,可以用另外一种方法。即点击单元格,打开"设置单元格格式"对话框,选择"对齐"标签,然后在对齐设置页面的"文本控制"项下勾选"自动换行"即可(见图 6-12)。

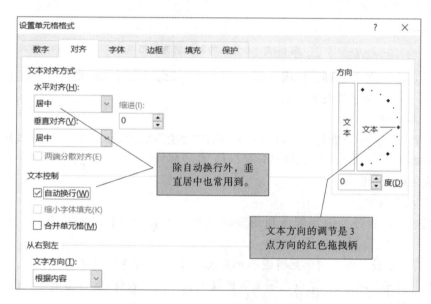

图 6-12　单元格内通过格式窗口设置换行

"对齐"的控制项中包括文本对齐方式、方向和文本控制三个方面。在文本对齐方式中使用"垂直对齐"的设置比较多;在方向的定义中,通过拖曳红色菱形标志可设置文字的任意角度的排列,常在斜线表头的单元格中使用。

3. 单元格颜色和图案的填充

给 Excel 单元格填充颜色或图案是常用的一项技术,下面介绍具体操作方法。

Excel 软件默认的是单元格无填充颜色。用户可给 Excel 单元格填充颜色或图案达到醒目的效果,或用于标记单元格不同的格式样式。

1) 设置填充颜色

(1) 选择需要设置填充颜色的单元格或单元格区域,打开"设置单元格格式"对话框,选择"填充"标签。

（2）在填充窗口中，点击选择相应的颜色，再点击"确定"按钮，如图 6-13 所示。

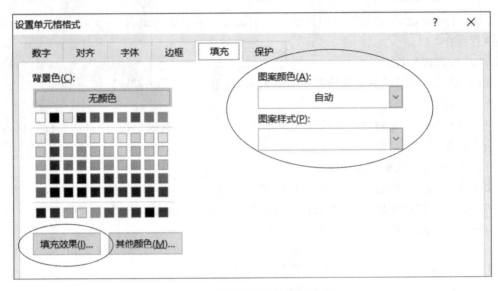

图 6-13　单元格的颜色填充窗口

若界面上的 50 种颜色都不能满足需要，可点击"其他颜色"按钮，则会打开蜂窝状颜色对话框，用户可以在其中选择更为丰富的颜色。

2）设置填充效果

如果需要对单元格设置特殊的填充效果，则在"填充"功能界面上点击"填充效果"按钮，弹出的对话框如图 6-14 所示。填充效果包括颜色、底纹样式、变形三个方面，可以按照自己的设计目标完成各选项的设置。

3）设置填充图案

填充图案的设置分为图案颜色和图案样式两个内容，如图 6-13 所示。具体操作步骤如下。

（1）选择需要设置图案的单元格或单元格区域，打开设置单元格格式对话框。

（2）点击填充选项卡，分别点击图案颜色及图案样式列表框，设置图案的颜色及样式，最后点击"确定"按钮。

给电子表格填充颜色或图案，一般用于美化 Excel 表格或者突出表格表示哪一块数据，用途还是很多的，但是专业的表格不要设置过多的花哨内容，那样显得凌乱而不专业。

4. 关于"保护"设置

1）保护功能概述

与其他用户共享工作簿时，可能需要保护特定工作表或工作簿元素中的数据以防用户对其进行更改。可以指定一个密码，用户必须输入该密码才能修改受保护的特定工作表和工作簿元素。此外，还可以禁止用户更改工作表的结构设置。

2）锁定作用

保护工作表后，默认情况下会锁定所有单元格，这意味着将无法编辑这些单元格。为了能够编辑单元格，同时只将部分单元格锁定，可以在保护工作表之前先取消对所有单元格的锁定，然后只锁定特定的单元格和区域。此外，可以允许特定用户编辑受保护工作表中的特定

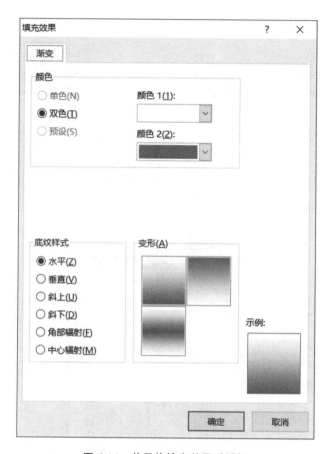

图 6-14　单元格填充效果对话框

区域。

3）如何锁定特定的单元格

点击需要设置工作表的任一单元格,按组合键"Ctrl＋A"选定当前工作表。在选择表上点击右键,打开设置单元格格式窗口,点击"保护"标签,将页面上 "锁定"项的勾选(Excel 默认是勾选的)去掉,点击"确定"按钮。选定需要保护的单元格区域,再次打开设置单元格格式窗口,点击"保护"标签,将"锁定"项勾选。

还可以通过审阅功能栏中的保护工作表选定锁定单元格,保护工作表对话框如图 6-15 所示,可按默认勾选选项,也可根据需要勾选其他选项、设置密码等。

简而言之,"锁定"只在受保护的工作表中才起作用,平时使用勾不勾选都没有影响。

6.3.2　单元格内文本的插入

在学习和工作中,我们填写各种 Excel 报表时经常会遇到需要在一个单元格中输入多行的文字,如工作简历、思想汇报、工作意见等内容。

在单元格内换行,直接按回车键是行不通的,它会超出单元格范围而跳到下一单元格。下面介绍在 Excel 单元格内如何编辑大段文字的方法。

（1）通过单元格的"合并居中"操作,制定出一个适合大段文字的区域。

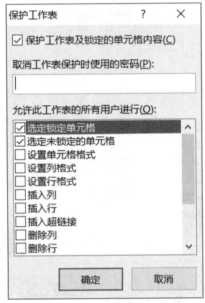

图 6-15　保护工作表对话框

（2）打开"单元格格式"对话框，点击"对齐"标签，在其界面（见图 6-12）上勾选"自动换行"，然后点击"确定"按钮。自动换行功能使得文字在超出表格的时候自动切换到下一行，这样输入大段文字时就不会超出单元格范围了。

（3）如果是一段文字，可以按照上述方法操作；如果是在单元格内将文字内容分段处理，这个方法不行。笔者摸索的操作技巧是：将需要在 Excel 单元格内放入的文字内容，先在 Word 下编排好段落格式，然后通过粘贴的方式将文字内容嵌入其中。

练　习

1. 打开 Excel 表格，绘制一个具有双斜线表头的功课表。

2. 在 Excel 中设计一个学习成绩统计表，记录自己的学习成绩状况，其中最后一栏的项目名称为"备注"。利用 IF 函数求出备注单元格的返回值：高于 60 分的成绩返回"通过"；低于 60 分的成绩返回"补考"，并用红色显示。

3. 练习在一个单元格内编辑含有 2 段以上文字内容的短文。

第 7 章   PowerPoint 与视频制作

多媒体作品通常有多媒体演讲报告和多媒体教学两种形式,在学习和工作中深受欢迎。从北京人民大会堂的国家领导人讲话,到省市区县的各种会议;从北大、清华高等学府举行的顶尖级国际学术会议,到基层中小学校的课堂教学;从决定上亿元投资项目的论证报告,到决定命运的 5 分钟求职演说;从毕业设计的答辩论证,到丰富多彩的主题班会,多媒体演讲报告的制作与精彩程度,对人影响非常大。

多媒体作品俗称多媒体课件、幻灯片、PPT。在工作实践中,多媒体课件通常是基于".ppt"格式,PPT 就是 PowerPoint 的简称。PowerPoint 是 Microsoft 公司出品的 office 系统的重要组件之一,是一种演示文稿的图形程序,早期称为"幻灯片"制作软件。

新版的 PowerPoint 2010 是功能强大的演示文稿制作软件,可协助用户独自或联机创建永恒的视觉效果。它增强了多媒体支持功能,利用 PowerPoint 制作的演示文稿可以通过不同的方式播放;可以打印成一页页的幻灯片,使用幻灯片机或投影仪播放;可以保存到光盘中进行分发,并在幻灯片放映过程中播放音频流或视频流。新版软件对用户界面进行了改进并增强了对智能标记的支持,可以更加便捷地查看和创建高品质的多媒体作品。

7.1   动画制作技巧

"动画"的简单理解就是运动的画面,电影就是内容连续的静态画面快速播放。制作动画的软件有很多,二维的有 Flash、Gif Tools、Fireworks、Photoshop 等,三维的有 Xara3D、3DMAX、Maya 等。这些软件确实很棒,人们的工作有专业之分,在日常的工作与学习需要动画设计时学会使用 PowerPoint(俗称 PPT)即可。

教材以 PowerPoint 2013 版本为例,其他版本界面略有不同,可参照执行。

7.1.1   绘制动画图形

PowerPoint 中的动画设置对象可以是图形或文字。动画设计的第一步是绘制需要运动的对象,PPT 的"自定义动画"如图 7-1 所示,可按数据存储方式演示内容。通常使用系统提供的"绘图"工具,基本上可以满足演示报告和教学课件所需要的图形。

7.1.2   动画设置

在新版的 PowerPoint 中已取消了原有的"自定义动画"模式,而是将"动画"突现在一级菜单的标签上,点击一个幻灯片里面的"对象"后,即可直接在动画选项卡中点击所选用的动画按钮,选择动画进入方式如图 7-2 所示。动画功能栏的右侧可设置所选动画类型的场景,如效果

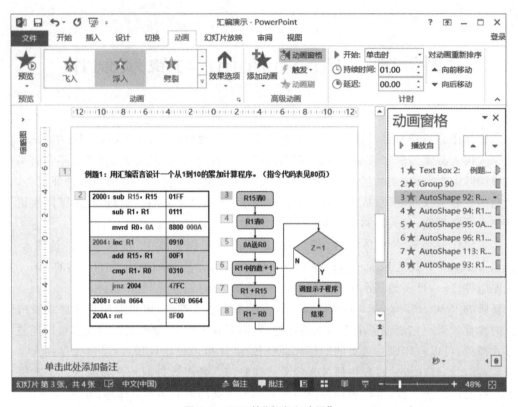

图 7-1 PPT 的"自定义动画"

选项、触发方式、时间顺序、音频与视频插入等内容分。

1. 设置进入方式

动画设计的顺序是进入、退出、路径、强调，当然这个顺序是可以灵活应用的。对象的"进入"效果有多种方式，如出现、淡出、飞入、浮入、劈裂等。在选中某一动画形式时，可以直接预览对象的实际运动效果，并可随时改变。

在动画窗格中有效果选项、高级动画、计时三大类设置内容，如图 7-3 所示。动画设置的具体内容如下。

（1）开始：此项内容是设置对象的开始方式，有点击时、与上一动画同时、上一动画之后，默认参数是"点击时"。设计动画的自动效果，应选择"上一动画之后"的开始方法，通过此项设置不仅自动连接前一对象的动作，并且将自身的顺序标志纳入前一项的衔接。

（2）方向：规定动画的运动方向，共有八个方向进入画面。

（3）速度：规定对象的移动时间，按快、慢共有五种进程。

（4）对象列表：使用鼠标的拖动操作，可对动画的顺序进行排序。

关于 PPT 的动画设置"强调"与"退出"，这两项操作与"进入"动画没有差异，同样可以设置它们的动画效果，以更完美的场景增添 PPT 的演示效果。

2. 动画路径设计

如果对系统内置的动画路径不满意，可以自定义动画路径。选中需要设置动画的对象（如一张图片），点击动画框右侧的箭头（其他），界面将弹出下拉式动画列表，选择"其他动作路

图 7-2　选择动画进入方式

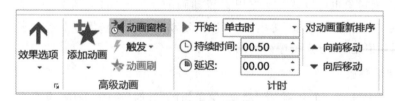

图 7-3　动画窗格

径",弹出动作路径的多种形式(见图 7-4),可选中某一个动作路径方式。动作路径方式分为两大类:基本、直线和曲线,基本路径多为封闭的几何形状,如圆、正方形、多边形等。

如果选择绘制自定义路径,此时的鼠标指针变成细"十字线"状,可根据创意设计,在幻灯片工作区中描绘,在需要变换方向的地方点击鼠标。全部路径描绘完成后,双击鼠标。许多丰富多彩的活动画面,通常需要使用多种动画元素、反复演练而成。

3. 动画细节的设置

在动画窗格列表中选中某个动画,点击鼠标右键,在快捷菜单中选择"效果选项",系统将弹出展开窗口,如图 7-5 所示。

图 7-4　动作路径的多种形式

图 7-5　动画效果设置窗口

1）效果

效果窗口有"设置"和"增强"内容。"增强"有"声音""动画播放后"和"动画文本"三项内容。在这里可以设置动画播放的时候需要配合的声音，并且可以现场试听。更多的细节需要自己去尝试才有更加深刻的体会。

2）计时

在这里，动画对象也可以调节速度以设置动画的播放时间（见图 7-6）。在"计时"窗口中有"开始""延迟""期间"和"重复"等内容，可以指定动画播放的快慢以及经过多少秒后再播放。"触发器"的默认值是：部分点击序列动画。

3. 设置自动播放

在动画窗格中选中一个动画，将"动画"菜单组的"计时"中的"开始"设置为"与上一个动画同时"或者"上一动画之后"，如果该幻灯片本次的页面都需要自动播放，在选中一个动画的同时，使用"Shift"组合键（Ctrl 的组合键是一次单选一个对象），全选需要播放的动画，然后修改"开始"顺序的设置。

PPT 的动画设置能让幻灯片脱去单一的播放方式，使幻灯片演示文稿更加活泼、生动，教育或宣传效果更加卓越。

7.1.3　多媒体素材的导入

直接插入多媒体素材是最简单方法。用该方法插入的视频在演示界面中仅显示视频画面，与插入图片非常类似。可以说，这是一种无缝插入，效果相当不错，但同时局限性也很大。

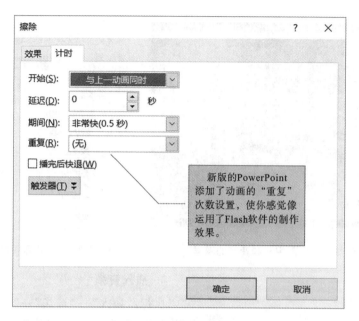

图 7-6　动画计时设置界面

首先,该方法仅支持插入 AVI、MPEG 和 WMV 等 Windows Media 格式视频,而像 RMVB 等其他格式均不支持。其次,用该方法插入的视频,演示时只能实现"暂停"和"播放"控制,若想自由选择播放时间就无能为力了,而且一旦切换到另一张幻灯片,如果再切换回来,视频就会自动停留在开始部分,大为不便。

1. 插入视频

执行:"插入"→"视频"→"PC 上的视频",如图 7-7 所示。此刻,系统将弹出本机的文件窗口,在此指定影像文件路径,选择需要播放的视频文件,点击"确定"按钮。系统又会弹出对话框问询"播放方式",如图 7-8 所示。

图 7-7　视频的插入

图 7-8　选择播放方式

无论何种方式播放,插入影片的第一帧将出现在幻灯片中,并且处于选中状态,可以拖曳控制柄,对播放画面的大小进行调整,如图 7-9 所示。

右键点击视频图像,在快捷菜单上选择"编辑视频对象",系统弹出"设置视频格式"对话框(见图 7-10)。在此,可以对播放的视频属性进一步修正。

图 7-9　幻灯片上插入视频和音频的图样

图 7-10　"设置视频格式"对话框

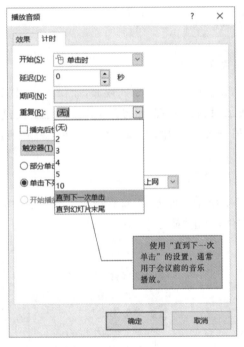

图 7-11　"音频选项"对话框

2. 插入音频

执行："插入"→"音频"→"PC 上的音频",系统将弹出"插入音频"对话窗口用于指定音频文件的路径,然后选择需要插入的音频文件,点击"确定"按钮后系统弹出对话框询问"播放方式",只需将其设置为与视频文件的播放设置一样的相关参数即可。

无论何种方式播放,表示插入音频的小喇叭出现在幻灯片中,并且处于选中状态,同样可以通过拖曳控制柄,对小喇叭的大小自由缩放,参见图 7-9。

右键点击"小喇叭",在快捷菜单上选择"编辑音频对象",系统弹出"音频选项"对话框(见图 7-11)。在此,可以对播放的音频属性进一步设置。

3. 全屏播放的设置

影片的播放尺寸可以直接拖曳调整,也可以在播放影片时让其填满整个屏幕,这种方式称为"全屏播放"。其设置方法是在视频文件处于编辑状态时,点击"播放"标签,在"视频选项"选项卡上,勾选"全屏播放"即可,如图 7-12 所示。

在将视频设置为全屏播放模式,并设置为自动开始时,若不想让视频框遮挡界面上的其他信息,可勾选"未播放时隐藏"。

如果要将影片框拖离幻灯片或隐藏影片框,就必须将影片设置为自动播放或通过一些其他种类的控件(如触发器)播放。触发器是幻灯片上的某个对象,如图片、形状、按钮、文本段落或文本框,当点击该对象时将启动一个操作。

如果已插入影片作为使用 Microsoft Windows Media Player 播放的对象,则必须点击 Media Player 中的"停止""开始"和"暂停"按钮来控制影片。

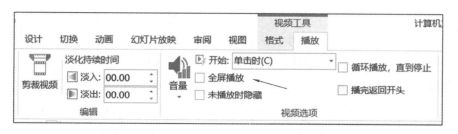

图 7-12　视频播放的相关设置

7.1.4　超链接技术

如同网页浏览一样，PowerPoint 也具有超级链接的功能。执行："插入"→"超链接"，系统将弹出"插入超链接"对话框，如图 7-13 所示。

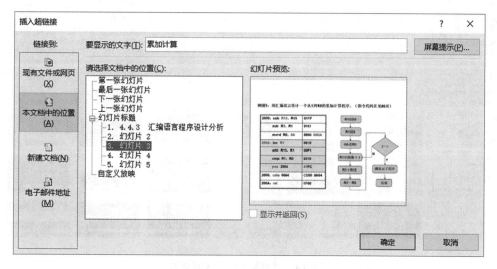

图 7-13　插入"超链接"对话框

超链接的设置范围有现有文件或网页、本文档中的位置、新建文档、电子邮件地址。其中最常用的是"本文档中的位置"。确定路径之后，选择需要跳转的幻灯片，然后点击"确定"按钮。

 小提示

为使多媒体作品正常播放，一定要把与作品相关的所有文稿与素材存放在一个文件夹内。

7.2　影视播放技术

多媒体课件或多媒体演讲报告大多使用投影方式获得大屏幕、大场景。如同放电影一样，荧幕上播放的信息由光影的反差和颜色所呈现,正确设置幻灯片中的字体字号、图像格式,可以改善和提高工作成效。在使用光学投影的多媒体播放方式时,注意不要使灯光照射到荧幕上。若是使用背光源的 LED 大屏幕作为舞台背景,则明亮的前景光就无所顾虑。

1. 背景和文字格式设置

背景:一个好的 PPT 要吸引人,不仅需要内容充实、明确,页面的设计也很重要。精心设计 PPT 的背景,会产生一个漂亮、清新、淡雅的场景,能把 PPT 包装得更有创意、更好看。

在 PowerPoint 2013 中点击"设计"标签即可看到多种样式的幻灯片模板(见图 7-14)。设计功能栏含有三个选项卡:主题、变体和自定义,通常情况下是在"主题"中挑选自己中意的式样。在选用模板时,要注意背景和文字搭配合理,模板的场景设计要符合应用目的,这样可以更好地突出和表现画面上的传递信息。

图 7-14　幻灯片格式的模板选择

由于投影仪的光影效果,文字内容要选择笔画较粗的字体,或者设定为粗体字,此时荧幕上显示的字符信息较为清晰。如果幻灯片用于在线教育,由于学习者使用的是计算机屏幕,近距离观览时文字设置反而不能够太粗野。

2. 段落过渡设置的必要性

在投影教学中,如果整个屏幕堆满了大段的文稿信息,缺乏循序渐进的教育原则,观众就不能饱尝现代化教学手段的优越性。

可以对幻灯片上的内容,按照教学步骤分段设置过渡方式,让未讲到的内容暂时隐藏起来,通过控制,动态地展现出当前话题。上述教学方法,不仅复合教育常规,而且具有动画效果。同时还可以利用 PPT 所提供的动画"退出"功能,及时地遮挡下一次需要展示的画面或文字信息。对于已经设置了"动画进入"的内容,可以点击菜单栏中的"添加动画"按钮,添加上述对象的推出或第二次动画的动作内容。

3. 页面切换技巧

PPT 中的每一页称为一幅幻灯片,新的幻灯片出现的时候所表现的动作称为幻灯片"切

换"。其操作方法如下:选中幻灯片 → 点击"切换"标签→ 选择喜欢的切换方式 → 选择幻灯
片切换方式的属性(如是否有声音、切换时间等)。

在演示报告中,幻灯片的切换目的是为了引起读者的注意,也是演示内容段落过渡的警示
需要。因此,若希望页面切换有一个明显的动态效果,可选择揭开、棋盘、百叶窗、时钟等动作,
具体操作由自己的审美观和期盼值而定。

在使用页面动态切换时,还有三个需要了解的问题,即声音的嵌入、换片方式和应用的范
围。页面切换操作界面如图 7-15 所示。

图 7-15   页面切换操作界面

1) 切换时的声音嵌入

声音的嵌入依个人喜好而定。幻灯片的制作系统默认的是"无声音"切换,在需要添加声
音时,点击图中小喇叭右边的下箭头会弹出配音的下拉菜单,通用的是风铃、鼓掌、激光、照相
机、疾驶等音响效果。

2) 换片方式

换片方式即幻灯片切换时的动作要求,默认的是点击鼠标时,还可以"设置自动换片时
间",注意图中显示的时间设置框内,前面是分,后面是秒,其中秒的设置可以有小数。

3) 应用的范围

系统默认的是当前页面切换动作,在选定一种自己中意的切换效果后,可以点击"全部应
用",借以展现自己的演讲或教学风格。

7.3   PowerPoint 软件的视频制作技巧

随着 PPT 制作越来越精美化、动感化和多媒体化,人们自然希望能把它完美转化成视频,
放在网页中播放、发给客户自行观看或者制成光碟在 DVD 里播放。以往都是使用 Wonder-
share PPT2DVD 来完成该项工作的,但它毕竟是一款外来的软件,在转换过程中容易出现延
迟、卡顿和模糊等问题,而且在转换完以后,还要用 Premiere 等专业视频软件再编辑加工。

后来人们发现用 Camtasia、屏幕录像大师、EV 之类的录屏软件能够很容易解决,但这毕
竟需要借助第三方软件,而且需要学习这些软件才可能完成上述任务。Microsoft 公司为解决
人们的这种渴求,在 PowerPoint 2010 及以上版本中增加了视频输出功能,借此我们可以非常轻
松,甚至可以非常完美地进行视频节目制作了。该方法很简单,用 PowerPoint 打开一个后缀是
".pptx"格式的文件,直接另存为"MPEG-4 视频"或"Windows Media 视频"(.wmv 格式)即可。

如果是旧版的 PPT 文件,PowerPoint 2013 是向下兼容的,但在操作界面的上方所呈现的文件名处直接标出"兼容模式"。若想使这些旧版 PPT 文件应用新版软件的功能,可以使用"另存为"的方法使其转换为新版模式,这样就可以使用 PPT 的视频制作功能了。

本文推荐使用"导出"功能制作视频节目,因为这种方式可以选择不同分辨率的输出模式,以适应会议投影或网络媒体等不同场合的像素需求。国产软件 WPS 2019 版也增添了这一功能,操作方法是点击功能栏的橙色按钮"特色应用"→"输出为视频"即可,但目前只支持输出为".webm"的格式。

7.3.1 视频制作的步骤

根据当前"在线教育"的需求,结合自己的工作经验,现以教学课件的影视作品为例,将 PPT 视频制作方法总结为以下六步骤:整理界面、动画设计、熟悉讲解内容、分页录制、观看审查、视频转换。其他内容的作品可参照执行。

1. 整理界面

对一个已有的教学课件或其他演讲稿,首先要重新审视幻灯片的每一页面,因为要制作的是一个没有人为介入而自动播放的电影,所以要深思熟虑、想尽办法使每页的文字、图表等信息能够完整地传达给对方(如学生)。页面要清晰、明快,文字大小要合适,字体要工整,讲述内容不要超出界面范围。例如,有人使用 32 号宋体字作为叙述字段,在远程线上教育时,学习者是近距离观看计算机屏幕,这样的大字会显得很突兀、粗笨,且每页的信息量甚少,建议使用 22 或 24 号字作为页面讲述内容的展现。

另外,每页的文字内容不要排得满屏都是,利用计算机的便利性,可以使用分屏播放讲解;辅助教学的图形、图像,要安排得合理、得当;借助图表可以使学生非常直观地领会、贯通。

2. 动画设计

线上教学不比课堂教学,在直播课堂上教师可以和学生交流、互动,但视频教学就需要教师把学生理解问题的重点和难点统统考虑周详,通过动画设计、图形表述、表格展示等操作,完成解惑答疑的教学目的。关于动画设计的具体操作,可参见 7.1 节内容。

3. 熟悉讲解内容

应用 PPT 的多媒体课堂教学,对于教师来说,可谓是驾轻就熟、如鱼得水。面对学生讲解问题时,教师可以采用多种教学模式传授知识,可以启用诸如传授式、启发式、反转课堂等教学方法。而视频教学则要求制作精美、语言精练、内容翔实、结构完整。特别是视频中的配音,要求讲课教师对讲授内容非常熟悉,问题解释要到位、说服力要强。所以要求在正式配音之前一定要对讲解内容熟悉到背诵的程度,切记不能对着屏幕信息读稿录音。

4. 分页录制

PPT 的视频输出功能,最大的好处就是可以一页一页地精心制作幻灯片,而不必像其他屏幕录像软件那样,在临近一个节目录制即将完成的时候,如果突然出现发音错误或思路卡顿就需要停机重拍或二次剪辑。

在 PowerPoint 2010 版本出现之前,网上许多著名高校的影视教学作品制作多为两种方法：一是使用双机位(两台摄像机)直接录制名师课堂教学的人和教学投影(影音同期声)，再进行后期合成制作；二是在摄影棚录制名师模仿课堂教学的表演过程(需要导演、摄像、监制等人员参与)，后期将语言表达以添加字幕的方式编辑制作。第一种方法的缺点是教师课堂教学中的语病、疏漏、卡顿等现象会显现出来，但其制作成本较低；第二种方法堪称完美，分镜头的反复拍摄(多条)只有在导演满意时才停拍，制作出的视频在播放时犹如电影大片，教师讲演动作优雅，语言通顺、流畅，字幕动感、美观，但其制作成本很高(制作费每分钟至少以百元计算，商业广告则以秒为计时单位)。上述示例都是以团队形式、大资金投入完成的，只有 PPT 的视频输出能个人独立实现。

 小提示

　　对于一个已经完成排练计时和旁白录制的课件，若要进行某一页的修改或重新录制，当录音完毕需要退出时，一定要按"Esc"键，千万不要"翻页"后再退出。若翻页后再退出，则下一页的录音已被清除。

　　完成一个自己满意的视频课件，分页录制是最为费时的一步，故可称之为举步维艰的战斗。

5. 观看审查

这一步是十分轻松惬意的时刻，也是观看审查每页教学效果的真实反馈。通过系统提供的自动播放能，在欣赏教学制作成果的同时发现不足之处，针对某页进行重新录制，直至该页的教学内容讲解满意为止。所以，使用 PPT 的视频转换功能，其效果比屏幕拷贝的方式更为精美。

6. 视频转换

最后的视频转换时间可谓是休闲的时光。此时，PPT 的视频转换过程交付于计算机独立运算完成，我们只需要耐心等待即可。

7.3.2 排练计时和旁白录音

如果想将 PPT 文件转换为视频，首先我们需要对幻灯片中的不同元素设置自动播放模式，尤其需要注意一点，就是要对动画的播放效果设置自动播放。同时，我们需要设置 PPT 的多张幻灯片的切换方式为自动播放，设置幻灯片的切换方式为自动定时播放。这一步的工作就是上述"分页录制"步骤中所讲的内容。

设置自动播放的目的是为了在视频转换时实现静态页面中各条内容能够有序地展现。如果没有语言旁白，只需要使用"排练计时"功能即可，如图 7-16 所示。点击"排练计时"后，按照心里的预计时间，使页面上设置的动画条目一一翻过。此时，系统已为每个动画设计记录了过渡时间。对于没有计时设置的幻灯片，系统在视频转换时按每 5 s 一张幻灯片的默认持续时间录制。

制作教学课件的视频，不仅要有计时设置的操作，还要有录制教学内容的过程。这一过程需要使用的是"录制幻灯片演示"，此项操作包括了计时设置和旁白录制的两个内容。

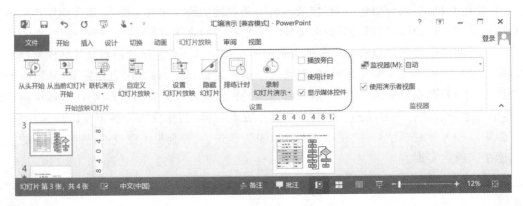

图 7-16　排练计时的操作界面

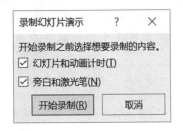

图 7-17　旁白录制窗口菜单

点击"录制幻灯片演示"选项,将弹出下拉菜单。有两个选项:一是"从头开始录制",二是"从当前幻灯片开始录制"。我们一般使用的是"从当前幻灯片开始录制"的选项,点击此选项以后,将弹出窗口菜单,如图 7-17 所示,"幻灯片和动画计时""旁白和激光笔"这两个复选项都是我们需要的。只要点击"开始录制"即可开始工作;停止录制时只需点击键盘上的"Esc"键即可。

小提示

在连续录制幻灯片的计时和旁白时,一定要在本页面的旁白说完以后,稍停片刻再翻页。不然,在翻页过程中的那段语言将被丢失。另外,在观看审阅时注意勾选图 7-16 中的"播放旁白"和"使用计时",不然,幻灯片的播放将处于手动状态。

7.3.3　导出视频

当每页幻灯片的制作完成以后,我们就可以实现"视频转换"步骤中的操作任务,将其转化为视频格式了。如果不考虑转换后的分辨率问题,可以直接点击"另存为"按钮,在保存格式的下拉菜单中指定输出视频格式为"MPEG 4"或"Windows Media"。

系统默认的是高分辨率 960×720 用于计算机显示器和投影仪。若为了选择较低的分辨率,以降低视频文件的存储容量,则要使用文件的导出功能。点击"导出"选项后将打开相应的操作界面,如图 7-18 所示。

在右边的横向菜单中选择"创建视频",在横向弹出的三级菜单"计算机和 HD 显示"的右侧点击小箭头,将展现出可创建视频的三种分辨率选项:上面的是高分辨率;下面的是低分辨率;中间的是"用于上载到 Web 和刻录标准 DVD(中-640×480)",此选项的分辨率可使视频文件减少一半的存储容量,对于线上教学可以选用,但分辨率较差,适合于小窗口的播放模式。

之后,在提示窗口中输入所要导出的视频文件名和存放位置,点击"导出"按钮即可实现 PPT 文件转视频格式的输出任务。

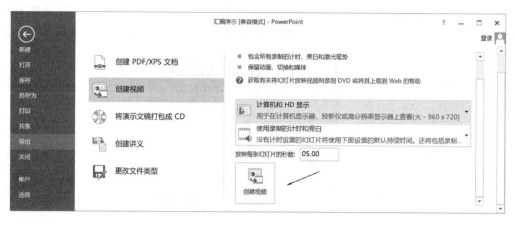

图7-18 导出视频文件的操作提示

通常PPT文件在录制旁白后,存储容量将增大约20倍(视讲解内容而定);若转换为高分辨率文件(960×720)将再增大10倍以上的存储空间;若使用中分辨率保存视频节目,其存储空间将会减半,但清晰度在仔细观察时会略有下降。

 小提示

　　PPT视频输出功能是Office 2010版本的特别奉献,但旧版软件(如97~2003版)制作的幻灯片节目,虽然可以添加排练计时和旁白录音,节目效果也比较好,但在转制录像时系统将不能完成此项任务,当进行文件保存时,系统会弹出疑问窗口,如图7-19所示。此时,千万不能点"继续",不然,保存的文件将丢失辛苦录制的旁白配音。

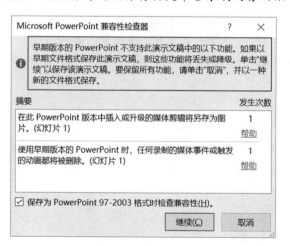

图7-19 系统兼容性检查

　　解决办法:在配音之前,先将旧版文件另存为Microsoft PowerPoint演示文稿(.pptx格式),之后再进行计时和录音工作即可。

　　PPT的视频转换技术与屏幕录像技术相比各有千秋。PPT的视频转换技术使用了"排练计时"和"旁白录制"功能,降低了视频制作的难度。不要忘记使用系统所提供的"激光笔"(见

图 7-20)。因为在视频转换时鼠标的运动轨迹荡然无存,Microsoft 公司为此专门设计了激光笔以显示讲解位置,提高视觉效果。只不过在录制计时和旁白时,要提高激光笔的调用速度。

图 7-20　幻灯片播放时的激光笔调用

同时使用 PowerPoint 的激光笔和图形动画会使演讲报告增光添彩。

练　习

1. 打开 PowerPoint 软件,制作一幅具有动画效果的幻灯片。
2. 打开 PowerPoint 软件,制作一幅配有音乐的幻灯片。
3. 打开 PowerPoint 软件,制作一幅具有影视播放内容的幻灯片。
4. 打开 PowerPoint 软件,制作五幅具有动画和音效的幻灯片,并生成 MP4 格式的电影节目。

第8章 矢量图形的绘制——Visio

Microsoft Visio 是 Windows 操作系统下运行流程图和矢量图的绘图软件,它是 Office 组件的一部分。但是,Visio 通常以单独形式出售,并不捆绑于 Microsoft Office 套装中。

Visio 2019 是最新推出的正式版办公系统套件,它的清爽外表和简洁的设计功能,搭配高效的流程和逻辑匹配,让很多用户爱不释手。Visio 2019 是 Microsoft 公司开发的图表设计软件,可以让用户在软件上设计流程图、甘特图、思维图等,内置丰富的设计工具,结合大部分 Office 的设置功能,让这款软件更加适合办公使用,让用户可以在自己熟悉的界面工作。

对于理工科专业,文章和作业中常常需要插入电子线路图、电气工程图、网络结构图、程序流程图等,文章中的插图一般要求使用"矢量图形"。为此,本章专门对 Visio 矢量图形的绘制操作技巧进行介绍。

8.1　Visio 及操作步骤

目前,许多重点院校对学生的毕业设计和论文等资料中的图形,要求使用专业的绘图工具(Visio)绘制。为使本书中的 Office 组件构成系统链条化,讲述 Visio 软件时仍以 2013 版为准。

8.1.1　Microsoft Visio 2013 简介

Microsoft Visio 2013 与以前的版本在外观上有所不同,但它的汉化界面可以帮助用户快速入门。Visio 与许多提供的有限绘图功能的捆绑程序不同,Visio 提供了一个专用、熟悉的 Microsoft 绘图环境,配有一整套范围广泛的模板、形状和先进工具(见图 8-1)。利用它可以轻松自如地完成论文、论著中的程序流程图、软件结构图、电路设计图等,使论文、论著或演讲报告条理清晰、图文并茂。

大多数图形软件的操作应用依赖使用者的艺术技能。然而,Visio 以可视方式传递重要信息,如打开模板将形状拖放到绘图中,使专业图形的绘制变得十分轻松。在 Visio 2013 版本中,新增功能和增强功能使得创建 Visio 图表更为简单、快捷,令人印象更加深刻,使文章耳目一新,使演讲报告精彩动人。

8.1.2　Visio 2013 的新增功能

Visio 2013 不仅在易用性、实用性与协同工作等方面,实现了质的飞跃,而且其新增功能和增强功能可以更轻松地将流程、系统和复杂信息可视化,使得创建 Visio 图表更为精美和流畅,令人印象更加深刻。下面简单介绍 Visio 2013 的新增功能。

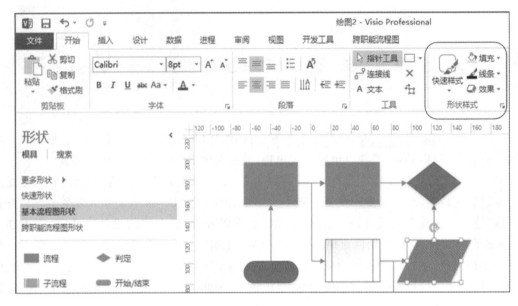

图 8-1　Visio 2013 软件的操作界面

1. 更新的模板

使用模板可以快速开始工作,可以快速启动所需的绘图类型,可以在"文件"选项卡上找到模板。Visio 2013 增添了高达 60 种绘图模板(见图 8-2),用户能够快速开始几乎所有类型的绘图,包括组织结构图、甘特图、网络图、平面布置图、电路接线图以及流程图等。软件中还将最受用户欢迎的模板按类别进行颜色标记,如果没有看到所需的模板,通过 Visio 2013 可以使用结合了强大的搜索功能的预定义 Microsoft SmartShapes 符号来查找计算机上或网络上的合适形状,从而轻松创建图表。

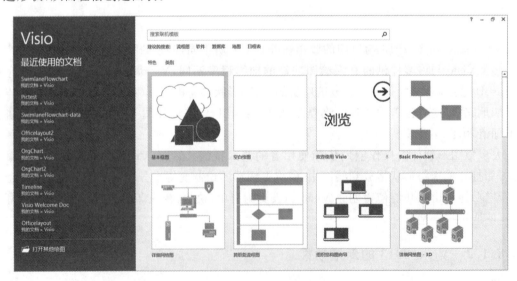

图 8-2　Visio 2013 的绘图模板

小提示

甘特图（gantt chart）又称横道图、条状图（bar chart）。其通过条状图来显示项目、进度和其他与时间相关的系统进展的内在关系随时间进展的情况。

每种模板在称为模具的专用形状集合中包含与绘图类型相关的形状。"形状"窗口在绘图的左边，包含所制作的图表类型中最受欢迎的模具和形状。开始执行时，将形状从"形状"窗口中拖到绘图工作区。

2. 新颖的图片效果设计

Visio 2013 可使绘图具有引人注目的专业外观。使用一组主题应用协调的颜色或者使用其中一种颜色变体进行自定义，两种情况下，都可以在"设计"选项卡上查找库，使指针在每个库选项上滚动，可实时预览绘图的外观（见图 8-3）。

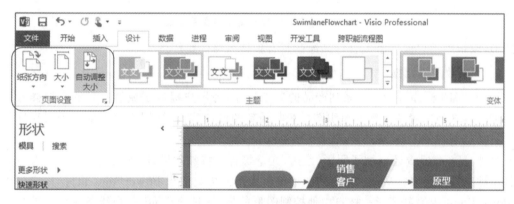

图 8-3 预览绘图的外观

Visio 2013 还可以向形状添加更多视觉效果。例如填充颜色、渐变、阴影或三维效果，就像在其他 Office 程序中给图形添加效果一样，可使用"开始"选项卡上的"形状样式"组（见图 8-1 的右侧）所提供的工具使绘制的图形更加美观。

3. 轻松将数据链接至图表和形状

使用 Visio 2013 中新增的数据链接功能，可自动将图表链接至一个或多个数据源，例如 Office Excel 2013 电子表格或 Office Access 2013 数据库。使用直观的新链接方法，用数据值填充每个形状属性（也称为形状数据）来节省数据与形状关联的时间。通过使用新增的自动链接向导，可将图表中所有形状链接到已链接的数据源中的数据行。Visio 2013 的数据库关联功能可将图表中的任意形状与实时数据关联（见图 8-4），使复杂数据更容易浏览和理解，使绘制页面中的数据形象更直观；还可以通过在形状上添加颜色、图标、符号和图形，使数据更直观、易懂。

4. 组织图模板的强化功能

组织图模板是 Visio 最常用的范本之一，新版本的 Visio 2013 全面更新了组织图模板功能。用户可以使用崭新的组织图精灵加载外部数据来源或图片，轻松地绘制美观的组装图。另外，Visio 2013 还内置了各种组织图样式，除了常用的长条形之外，还有圆形、格状、花瓣状

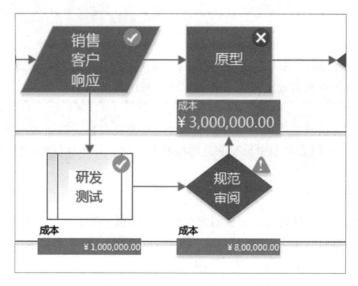

图 8-4 Visio 2013 的数据库关联功能

等图形,以帮助用户根据个人喜好来绘制具有独特风格的组织图。

5. 更精致的设计感

Visio 2013 整合了 Office 系列产品的美工图库,为用户提供了焕然一新的图形样式。同时 Visio 2013 还内置了崭新的组织图模板与最新的设计款式,让用户可以依照个人喜好的设计风格来绘制各种图表。

另外,Visio 2013 还新增了阴影、柔边、光晕等各种特殊效果,以帮助用户绘制具有专业水平且个性独特的图表。Visio 2013 的图形编辑操作方法类似于 PowerPoint 组件,用户可以像在 PowerPoint 中绘制图形一样自由地控制图形的样式、填充颜色、选择线条颜色和效果。对于平时常用 PowerPoint 的用户来说,Visio 2013 是一项不可多得的利器,可借此制作出更高水平的项目报告。

6. 更丰富的主题和变体

Visio 2013 强化了布景主题与快速样式的外观自定义功能,可以帮助用户制作出独具风格且更具整体感的图表。用户只需在"设计"选项卡的"主题"与"变体"中选取喜好的样式,便能一次变更图表整体的外观设计。

7. 新增修改图形功能

Visio 2013 新增了图形修改功能,可以协助用户将已完成配置的图形修改成其他图形,让图表一目了然。在旧版本中修改图形时,必须先删除原有图形,添加新图形,并重新进行设定。但是,在 Visio 2013 中,用户只需选择需要更改的图形,执行"开始"→"编辑"→"更改形状"命令,即可快速更改现有的图形。

8. 无须绘制连接线便可连接形状

只需点击一次,Visio 2013 中新增的自动连接功能就可以将形状连接,使形状均匀分布并对齐。在移动连接的形状时,这些形状会保持连接,连接线会在形状之间自动重排。

9. 使数据在图表中更引人注目

使用 Visio 2013 中新增的数据图形功能,从多个数据格式设置选项中进行选择,轻松地以引人注目的方式显示与形状关联的数据。只需点击一次,便可将数据字段显示为形状旁边的标注,并将数据字段直接放在形状的顶部或旁边。

10. 小组共同协作

Visio 2013 新增了小组共同协作的功能,该功能可以实现小组成员共同编辑图表(或者使用网页浏览器共同检阅图表),以及增加或编辑批注等。

8.2 Visio 的操作技巧

8.2.1 Visio 的基本操作步骤

1. 基本操作步骤

Visio 绘制图形的七个步骤如图 8-5 所示。当然,这些操作步骤并非是一成不变的,而是可以灵活运用的。

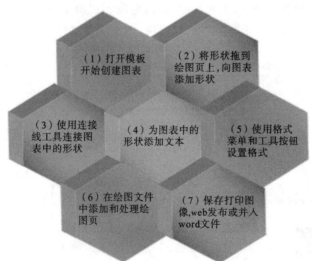

图 8-5 Visio 绘制图形的七个步骤

2. 常用工具和命令的路径

为方便大家在应用中快捷地寻找解决问题的具体操作,可使用表 8-1 方便、快速地查找 Visio 中一些常用的工具和命令。

8.2.2 Visio 的图形绘制技巧

电路图是通过各种电器元件的图形符号来描述具体电路中的各种线路、用电器和仪表之间的连接关系。下面以简单的"双控开关示意图"为例,说明 Visio 2013 绘图的基本操作步骤。

表 8-1　Visio 中一些常用的工具和命令

若要…	点击…	然后在以下位置查找…
创建或打开绘图,保存、打印或共享绘图,改进 Visio 的工作方式	文件	"新建""打开""保存""另存为""打印""共享""导出"和"选项"组
添加或编辑文本,为形状指定样式,对齐和排列形状	开始	"字体""段落""形状样式"和"排列"组
添加图片、CAD 绘图、文本框、容器或连接线	插入	"插图""图部件"和"文本"组
将专业配色方案应用于绘图,添加背景	设计	"主题""变体"和"背景"组
检查拼写,添加或回复批注	审阅	"校对"和"批注"组
启用网格线与参考线,启用"形状数据"窗口	视图	"显示"和"视觉帮助"组

在 Visio 的具体使用中,七个步骤的先后次序可以灵活运用,至于先输入信息还是先连接各个图块,视个人的工作习惯而定。一般操作过程如下。

（1）在 Office 软件包中调出 Visio 2013 绘图软件（见图 8-1）。

（2）执行："新建"→"类别",在展开的类别中选择"工程"选项,页面列出关于工程项目的多个模板（见图 8-6）,如基本电气、工业控制系统、电路和逻辑电路、系统、部件和组件绘图、流体动力等。在弹出的模板中点击"基本电气"选项,创建模板文档。

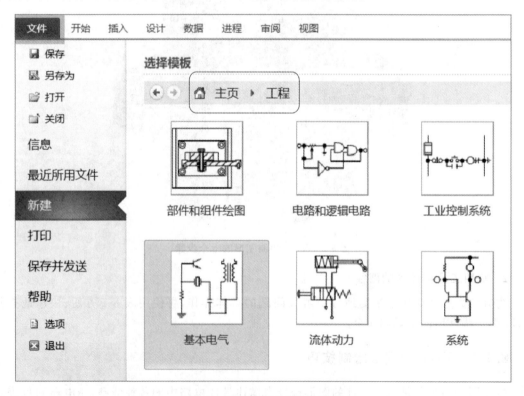

图 8-6　工程绘图中的相关模板

（3）点击"设计"（见图 8-3 功能栏的左侧），进行页面设置。例如使用 A4 纸，选择横放模式。

（4）在形状下的模具栏，系统默认的是"基本项"。常用的电气模具有电阻器、电容器、交流电源、直流电源、电感器、晶体等（见图 8-7）。将模具中的交流电源形状添加到绘图页面中，在"开关和继电器"模具栏中将双联开关添加到绘图页面，并调整它们的大小和位置。

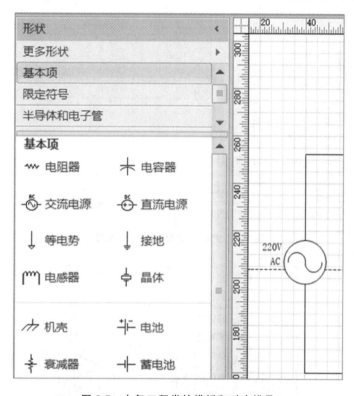

图 8-7　电气工程类的模板和对应模具

（5）在基本形状添加调整好以后，使用"传输路径"模具中的传输路径实现化纤动能。Visio 的"传输路径"画线具有自动捕捉连接点的功能。对于拐点，则使用"接合点"模具使拐角连线无缝对接。

（6）在图形绘制完成之后，点击："开始"→"工具"→"文本"，进入文本输入的操作方式，可为图形添加文字标题标示和其他说明。完成的简单双向开关电路如图 8-8 所示。

（7）Visio 的矢量图形文件保存格式为"＊.vsd"。通常在 Word 文档中可以直接使用粘贴的方式插入 Visio 绘制的图形。

用 Visio 可以绘制晶体管、集成电路、自动控制电路、通信系统电路等的复杂图形。例如，点击"电路和逻辑电路"模板后系统窗口将呈现电子元器件的"形状"模具图形栏，后续工作就是按照插图要求绘制电路图形，插入的图形可以改变大小、旋转和翻转等，具体操作有两种：一是直接操作控制柄拖曳和旋转；二是右键点击对象，在"形状"的级联菜单中有垂直翻转和水平翻转等操作选项（见图 8-9）。

其实，Visio 也有其缺点，由于它的图形模板过于程式化，使输出的图形不能随意变更它的格式，造成绘制的图形不尽完美，如图 8-10 所示的由 Visio 完成的输入/输出控制电路的"三态

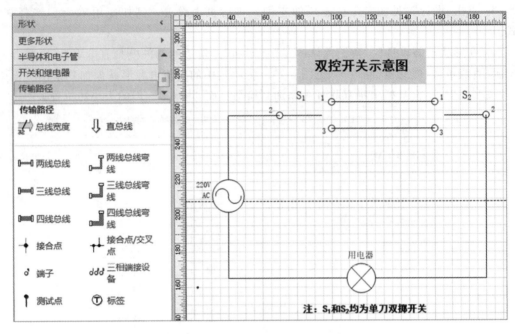

图 8-8　完成的简单双向开关电路

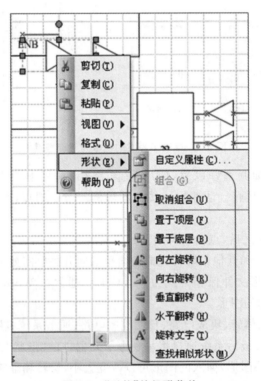

图 8-9　"形状"的级联菜单

门"控制端(ENB)连线就不尽人意。不过像 Visio 这样的 Office 通用组件,能够满足日常办公和学习多方面的需求,的确是一个不错的智能助手。

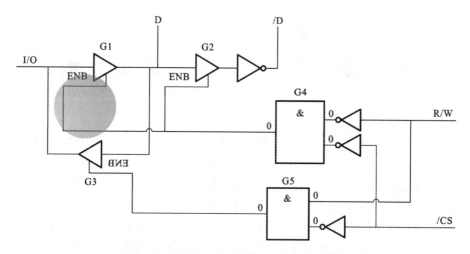

图 8-10　由 Visio 完成的输入/输出控制电路

练　　习

1. 使用 Visio 软件,绘画出一幅电子电路图。绘画内容可由教师指定。
2. 使用 Visio 软件,为论文等文档添加矢量图形。绘画内容可由教师指定。
3. 练习将绘制的多个图形组合成一个整体,并试试拖曳移动。

第9章 PDF 文档及信息获取

目前，PDF 格式的文档资料在网络上广为流传，如百度文库、网络图书馆、学校试题库等。PDF 是 portable document format 的缩写，意为便携式文件格式，是 Adobe 公司开发的适用于不同计算机平台之间传送和共享文件的一种开放式电子文件格式。经过几年的发展，PDF 已得到公认，成为网络出版行业事实上的工业标准。现在，无论使用何种计算机平台或应用软件编辑的文件几乎都可转换成 PDF 文件，再通过文件拷贝或电子函件传送，用 PDF 阅读器就能在另外任何一台计算机的屏幕上浏览与印刷效果（文字、图形、影像）完全相同的式样，还能全真地打印出来。

9.1 PDF 格式文件的信息转换

PDF 是一个以图像模式保存的文件，可有效避免不同版本的文稿处理软件、不同操作系统平台对文档编辑和格式定义所出现"乱稿"现象。

9.1.1 PDF 文件的特点

PDF 文件具有跨平台、高压缩、适合屏幕阅览和网络传输、文件保护、电子批阅、打印质量高等优点，结合编辑实际应用，可简述如下。

（1）忠实再现原文：PDF 格式的文件能如实保留原来的面貌和内容，以及字体和图像，屏幕上文件可以放大到 800％ 而丝毫不失清晰。浏览和打印可以根据需要选择定制程序，创建不同尺寸和不同精度的 PDF 文件。这也是在教学和演讲中深受欢迎的原因之一。

（2）兼容性：不依赖所使用的计算机硬件配置、操作系统和创建文件的应用程序。用户只需安装一个免费的 PDF 阅读软件，就可以在 Windows 系统上阅读由苹果机操作系统创建的 PDF，也可以在纯英文版的操作系统下打印含汉字的 PDF 文件。

（3）稳定性：PDF 采用自包容技术，将图像、图形、文字都包含在一个文件中，任何输出（激光打印、数码大样、照排机）都不会出现文字和缺图的问题，利用新版的方正发排软件可以像识别和输出 S2 文件一样直接识别和输出 PDF 文件，得到激光照排胶片，而 PS 文件的输出则经常出现文字和图像的问题。

（4）可修改性：PDF 具有一定的可修改性，如图像格式、线条、文字、数字、符号、版面缩放、版面裁切等，用于印前的改版非常方便，是目前最理想的改版方式。

（5）文件保护：PDF 文件可以进行加密，控制敏感信息的访问权限，防止 PDF 被改动或打印，因而能用来传送有知识产权的电子文件。

小资料　什么是 PS?

这里的 PS 是 PostScript 的缩写,是 Adobe 公司开发的一种可编程打印控制语言。日常看到的 PostScript 打印机就是指支持"PostScript"语言的打印机。

现在常用的打印控制语言有三种:一种是针打的标准,EPSON 公司的 EPSON 打印控制语言,凡是针式打印机都标明同 EPSON 兼容,其实这里的兼容就是指支持 EPSON 打印控制语言;一种是 HP 的 PCL,即 print control language 的缩写;还有一种就是 PostScript。

PostScript 是一种页面描述语言,由 Adobe 公司于 1985 年开发成功。PostScript 最重要的用途是以设备无关方式描述图形,这样,同一个描述可以不加修改地在任一台 PostScript 打印机上输出。另外,用 PostScript 还可以在计算机屏幕及其他绘图设备上绘图,可以在屏幕上显示相应的 PostScript 文件。由于 PostScript 可以满足上述条件,所以在网上广为流行。

9.1.2　PDF 文件的获取方法

数码信息保存为 PDF 格式的文档通常有两种方式。一种是使用扫描仪对图书资料进行光电转换,保存为 PDF 格式的图像文件。这种 PDF 格式的文稿不能直接转换为计算机代码信息,学校试题库中的信息资料皆为此种模式。另一种方式是通过软件实现数字信息的转换,经过编码处理后生成 PDF 文件格式。这种格式的文稿可以使用软件直接转换为计算机代码在 Word 等编辑器中编辑处理。

1. 图书资料的扫描处理

以 Canon 扫描仪(型号 CanoScan LiDE 90)为例介绍操作方法。这台扫描仪使用 USB 接口,没有指示灯,前面板有 4 个按钮用于不同操作功能的选择,从左至右分别是 COPY、PHO-TO、PDF、E-MAIL。这里着重介绍 PDF 的操作方法。

Scan Gear 软件是该扫描仪的驱动程序,在按下"PDF"按钮时会弹出一个窗口,询问是否"总是使用该程序进行这个操作",如图 9-1 所示。

如果选择图 9-1 所示的内容,点击"确定"键后,操作系统为了生成 PDF 文档,将先调用图像大师——Photoshop 作为扫描后的加工处理软件,接着再展开 Scan Gear 软件的操作界面(见图 9-2)。

扫描仪的操作方法通常较为简单,本设备的操作窗口左侧区域是扫描图像展示区,右侧是操作控制的参数设置窗口。扫描文档的处理方式有三种模式:简单模式、高级模式、多项扫描。在工作实践中,常用的操作模式是简单模式,其他操作模式不再赘述。

2. 扫描的操作步骤

图书资料的扫描过程分为三步:选择来源、显示预览效果和执行扫描。

1) 选择来源

扫描对象可以是照片、杂志、报纸和文档,不同的设置直接影响文档的存储空间大小。对非彩色印刷的教材等图书资料,最好选用"文档(灰度)"模式。

2) 显示预览效果

点击"显示预览效果"按钮后,扫描仪进行扫描预览,窗口的工作区展现被扫描的内容,并有闪烁的虚线框。此后还有四项可操作内容：目标、输出尺寸、调整裁剪框和图像修正。

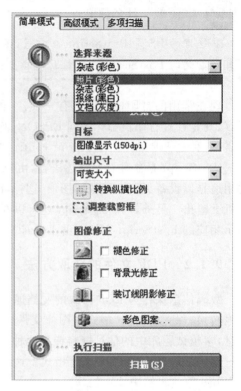

图 9-2　Scan Gear 软件的操作界面

图 9-1　操作程序的启动选择

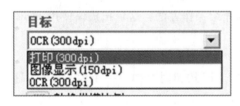

图 9-3　图像输出分辨率的设置

（1）目标：即图像输出分辨率的设置，有打印（300 dpi）、图像显示（150 dpi）和 OCR（300 dpi），如图 9-3 所示。

（2）输出尺寸：一般选择"可变大小"，这样可以依据实际图像的尺寸保存文件。

（3）调整裁剪框：通过闪烁边框线的拖曳，可以转化选择框内的信息资料。

（4）图像修正：褪色修正、背景光修正、装订线阴影修正，都是可复选框操作，根据需要因人而异。

一般而言，如无特殊需要，上述四项操作以默认参数即可。

3）执行扫描

完成以上各项操作内容后，点击"执行扫描"按钮，开始正式扫描输出，屏幕提示"请不要打开扫描仪盖板"（见图 9-4）。

待"工作进度条"填满之后，正式扫描输出的图像展现在 Photoshop 的编辑区中，此时可以使用 Photoshop 提供的各项图像加工工具对扫描图像不满意的地方进行后期加工修补。如果不需要修改图像，可直接输出保存，选择保存为 PDF 格式（见图 9-5）。

选择好文件的保存路径，填写与信息内容相关的文件名，然后在文件格式框内选择 PDF 格式，在点击"保存"按钮后还会出现保存文件的编码方式选择，有 ZIP 格式和 JPEG 格式两

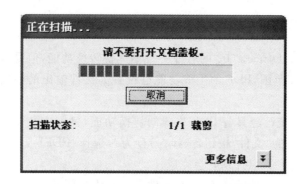

图 9-4 扫描提示

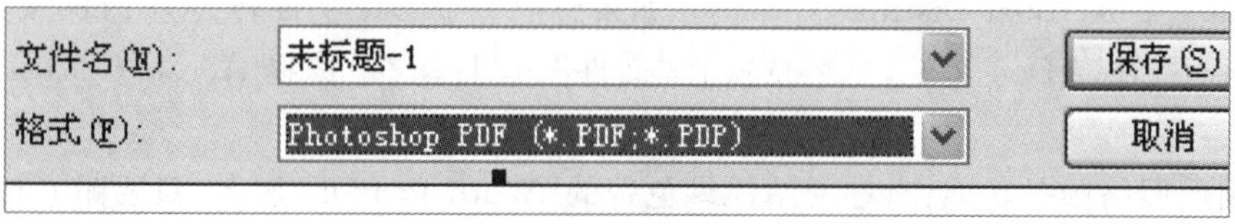

图 9-5 选择保存为 PDF 格式

种,一般采用默认的 JPEG 格式(见图 9-6),点击"好"按钮保存文件。

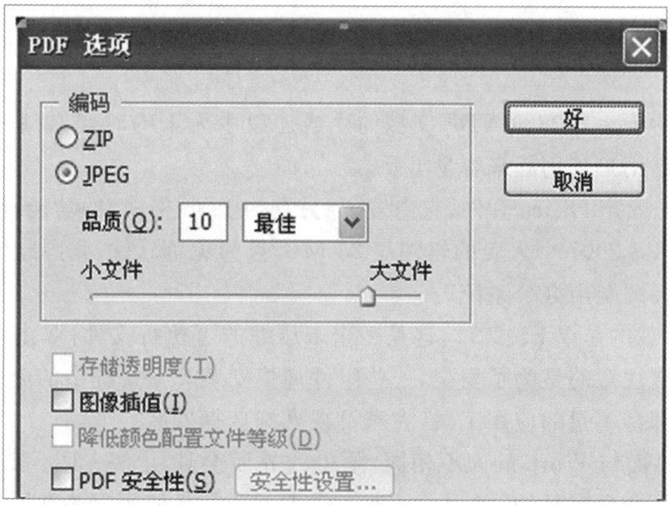

图 9-6 保存文件的编码方式选择

9.2 计算机代码信息的 PDF 文件

在微机应用中,编辑软件所处理的文档都是以代码的形式存在,这些计算机代码可以使用相应的 PDF 转换软件直接生成 PDF 文件,而不像纸质介质上的图文信息需要使用扫描仪的光电识别才可以完成上述工作。

计算机代码转换 PDF 文档格式的方法很多,下面仅介绍 Word、WPS 和 PDF 文档的组合。

9.2.1 Word 文档的转换方式

PDF 的格式转换在 Office 2003 的软件中暂不具备转换功能,但是 Microsoft 新近推出的 Office 2013 扩展了应用范围,PDF 的生成功能已设置为文件输出的一项格式,下面介绍几种常见方法。

(1) 新版 Office 系统已经具备 PDF 格式的转换功能,例如安装了 PDF 转化加载项后的 Word 2007,点击左上角的"文件"按钮,选择"另存为",选择"PDF"或"XPS",在弹出的对话框中输入文件名等,点击"发布",片刻就会完成。

(2) 使用软件将 Doc 文件转换为 PDF 文件。该方法主要通过 Adobe 公司提供的 Adobe Distiller 虚拟服务器实现,在安装 Adobe Acrobat 完全版后,在 Windows 系统的打印机任务中就会添加一个 Acrobat Distiller 打印机。如果想把一个 Doc 文件转换为 PDF 文件,只要用 Office Word 打开该 Doc 文件,然后依次在"文件"→"打印"中选择 Acrobat Distiller 打印机即可。

(3) 利用网络服务功能:有些网站提供免费的"Word to PDF"服务,只要耐心地搜寻网络的服务项目,就有可能找到某个网站提供该项免费服务,接下来的过程是:上传文件→实施后台转换→PDF 文件的下载。这里需要注意的是文件的版权问题,有的网站承诺"立刻删除原始文件",有的没有承诺。

9.2.2 新版 WPS 提供 PDF 生成功能

在 Microsoft Office 2003 对 PDF 文档的生成还束手无策的时候,新版的 WPS 软件却具备了这一功能,并且用户使用起来容易上手。

WPS 是优秀的国产 Office 套件,它内置了"另存为 PDF 格式"的功能,使得计算机的代码转换变为易事。WPS 2007 个人版的软件仅 23 MB,且为免费软件,我国政府和官方部门使用的就是国产办公软件"金山办公系统"。

目前网上可下载的是 WPS 2012,这是一个未压缩的可执行文件,双击该文件的图标即可开始安装,只不过要注意的是为了安全,一些组件谨慎安装。系统提供的金山词霸、快压、影音风暴、金山卫士等都是不错的应用工具,大家可视喜好选择安装。

WPS 的操作界面与 Word 的大不相同,陌生的界面会让用户一时不知所措,但通过仔细分析,用户上手还是非常容易的,因为在日常工作中无非就是使用那些常用的功能。其具体操作方法如下。

(1) 打开 WPS 文字编辑软件(见图 9-7),调出需要进行 PDF 格式转换的文档,如"新书资料. doc"。

(2) WPS 文本编辑的常用命令藏于左上角的弹出菜单下,点击蓝色标示右边的小箭头,将弹出用户熟悉的常用命令,如文件、编辑、视图、插入等菜单命令。点击"文件"将弹出下级的级联菜单,倒数第二个操作命令就是"输出为 PDF 格式",如图 9-8 所示。

(3) 将鼠标指针滑动在"输出为 PDF 格式"上,点击鼠标,系统弹出对话框(见图 9-9)。点击"浏览"按钮,可以选择保存文件的位置;点击"高级"按钮,可对 PDF 文件进行诸如"输出选项""权限设置"等操作。

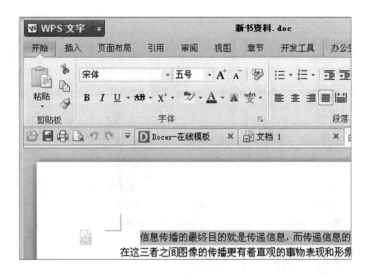

图 9-7 WPS 2012 的操作界面

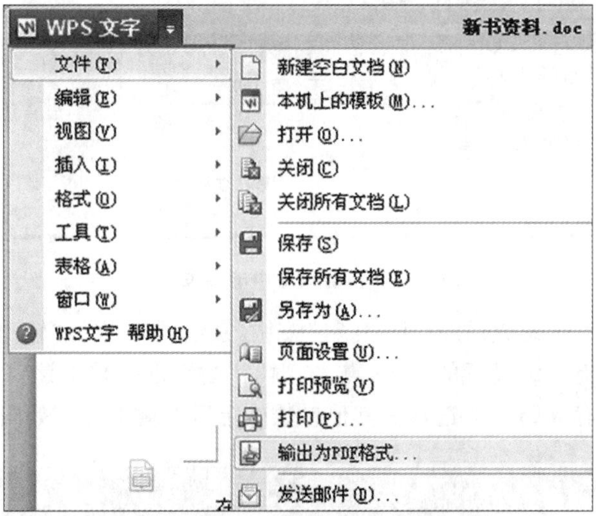

图 9-8 PDF 文件格式的输出命令

图 9-9 文件输出的相关设置

（4）PDF 文件格式的优点之一，就是具有较好的版权保护功能。点击"高级"按钮后，系统弹出对话窗口，如图 9-10 所示。其中权限设置的操作就有"权限设置"和"文件打开密码"两处密码的设置，多层次的保护作者权益。"输出选项"中的超链接、书签等，若无特殊要求，可按默认参数执行。

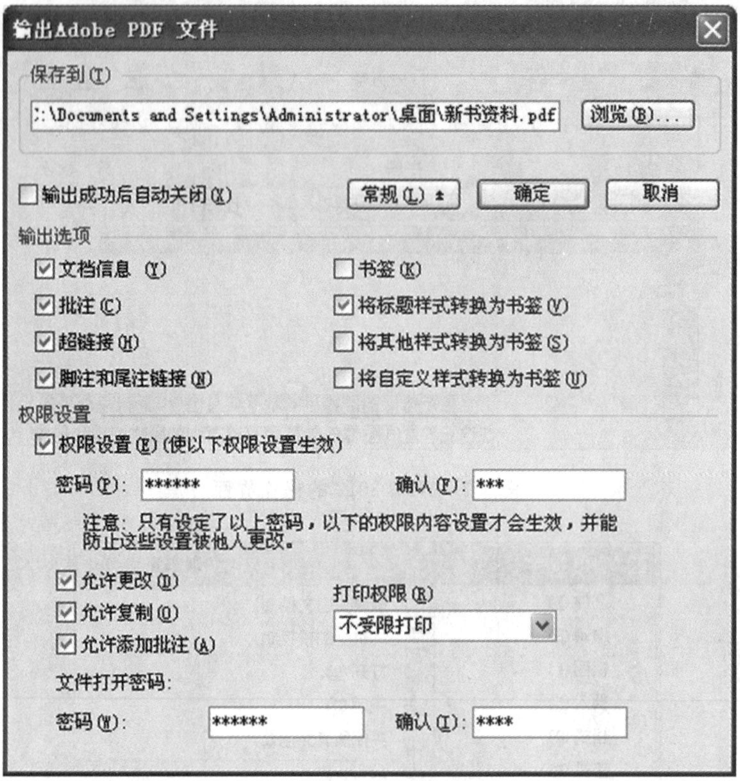

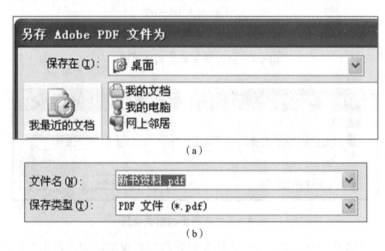

图 9-10　高级设置中的相关信息

（5）在各项设置工作完成后，点击"确定"按钮，系统弹出的是"输出 Adobe PDF 文件"。在第（3）步中，如果没有高级设置的要求，点击"浏览"按钮也是弹出该窗口。这里所做的工作仅是文件名的确定和存储路径的选择。其他参数确定后的输出界面如图 9-11 所示。

（a）

（b）

图 9-11　其他参数确定后的输出界面

小资料

　　WPS 的中文释意为文字编辑系统,是金山软件公司的一种办公软件。它最早出现于 1989 年,在 Microsoft Windows 系统出现以前、DOS 系统盛行的年代,WPS 曾是中国最流行的文字处理软件。WPS 最新正式版为 WPS 2012,另外 WPS 2009 专业版也已面世。

　　更加专业的 PDF 格式编辑软件是英文版 Acrobat 4.0,它直接支持的四类文件格式如下。

　　(1) PDF 文件。

　　(2) Microsoft Office(Word、Excel、PowerPoint),FrameMaker 和 Word Perfect 文件。

　　(3) 图像文件(tif、gif、Png、jpeg、bmp、Pcx、le)。

　　(4) url、tml 和 Ascii 文本文件。

　　在 Windows 版的 Acrobat 中,只要使用"文件"→"打开",则打开的属于上述四类应用程序的文件,就可以一步转换为 PDF 格式的文档。

9.2.3　PDF 文档的组合技巧

　　运用软件将 Word、WPS 等代码信息生成 PDF 文档,其内容保持原样、页码顺序不变。将其作为教学稿件或网络电子书刊,使用十分方便。

　　通过扫描仪生成的 PDF 文档在保存时每一个扫描页都需要占用一个文件名。在教学和演讲中,如果一次次地打开 PDF 演示文稿,显然十分笨拙。下面介绍使用 PDF 编辑器合并 PDF 文档的操作方法。

　　PDF Edit 是一套免费且功能强大的 PDF 文件编辑软件。PDF Edit 软件的功能包括了建立文件链接、书签功能、将多份 PDF 文件合并于一份 PDF 文件中、调整页面大小与版面格式、水印、抽取出 PDF 文件的文字、为文件加上页码等多项功能。这些功能可为 PDF 文件增加更多的可读性和操控性。

　　本文仅介绍"集创建"的操作,其他功能留作学生自我开发应用。具体方法如下。

　　(1) 打开 Foxit PDF Editor 软件,界面显示的菜单有文件、视图和帮助三项。窗口的左边是常用工具,从上至下分别为创建一个新的 PDF 文档、打开一个现有的 PDF 文档、关闭该文档、保存 PDF 文档、删除选定的对象和添加一个新的对象。

　　(2) 当打开一个 PDF 文件后,窗口菜单增加了多项操作内容:编辑、对象、页面和窗口(见图 9-12)。首先选定需要衔接 PDF 文档的页面,再点击"导入页面"操作项,屏幕弹出下一步操作的提示,如图 9-13 所示。

　　(3) 导入页面一般插入到"当前页面之后";"页面范围"操作项中选择"页面",导入文件所需的页面;点击"浏览"按钮,寻找需要导入的 PDF 文件,"打开"窗口如图 9-14。

　　(4) 选定导入文件后,系统自动将新的 PDF 页面衔接在指定位置。之后还可以对新添加页面的文档进行诸如文字、图像、书签等方面的加工和属性设置。在完成文档的编辑工作后,注意用"另存为"方式保存新的 PDF 文档(见图 9-15),避免覆盖原始文件。当然,如果不需要保留原始文件,可以点击"保存"按键。

Foxit PDF Editor - [经济应用文写作2.pdf]
文件(F) 编辑(E) 对象(O) 页面(P) 视图(V) 窗口(W) 帮助(H)
转到页面... Ctrl+G
第一页(F) Alt+T
上一页(P) Alt+P
下一页(N) Alt+N
最后一页(L) Alt+L
插入页面
删除页面
导入页面
导出页面
版面
页面属性
:5867
中国财经大
财经管理类专业
一
二

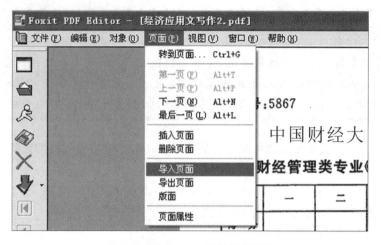

图 9-12　迷你 PDF 编辑器的界面

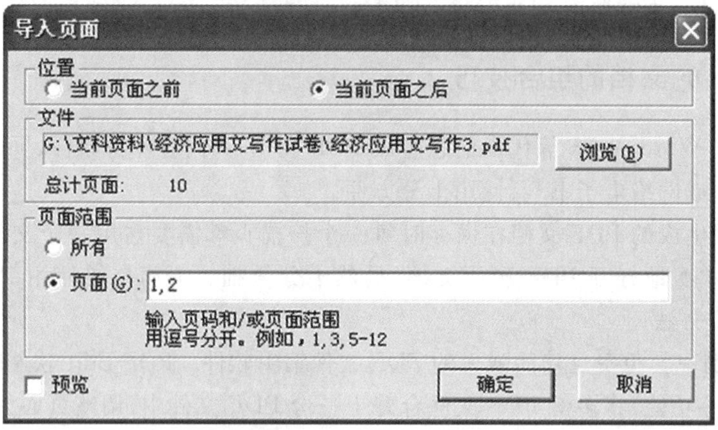

导入页面
位置
当前页面之前
当前页面之后
文件
G:\文科资料\经济应用文写作试卷\经济应用文写作3.pdf
浏览(B)
总计页面: 10
页面范围
所有
页面(G): 1,2
输入页码和/或页面范围
用逗号分开。例如，1,3,5-12
预览
确定
取消

图 9-13　导入文件的具体操作提示

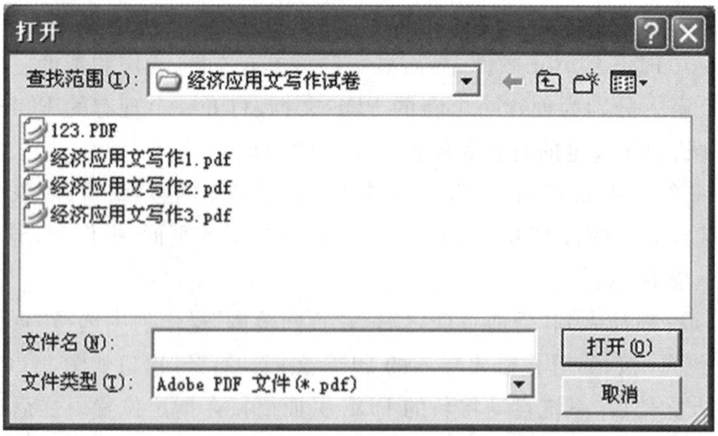

打开
查找范围(I): 经济应用文写作试卷
123.PDF
经济应用文写作1.pdf
经济应用文写作2.pdf
经济应用文写作3.pdf
文件名(N):
打开(O)
文件类型(T): Adobe PDF 文件(*.pdf)
取消

图 9-14　“打开”窗口

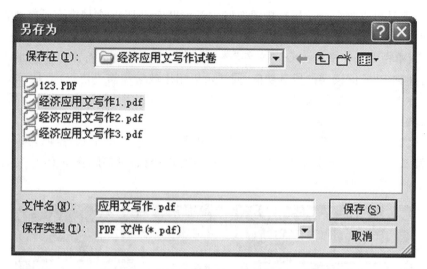

图 9-15　用"另存为"方式保存新的 PDF 文档

9.3　PDF 文件中的信息获取

通过以上内容的学习,大家已经了解了 PDF 格式的文档源自代码转换和图像扫描两种方式。在使用中,区分两种格式文档方法是:用光标选取文字内容,如果能像编辑软件 Word 中那样,选中的文字区域出现颜色(如蓝色),证明它是由代码转换生成的 PDF 文件;如果光标划过,界面上的文字区域没有任何变化,说明它是图像模式。对于不同来源的 PDF 文件其文字信息的获取方法也不同。

9.3.1　经代码转换的 PDF 文件字符信息的获取

ScanSoft PDF Converter for Microsoft Word v1.0 是一款非常好的 PDF 向 Doc 格式转换的工具。它是由 ScanSoft 公司和 Microsoft 公司共同组队开发的一个全新的 Office 2003 插件。该插件可以通过 Word 直接将 PDF 文档转换为 Word 文档,并且完全保留原来的格式和版面设计。

如果没有安装上述插件,则可以在 PDF 阅读器中打开 PDF 文件,用光标选取相应文字内容,在选取对象后(选中的区域出现颜色),使用复制文本的方法粘贴到 Word 中,即可实现 PDF 向 Doc 格式的文字转换功能。

9.3.2　CAJ 软件的识别文字

CAJ 全文浏览器(CAJViewer 7.x)是中国期刊网的专用全文格式阅读器,它支持 CAJ、NH、KDH 和 PDF 格式的文件。

CAJ 文档阅读器可以打开非特殊格式加密打印转化的 PDF 文档,运用清华文通授权使用的 OCR 技术(运用模式识别理论而研制出的光学识别技术),不仅可以将常见的 PDF 文档内容识别出来,而且可以将完全采用扫描图像格式转换出来的 PDF 文档内容可靠地识别出来。

图像扫描中的文字识别方法一般分以下三个步骤。

(1)在菜单栏中选择操作指令:"文件"→"打开",选择需要进行文字识别的 PDF 文件。该软件具备迷你 PDF 阅读器的所有功能,同样可以用于教学和演讲使用,但是 CAJ 所占据的空间要比迷你 PDF 阅读器的大得多,主要是它的文字识别功能需要硕大的字符模式比较库。正是如此,CAJ 被大众所热捧。

(2)在菜单栏中执行"工具"→"文字识别",如果没有"文字识别"命令项,可以点击弹出菜单下的"双箭头"将工具菜单栏展开,在常用工具栏有快捷操作按钮(图 9-16 中左起第四个带阅读镜、字、A 样式的图标)。

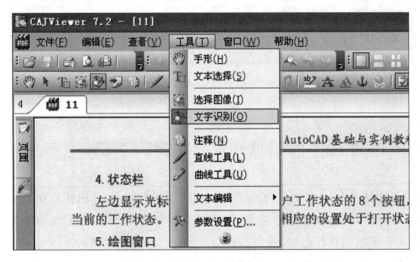

图 9-16 CAJ 阅读器的操作界面

执行"文字识别"命令后,鼠标的"箭头"标示将变为"十字"标示,此时拖动鼠标选择需要进行文字识别的区域,确定待识别区域后,松开鼠标左键时界面将自动弹出对话框,显示所识别的文字内容(见图 9-17)。

OCR 技术堪称能够识别 95% 以上的字符信息,识别率的高低主要取决于扫描文件的质量。对报纸、杂志等文字内容,字符的识别率可以达到 100%;对科技书刊,由于文中存有特殊符号、公式等,其识别率有所下降。

图 9-17 中的文章为一般文字性描述,其识别效果不错。注意在文字识别时,显示的字符信息以对话框的边界进行换行、以识别选择框的边界进行分段,所以在文稿发送之前最好进行简单的编辑工作。

对于科技文献或扫描不清晰的 PDF 文档进行文字识别,会出现一点小错误或乱码,甚至可能出现同样的字符一处出错而另一处正确的现象。所以在文稿发送前,一定要对照原稿的内容进行一次细心的校对、修改,此法将事半功倍。

再快、再好的计算机也会有容量和速度的要求,为了准确、高效地进行文件的转换工作,最好还是分段识别,并且所选区域不要太大,这样方便及时校对文字识别中的错误。如果非要识别全文的话,只需把识别框拉大,即按住左键别放,用滑轮往下拖到底就可以"全选识别"了。

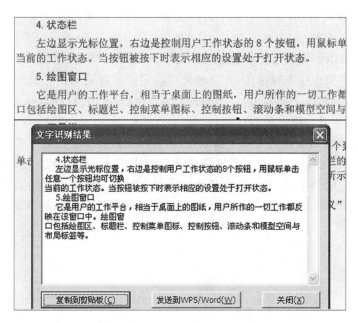

图 9-17　选中区域的字符转换效果

（3）经过文字识别后的文稿内容有两个存放选择，但通常直接发送到 WPS/Word 文档中。这样，当转换完所有需要的文字信息时，Word 软件下的 DOC 文档也同时编辑完成了。

点击"发送到 WPS/Word"按钮，弹出文稿发送位置和连接方式对话框，如图 9-18 所示。

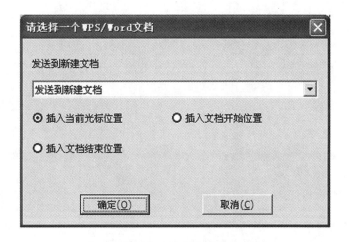

图 9-18　获取的字符信息存放位置选择

在弹出框内指定所识别的文字信息需要发送到新建文档还是某个文件，点击"弹出"菜单，指定衔接的文档。在编辑软件中，所发送的文字片段其衔接方式有三种选择：插入当前光标位置、插入文档开始位置和插入文档结束位置。三种选择是单选项，常用的是第一种。在采用"插入当前光标位置"时，注意适时调整 Word 中段落设置光标的位置。

9.3.3　PDF 编辑应用与展望

在编辑工作中，经常会遇到读者求购专题技术资料，每一个专题资料的年需求量为几十份,如果将资料印刷成书本,单本的成本可能很高,如果以普通的电子文本发行,又很容易被盗用。

利用 PDF 出版电子资料是比较理想的方式,在将所编辑的电子文本转成 PDF 之前,可设定一些特殊格式,增加一些版权标志,并在转化时设定可更改的密码。这样,每份专题资料可浓缩至几百千字节或几兆字节大小,用户得到 PDF 资料后可选择打印,但又不能随便翻印,在一定程度上保障了作者和编辑部的权益。

目前,PDF 在网络出版业的应用十分兴旺,许多网络数据中心已经采用 PDF 向网络用户提供原版原样的期刊论文文件,使用者可深切感受到 PDF 带来的便利。随着现代远程教育的普及、电子书刊的广泛利用,广大学员和其他网络用户对信息保真传送的需求也会逐步增多,届时 PDF 也许会像 Doc 文档一样为用户所熟悉,越来越多的人将会采用 PDF 进行电子文件交流。

练　习

1. 将一篇 WPS 格式的文档转换成 PDF 格式的文档保存文件。

2. 练习使用CAJ 全文浏览器的文字识别功能,将部分 PDF 文件的图像内容转换成 Word 或 WPS 的文字编码内容。

第 10 章　多媒体技术应用

随着计算机技术和智能手机的普及应用,多媒体信息与技术得到了广泛推广,多媒体课件、多媒体演讲报告、多媒体广告、多媒体影视作品等使人应接不暇,时代的发展与进步对学生、教师和办公人员的知识技能有了更高的要求。与时俱进、顺应时代发展、掌握计算机应用新技术,对于提升办公自动化技能和自身价值势在必行。

多媒体应用在日常事务中称为"多媒体演讲报告",在教学中称为"多媒体课件",两者在应用形式和操作对象上虽有差别,但在素材的获取、加工、制作等方面完全相同,为使后续课程在概念上取得一致,将其统称为"多媒体作品"。

10.1　多媒体技术概论

多媒体的概念包含"多媒体信息"和"多媒体技术"两个方面。多媒体信息指的是知识范畴,而多媒体技术指的是客观事物;多媒体信息借多媒体技术而得以展现,多媒体技术因多媒体信息需求而得以发展。

10.1.1　多媒体知识

通俗地讲,多媒体是将多种媒体(包括文本、图片、动画、视频和声音等)有机地组合在一起。多媒体强调互动性,用户通过选择和控制参与其中。使用多媒体计算机能够制作高保真声音、三维图像、逼真图片、电影片段和动画等,多媒体作品的展现比比皆是,它既是强有力的教学工具,又能为政府报告或就业竞聘增光添彩,还能提供广泛的商业服务,在家庭娱乐中同样能带给用户愉悦和享受。

1. 媒体的知识范畴

媒体一词来源于拉丁语"medium",音译为媒介,意为两者之间。它是指信息在传递过程中,从信息源到受信者之间承载并传递信息的载体和工具。也可以把媒体看作为实现信息从信息源传递到受信者的一切技术手段。从信息传播理论来讲,媒体有两层含义,一是承载信息的物体,二是存储和传递信息的实体。

(1)媒体类别:主要媒体有报纸、广播、电视、互联网、杂志、手机、传真等。传统的四大媒体分别为报纸、杂志、广播、电视。此外,还有户外媒体,如室外电子广告屏、路牌灯箱广告等。随着科学技术的发展,衍生出新的媒体,例如IPTV(交互式网络电视)、电子杂志、影视广告墙等,它们是在传统媒体的基础上发展起来的,但与传统媒体又有着质的区别。

(2)各种媒体应用的次序:报纸为第一媒体;广播为第二媒体;电视为第三媒体;互联网为第四媒体;移动网络为第五媒体。其中,后两种属于新媒体范畴。

（3）媒体的表现形式：就我国目前现行的媒体来讲，媒体按其形式可划分为平面媒体、电波媒体、网络媒体。

① 平面媒体主要包括印刷类、非印刷类、光电类等。

② 电波媒体主要包括广播、电视广告（字幕、标版、影视）等。

③ 网络媒体主要包括网络索引、平面、动画、论坛等。

2. 多媒体的定义

"多媒体"一词译自英文"multimedia"。一般情况下，我们所指的多媒体就是指媒体。关于多媒体的定义，大家意见较为一致的是，"多媒体"是指能够同时获取、处理、编辑、存储和展示两种以上不同类型信息媒体的技术，这些信息媒体包括文本、声音、图形、图像、动画、视频等。

由此不难看出，多媒体本身是计算机技术与视频、音频和通信等技术的集成产物，是把文本、图形、图像、音频、视频和动画等多种媒体信息，通过计算机进行采集、量化、压缩、存储、编辑等加工处理，再以单独或合成形式表现出来的一种方式。因此，可以把多媒体看成是拥有高科技水准的新技术或新产品。

10.1.2 多媒体技术

1. 多媒体技术的含义

多媒体的实现离不开现代科学技术的发展和进步。多媒体技术的定义是：计算机综合处理多种媒体信息，使多种信息建立逻辑关系，集成一个具有交互性的系统。简单地说就是，计算机综合处理文、图、声、影等信息，使之具有集成性和交互性。

多媒体技术有两个显著特点：一是集成性，它将计算机、声像、通信技术融为一体，是计算机、电视机、录像机、录音机、音响、游戏机、传真机的性能大综合；二是充分的交互性，它可以形成人与机器、人与人、机器与机器之间的互动，互相交流的操作环境和身临其境的场景，人们可根据需要进行控制，人机相互交流是多媒体最大的特点。其他特点还有多维性、实时性和非线性，在此不进行过多的阐述。

2. 多媒体系统

多媒体信息的操控与呈现靠的是先进的计算机和通信技术的创新与发展，在教学和演讲中通常使用的是多媒体系统。一般的多媒体系统主要由如下四个部分组成：多媒体硬件系统、多媒体操作系统、媒体处理系统工具和用户应用软件。

（1）多媒体硬件系统：包括计算机硬件、声音/视频处理器、多种媒体输入/输出设备、信号转换装置、通信传输设备及接口装置等。其中，最重要的是根据多媒体技术标准研制生成的多媒体信息处理芯片、光盘驱动器等。多媒体硬件系统也就是通常所说的"多媒体计算机——MPC"。

（2）多媒体操作系统：又称多媒体核心系统，具有实时任务调度、多媒体数据转换和同步控制多媒体设备的驱动，以及图形用户界面管理等功能。如 Microsoft 公司开发的 Windows 系统就属于该类型。

（3）媒体处理系统工具：又称多媒体系统开发工具软件，是多媒体系统的重要组成部分，如二维、三维动画设计软件，专业影视加工软件等。

（4）用户应用软件：根据多媒体系统终端用户要求定制的应用软件或面向某一领域用户的应用软件系统，它是面向大规模用户的系统产品。

10.1.3　网络时代新概念

随着网络技术的发展，新的名词和用语不断衍生，超文本、超媒体、流媒体、新媒体，移动通信中的 4G、5G 服务等。网络中的"超"字是指人们在信息的调用方面，通常不是必须按照一定顺序和线性的思维方式，"超"体现了超越人的常规思维习惯和工作方式。在网络技术中，使用"超链接"技术满足应用需求。

1. 流媒体

流媒体是指采用流式传输的方式在 Internet/Intranet 播放的媒体格式，如音频、视频或多媒体文件。流媒体在播放前并不下载整个文件，只将开始部分的内容存入内存，在计算机中对数据包进行缓存并使媒体数据正确地输出。

流媒体的数据流随时传送、随时播放，只是在开始时会有些延迟。显然，流媒体实现的关键技术就是流式传输，流式传输主要指将整个音频和视频及三维媒体等多媒体文件经过特定的压缩方式解析成一个个压缩包，由视频服务器向用户计算机顺序或实时传送。在采用流式传输方式的系统中，用户不必像采用下载方式那样等到整个文件全部下载完毕，而是只需经过几秒或几十秒的启动延时，即可在用户的计算机上利用解压设备对压缩的 A/V、3D 等多媒体文件进行解压并播放和观看，此时多媒体文件的剩余部分将在后台的服务器内继续下载。

2. 新媒体

新媒体（new media）是利用数字技术，通过计算机网络、无线通信网、卫星等渠道，以及计算机、手机、数字电视机等终端，向用户提供信息和服务的传播形态。从空间上来看，"新媒体"特指当下与"传统媒体"相对应的，以数字压缩和无线网络技术为支撑，利用其大容量、实时性和交互性，可以跨越地理界线最终得以实现全球化的媒体。相对于报纸、杂志、广播、电视等传统意义上的媒体，新媒体被形象地称为"第五媒体"。

广义的新媒体包括两大类：一是基于技术进步引起的媒体形态的变革，尤其是基于无线通信技术和网络技术出现的媒体形态，如数字电视、IPTV（交互式网络电视）、手机终端等；二是随着人们生活方式的转变，以前就存在，现在才被应用于信息传播的载体，例如楼宇电视、车载电视等。狭义的新媒体仅指第一类，是基于技术进步而产生的媒体形态。

3. 全媒体

全媒体这一名词时常出现在电视屏幕上。全媒体指媒介信息传播采用文本、声音、影像、动画、网页等多种媒体表现手段，利用电影、出版、报纸、杂志、网站等不同媒介形态，通过融合的广电网络以及互联网进行传播，最终实现多种终端均可完成信息的融合接收，实现任何人在任何时间、任何地点，以任何终端获得任何想要的信息。

全媒体的特点如下。

（1）全媒体是人类现在掌握的信息流手段的最大化集成者。从传播载体工具上可分为报纸、杂志、广播、电视、音像、电影、出版、网络、电信、卫星通信等。

（2）全媒体并不排斥传统媒体的单一表现形式，而且在整合运用各媒体表现形式的同时，仍然很看重传统媒体的单一表现形式，并视单一形式为"全媒体"中"全"的重要组成。

（3）全媒体体现的不是"跨媒体"时代的媒体间的简单连接，而是全方位融合——网络媒体与传统媒体乃至通信的全面互动、网络媒体之间的全面互补、网络媒体自身的全面互溶。总之，全媒体的覆盖面最全、技术手段最全、媒介载体最全、受众传播面最全。

（4）全媒体在传媒市场领域里的整体表现为大而全，而针对受众个体则表现为超细分服务。

4. 自媒体

自媒体是指普通大众通过网络等途径向外发布其本身的事实和新闻的传播方式。自媒体英文为 we media，是普通大众经由数字科技与全球知识体系相连之后，一种提供与分享其本身的事实和新闻的途径，是私人化、平民化、普泛化、自主化的传播者，以现代化、电子化的手段，向不特定的大多数或者特定的个人传递规范性及非规范性信息的新媒体的总称。

自媒体从意义上，可以分为广义自媒体和狭义自媒体两个概念。狭义自媒体是指以单个的个体作为新闻制造主体而进行内容创造的，并且拥有独立用户号的媒体。从广义自媒体的定义出发，广义自媒体区别于传统媒体的是信息传播渠道、受众、反馈渠道等方面。这样自媒体的"自"就不再是狭隘的了，它是区别于第三方的自己。以前的传统媒体是把自己作为观察者和传播者，自媒体可以理解为"自我言说"者。因此，在宽泛的语义环境中，自媒体不单单指个人创作，群体创作、企业微博（微信等）都可以算是自媒体。

10.2 文档中的图表

多媒体元素中图像的应用最为广泛，论文、论著中的插图则是必不可少的内容。一幅与文稿内容相得益彰的插图不仅使文章增光添彩，还可减少许多文字说明，使之图文并茂。但是，文章在插图应用方面有一定的学问，处理不当会使文章逊色。

10.2.1 图表在信息传递中的作用

图表是图像和表格的代名词。将丰富多彩的图片和文字融合在一起，生成"图文并茂"的文章，再加上演讲人的才华，将事半功倍。例如，两幅对比图无声地说明了"公交化"的优势，如图 10-1 所示。

信息传播的最终目的就是传递信息，而传递信息的三个主要方面是图像、文字和声音。试验证明：人类获取的信息 83% 来自视觉，11% 来自听觉，其他来自嗅觉、触觉和味觉。人们对图像、符号的反应与记忆有着较大的差异，对图像所传达的丰富信息接收得最为充分，并且保持记忆的时间最长，与抽象图形或者其他符号相比记得更牢固。

在图像、文字和声音三者中，图像在我们的视觉文化的信息传播上是一个非常重要的传播媒介，它有着其他媒介不能达到的效果，它的直观、迅速、高效、客观存在的特点，给受众者视觉化的信息。随着社会生活节奏的加快，信息时代各种信息传播的迅捷、"知识爆炸"要求人类掌握更多的知识以，提高获取信息的效率，图像在信息传播过程中的影响也越来越大。

信息图表或信息图形是指信息、数据、知识等的视觉化表达。信息图表通常用于复杂信息高效、清晰地传递，信息图表在计算机科学、数学以及统计学领域也有广泛的应用，以优化信息

图 10-1　两幅对比图无声地说明了"公交化"的优势

的传递。例如财务报表、气象云图、教材等。

10.2.2　插图的技术要求

论文和著作中的插图有着一定的技术标准,在撰写文章时应力争使自己的绘画和图像符合印刷界的技术要求,只有这样,才能使出版的图书清晰、精美。

1. 插图类型

在实际工作中,文稿的插图类型多数情况下是一致的,但有时也有多种类型,如下。

(1) 手绘稿插图。

(2) 图文混排中的插图,即由文字处理软件经图文混排后打印出来的稿件中的插图。

(3) 另页打印插图。这种图形或图像一般是由专业软件、仪器打印的,以另页的形式附在稿件中。还有的是由各行业专用仪器或软件生成图像后直接打印的图像,如气象图、地质勘探图、脑地形图等。

(4) 照片,包括光学相机和数码相机拍摄的照片。从存储的方式来看,这些图像又可分为数字化图像和非数字化图像。在科研创作中,作者不仅要使稿件中的图像清晰,还要配合印刷部门的工作,提供稿件中插图的原始电子图像文件,以利于工厂对图像进行处理。

2. 插图的技术标准

对于计算机图像处理来说,影响电子图像质量的因素有分辨率(DPI)、清晰度、对比度、色彩还原度、图像的存储模式、显示计算方法(位图或矢量图)、显示设备及色彩模式等。插图的技术要求如下。

(1) 手绘插图和照片:可经扫描仪生成电子图像。在扫描时,应使仪器的性能及参数设置处于最佳状态,以取得较好的效果。对于黑白及灰度图像,以灰度扫描为宜。扫描仪分辨率建议不要小于 300 ppi。对于彩色插图,如不能进行彩色印刷,可直接以灰度方式扫描或经彩色扫面后转为灰度图。

(2) 图形对象及位图:稿件中以图形对象形式生成的图像,其分辨率只有 72 ppi,即使经过 Photoshop 等进行技术处理,效果也不理想。如果原始分辨率在 600 ppi 以上,处理后的效果还是可取的。对像素较低的位图或图形图像,如果内容是相对简单的几何图形,建议以其为"底图",利用编辑软件提供的绘图工具重新制作为矢量图形。对内容复杂、丰富的灰度图及彩色图像,可把图片插入 Word 文本中,改变显示比例,尽量放大,再通过屏幕截图粘贴到图像处理软件中进行处理。另外,要注意屏幕截图的效果和显示器的分辨率是正相关的,显示器的分辨率 800×600 与 1280×1024 下的效果有明显的差异。这种方法也适用于稿件中的图形对象插图。

(3)矢量图:由图文编辑软件提供的"绘图工具"产生的都是矢量图,纯粹的矢量图的印刷效果是完美的。

(4)清晰度、对比度、色彩还原度的调整:对于清晰度,调整至屏显满意即可;对于灰度图的对比度,一般来说,由于印刷时油墨扩散的影响,建议对比度、饱和度较屏显满意程度稍弱一点,印刷后可取得满意效果;对于彩色照片,进行后期加工时要注意其清晰度、对比度和色彩,尤其是层次感。

为获取最佳的图书质量,作者要积极与印刷人员进行沟通,对正式印刷前的样品严把质量关,使自己的作品达到最佳效果。

 小资料

像素每英寸(pixels per inch,PPI)是描述在水平的和垂直的方向上,每英寸距离的图像包含的像素数目。因此 PPI 数值越高,就代表显示屏能够以越高的密度显示图像。当然,显示的密度越高,逼真度就越高。照片的标准大约是 300 ppi。

10.2.3 屏幕截图

Microsoft 公司的文稿处理软件 Word 的制胜法宝是:图文混排,所见即所得。用户若能够正确使用 Word 提供的各项功能,将使日常工作增光添彩。

使用 Word 编辑文档时,插入适当的图形、图像可使文章图文并茂,著书、演讲效果更好。由于"图像文件"内容丰富、信息量巨大,即使在插图操作时稍有技术上的偏差,一般也是看不出有何不同的。若插入的是"图表文件",如与计算机教学相关的屏幕截图,在不满足"插图的技术标准"时,则会在屏幕显示或印刷出版上达不到满意的效果。

1. 屏幕拷贝

对计算机屏幕显示内容的截图,通常是使用 Microsoft 公司提供的"屏幕拷贝——Print Screen"功能,然后将存放于"剪贴板"的截屏图像粘贴于 Word 或其他文档中。若需要对图像进行调整,则使用 Word 所提供的"图像工具"进行常规性的操作。也正因如此,"压缩"与"拉伸"使图像中的字符信息的分辨率发生了变化,可能会产生插图模糊的后果。

"屏幕拷贝"的确是一项不错的功能,键盘一般都自带截屏键。截屏键的标示方法较多,其英文键盘常为"Pr"开头的字符,如 Print/Screen、PrScrn、PrtSc/SysRq、PrtSc 等。中文键帽则直接写:截屏键、印屏幕等。屏幕拷贝功能键一般位于键盘右侧编辑键的上方(见图 10-2),通过它可实现屏幕信息的拷贝。屏幕拷贝的键盘操作有以下两种模式。

（1）复制桌面：按下 Print/Screen 键，将会截取全屏幕的画面，并保存于剪贴板中。注意，此时的全屏截取图像的每行像素是 1280 或 800，远比正常使用的文稿 A4 纸宽得多。如果将全屏拷贝的图像信息粘贴在 Word 文档中，系统会自动将其压缩以适合页面宽度的要求，此时的计算机操作界面图像中的字符信息将模糊不清。

（2）抓取当前活动窗口：使用"Alt＋Print Screen"组合键进行抓图，此时抓取的仅是当前活动窗口。如果该活动窗口的几何尺寸小于在编文档纸张的幅面，粘贴后可以呈现清晰的图片，例如图 10-3 所示。

图 10-2　屏幕拷贝功能键

图 10-3　活动窗口抓取示例

当前的计算机操作系统都是服务于多任务和多用户的，故计算机屏幕界面上可以同时打开多个应用软件，显示出多个窗口（平铺或叠加），但是"当前活动窗口"只有一个，如果屏幕上的窗口是多层叠加形式的，则为最上面的一个。

此外，一些聊天工具也带有截屏功能，如常见的腾讯 QQ，在登录后按下快捷键"Ctrl＋Alt＋A"即可截图；如果使用的是微信则按下快捷键"Alt＋A"，这样就可以在屏幕上的任何地方截屏，还可以在截屏图片上进行一些简单的注释和处理，非常方便。

 小提示

　　快捷菜单和弹出菜单不等于活动窗口。活动窗口是软件提供的一些可选择的操作功能，是用来进行"人机会话"的界面。活动窗口可以单独获取，而快捷菜单和弹出式菜单则不可以。

2. 矢量图和位图

计算机中使用的图形有两种格式：矢量图和位图。它们之间有着巨大的差别。

（1）矢量图使用直线和曲线来描述图形，这些图形的元素是一些点、线、矩形、多边形、圆和弧线等，它们都是通过数学公式计算获得的。

矢量（vector）图，也称向量图。矢量图是根据几何特性来绘制图形的，矢量可以是一个点或一条线，矢量图靠程序生成，文件占用存储空间较小，因为这种类型的图像文件包含独立的分离图像,可以自由、无限制地重新组合。它的特点是放大后图像不会失真,与分辨率无关,文件占用存储空间较小,适用于图形设计、文字设计、标志设计、版式设计等。矢量图的最大缺点是难以表现色彩层次丰富的逼真图像效果。

(2)位图(bitmap),也称点阵图、栅格图、像素图,简单地说,就是由像素构成的图,缩放会产生失真。

构成位图的最小单位是像素,位图由像素阵列的排列来实现其显示效果,每个像素有自己的颜色信息。在对位图图像进行编辑操作的时候,可操作的对象是每一个像素,我们可以改变图像的色相、饱和度、透明度,从而改变图像的显示效果。举个例子来说,位图图像就好比在巨大的沙盘上画好的画,当你从远处看的时候,画面细腻多彩,但是当你靠得非常近的时候,你就能看到组成画面的每粒沙子以及每粒沙子单纯的不可变化的颜色。

矢量图一般用来表现可以编辑的几何图形,位图一般用来表现自然景色的图片。数码相片属于位图,不同需求的位图像素数不同,家庭摄影一般设定为 300 万(3 M)像素即可,广告摄影时可设定为 1000 万像素或更高。一张 200 万像素的照片保存时占用约 500 KB 的空间,使用 300 万像素时占用 1.1 MB 空间。例如佳能相机 60D 的最大像素为 1800 万,若使用最大像素拍照,保存为 RAW 格式,该照片将占用 25 MB 左右的空间(像素为 1000 万时,照片大小为 16 MB 左右)。

数码相机拍照时,分辨率设定要依据实际应用的需求设置。

 小资料

M——million(百万),是反映数码图片分辨率的像素数,这里不作为存储单位使用。

10.3 小巧的"抓手"——Snap Hero

屏幕截图的方式很多,如 QQ、网页等都提供屏幕截图的工具。下面介绍的是一款小巧而独立的软件——Snap Hero(东方抓图英雄),一款国产免费软件,可以轻松抓取计算机屏幕任意区域、窗口、对象和桌面全屏(也称截图)。点击软件上的"抓屏"按钮后,拖动鼠标即可抓取屏幕上的任意区域到文章中,支持自动连续抓取某个窗口、对象和全部桌面,抓取后的计算机屏幕图片可以保存为 BMP、JPG、GIF 等多种图像格式的文件。该软件界面友好,是程序设计、计算机美工人员和日常办公必备的抓图工具。

10.3.1 操作界面介绍

Snap Hero 软件小巧,1.0 版本的软件大小才 315 KB,V2.6 绿色版软件大小是 330 KB。虽然该软件占用的存储空间较小,但它的屏幕抓图效果不可低估。与 QQ 等网络提供的截图工具相比,Snap Hero 更具独立性、易用性。

Snap Hero 是一个可执行文件,不需要安装即可直接使用。用户可以使其产生一个小手形状的快捷图标,放在桌面等处以方便调用(见图 10-4)。

需要使用该软件时,双击图 10-4 中的"抓手"样式快捷图标,此时 Snap Hero 的操作界面如图 10-5 所示。

图 10-4　Snap Hero 的快捷图标

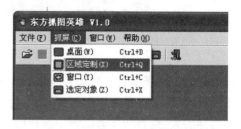

图 10-5　Snap Hero 的操作界面

Snap Hero 软件的菜单只有文件、抓屏、窗口和帮助四项,"文件"菜单下的操作内容主要是关于文件的打开、关闭、保存和退出四项;"抓屏"菜单下有桌面、区域定制、窗口和选定对象四项;"窗口"菜单下有叠层、平铺和自定义三项;"帮助"菜单下主要是关于反馈意见和建议等内容。

Snap Hero 软件的使用,我们主要关心的是"抓屏"和"保存"功能,其他各项功能在此不赘述。抓屏中的几项定制分别表示如下。

(1) 桌面:快捷键为"Ctrl＋D",该操作拷贝整个屏幕,与键盘上的"Print Screen"键(一键录屏)作用相同。

(2) 区域定制:该项操作是"抓手"软件最为抢眼的功能,它可以抓取屏幕上任意小的图形面积。选择该项功能后,鼠标指针将变成"十字"形,可在所需选用的界面范围上从左上角拖向右下角,此刻在窗口工作区将呈现出所取画面。

(3) 窗口:抓图对象若是窗口,它的功效类似于"Alt＋Print Screen"快捷键。当软件展开的窗口最大化显示时,这项操作等同于拷贝整个屏幕。

(4) 选定对象:选择此项功能时,鼠标变成一只小手,可在屏幕上用点击的方法指定一个对象作为拷贝内容。

10.3.2　使用方法

1. 操作技巧

桌面和窗口的抓取十分简单,但对"弹出菜单"等闪现的屏幕信息进行抓取还是有难度的。例如图 10-4 的抓取,就是通过"二次加工"的方法得到的。

如何抓取操作界面的弹出菜单? 在操作软件的活动窗口,当几何尺寸大于编辑文档的页面时,如何抓取清晰的插图? 抓图的二次加工是解决问题的利剑。

所谓"二次加工",就是利用图片工具中的"重设图片"功能展开被压缩的画面,再通过抓图软件截取所需的清晰内容。

图片工具栏有 14 个按钮(见图 10-6),各项功能从左到右依次是插入图片、颜色(包括自动、灰度、黑白、冲蚀)、增加对比度、降低对比度、增加亮度、降低亮度、裁剪(逻辑上的裁剪)、向左旋转 90 度、线性、压缩图片、文字环绕、设置图片格式、设置透明色、重设图片。通过最右侧的"重设图片"操作,被压缩的图片就可以恢复原来的大小。

抓图的二次加工方法:在软件的弹出菜单(多级级联菜单)出现时,点击"Print Screen"键,

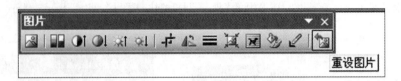

图 10-6　图片工具栏

抓取桌面的全屏信息。然后在 Word 中新建一个文档,通过页面设置将 A3 纸横向放置(A4 纸横放时,满足屏幕拷贝的宽度要求,但高度不足,粘贴后图像会以压缩的方式存放),形成一个满屏的大"画布",将剪贴板中保存的桌面图像进行粘贴。因为此时的图像尺寸小于纸张幅面,图像未被压缩,所以抓取的图像字迹清晰、明快。最后,调用 Snap Hero 抓图软件,选用"区域定制"功能抓取所需的图像内容。

如果所采集图像的几何尺寸大于纸张的文字编辑区宽度,系统将对图像进行自动压缩调整,此时粘贴图片上的字迹将模糊不清。此书中的图片宽度约为 500 像素。

2. 保存方式

抓取的图像可以以文件的方式单独保存,通常选用 JPEG 格式。当然也可以选取其他格式保存,如 Microsoft 的"画图"软件默认格式".bmp"。图 10-7 所示的是图片保存格式的选择。

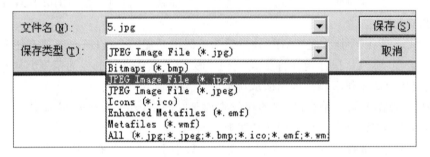

图 10-7　图片保存格式的选择

 小提示

　　BMP 是英文 Bitmap(位图)的简写,它是 Windows 操作系统中的标准图像文件格式,能够被多种 Windows 应用程序所支持。这种格式的特点是包含的图像信息较丰富,几乎不进行压缩,由此导致了这类格式的文件占用磁盘空间较大的缺点。JPG 全称为 JPEG,JPG 格式是一种与平台无关的、常用的图片压缩格式。

　　在文档中插图,其幅面的大小适可而止,以图像的活泼、生动、信息解析度高为准则。对于屏幕抓取的画面,原本可以修改、编辑的矢量字符和矢量图形内容将变成位图信息,位图图像是以像素的多少来表示其清晰度高低的。位图图像无论是拉伸还是压缩,都会使位图图像上的文字变得模糊不清(图像的变化不易觉察)。要想获得清晰的图文混排效果,一定要使插图保持屏幕截图时的原始分辨率。

小提示

在抓图前尽量使屏幕对象的幅度变小,减少截图的像素数,最好不进行压缩处理。当界面的窗口幅面较大时,如应用软件和文件夹窗口,可以使用拖曳边框的方法缩小其幅度,然后以"活动窗口"的方式抓取图像。对不可拖曳的活动窗口(如弹出"打印"窗口等),可以通过减小屏幕分辨率来改善。

练　习

1. 思考题。

(1) 多媒体的两个主要特点是什么?

(2) 何为流媒体?

(3) 何为全媒体?

(4) 何为自媒体?

2. 单项选择题。

(1) 媒体是指信息在传递过程中,从信息源到受信者之间承载并传递信息的(　　)。

A. 媒介物　　　　　B. 载体和工具　　　C. 载体和文字　　　D. 软件和工具

(2) 多媒体是指能够同时获取、处理、编辑、存储和展示(　　)不同类型信息媒体的技术,这些信息媒体包括文本、声音、图形、图像、动画、视频等。

A. 两个以上　　　　B. 三个以上　　　　C. 四个以上　　　　D. 五个以上

(3) 多媒体技术简单地说就是:计算机综合处理文、图、声、影等信息,使之具有(　　)。

A. 集成性和广义性　　　　　　　　B. 鲜明性和交互性

C. 集成性和交互性　　　　　　　　D. 可操作性和交互性

(4) 多媒体信息的操控与呈现,靠的是先进的(　　)的创新与发展。

A. 计算机技术　　　　　　　　　　B. 计算机技术和网络技术

C. 通信技术　　　　　　　　　　　D. 计算机技术和通信技术

(5) 多媒体硬件系统也就是通常所说的"(　　)——MPC"。

A. 多媒体计算机　　B. 先进的计算机　　C. 多媒体系统　　　D. 笔记本电脑

(6) 流媒体是指采用(　　)的方式在 Internet/Intranet 播放的媒体格式,如音频、视频或多媒体文件。

A. 液体传输　　　　B. 水流传输　　　　C. 流式传输　　　　D. 多媒体传输

(7) 信息传播的最终目的就是传递信息,而传递信息的三个主要方面是(　　)。

A. 图像、文字和声音　　　　　　　B. 图像、文字和表格

C. 音乐、文字和表格　　　　　　　D. 图像、图形和形状声音

(8) 影响电子图像质量的因素有以下几种:(　　)、对比度、色彩还原度、图像的存储模式、显示计算方法(位图或矢量图)。

A. 分辨率　　　　　　　　　　　B. 分辨率、图像大小

C. 清晰度　　　　　　　　　　　D. 分辨率、清晰度

（9）抓取当前活动窗口：使用"（　　　　）＋Print Screen"组合键进行抓图，此时抓取的仅是当前活动窗口。

A. Shift　　　　B. Alt　　　　C. Ctrl　　　　D. Tab

（10）矢量图使用直线和曲线来描述图形，这些图形的元素是一些点、线、矩形、多边形、圆和弧线等，它们都是通过（　　　　）获得的。

A. 数学公式计算　　B. 编程方式　　　C. 程序软件　　　D. 数学计算

3. 实训操作。

（1）学会使用键盘功能键录屏的基本方法。

（2）学会使用抓手软件截屏的基本操作方法。

第11章 多媒体素材

多媒体素材是指多媒体课件以及多媒体相关工程设计中所用到的各种听觉和视觉工具材料。多媒体素材是多媒体课件的基本组成元素，是承载信息传播的基本单位。它包括文本、图形、图像、动画、视频、音频等。素材的准备包括采集制作，是课件制作中耗费时间、精力最多的工作。无论是文章、著作，还是音乐、影视，没有好的主题或优秀的素材，其作品都难以出彩。

11.1 多媒体信息的文件格式

多媒体素材形式多样，为了更好地获取和加工多媒体素材，有必要先了解多媒体素材在计算机中存储的格式与文件类型。关于文本信息的格式已为大家熟知，下面就其他格式的多媒体文件类型进行简要介绍。

11.1.1 多媒体信息

1. 声音

声音文件最基本的格式是 WAV(波形)格式。它是把声音的各种物理量的变化信息(频率、振幅、相位等)逐一转成 0 和 1 的数字信号记录下来，其记录的信息量相当大，具体大小与记录的声音质量的高低有关。

声音的录制由计算机中的声卡完成。早期的声卡只能记录下 8 位数据，目前已基本使用 16 位或 32 位的声卡，每秒钟的采样频率可达 44.1 kHz(CD 音质)、22.5 kHz(调频广播音质)及 11 kHz(电话音质)。若记录语言信号时设置的记录方式为 8 位、11.025 kHz、单声道，则记录量约为每秒 11 KB。而录制音乐的要求则高得多，要达到 CD 音乐标准，必须使用 16 位、44.1 kHz 的立体声方式，这时每秒的数据量达 176 KB。一首 5 min 左右的歌曲，转换成数字信号要占 50.6 MB 的存储空间(每分钟约为 10 MB)。

2. 图像

图像文件的基本格式是 BMP 格式。它是把一幅图像的每一像素点的色彩、亮度等信息逐字逐位地记录下来，信息量同样相当大。一幅 1024×768 大小的图像，采用 16 位真彩色，记录为 BMP 格式的文件约为 1.5 MB。它的好处是"原汁原味"，没有失真。

算式:像素数×色彩位数÷8＝文件的容量，即 1024×768×16÷8 B＝1572864 B。

存储单位变换:1572864÷1024÷1024 MB＝1.5 MB。

从上面可以看到，多媒体文件的基本格式都是对信息未做加工变化(压缩)而直接记录。它们共同的问题就是信息量大。为了减少多媒体文件所占据的存储空间和多媒体信息交流的便利，人们又开发出了众多的多媒体文件压缩方式，如 JPG、GIF 及 TGA 等图像格式，以方便多媒体信息的网络传输。压缩图像的格式有数十种之多,这里以常见的几种为例。

(1) JPG 是压缩比最大的格式,它属于有损压缩。压缩时会有一个选项,让用户在存储空间和质量之间进行选择。在没有明显质量损失的情况下,它的存储空间能达到原 BMP 图片的 1/10。

(2) GIF 也属运用较多的压缩格式。它的压缩率略低于 JPG,但它有一个最突出的特点,就是能够"动态显示",常用于网页上的动态图形。它的内部可以包含若干张单独的画面,在显示时逐一出现,产生动画效果。另外,它还有一个"褪底"功能,即可以设置背景为透明,这两种技术使它在多媒体网页制作中大显身手。

(3) TGA 是一种无损压缩方式。在对画面质量要求较高时,一般可用 TGA 输出。特别是在一些要求很高的视频输出的场合,往往不是生成 AVI 视频文件,而是将动态画面逐张生成单独的"TGA 系列"。

3. 视频(电影、动画)

如果将整个视频流中的每一幅图像逐幅记录,信息量会大得惊人。譬如用视频捕捉卡将一段来自摄像机或电视的视频信号捕捉为标准的 ML 视频格式(352×288,每秒 25 帧,24 位色,未压缩),短短几秒钟的文件存储空间就超过 10 MB。

MOV 原来是苹果公司开发的专用视频格式,后来移植到 PC 机上。它与 AVI 大体上属于同一级别(品质、压缩比等),与 AVI 一样也属于网络上的视频格式之一,但在 PC 机上不如 AVI 普及。

11.1.2　多媒体关键技术

因为多媒体系统需要将不同的媒体数据表示成统一的结构码流,然后对其进行变换、重组和分析处理,以进行进一步的存储、传送、输出和交互控制,所以多媒体的传统关键技术主要集中在数据压缩技术、大规模集成电路(VLSI)制造技术、大容量的光盘存储技术、实时多任务操作系统技术。这些技术已经取得了突破性的进展,使多媒体技术迅猛发展,成为像今天这样具有强大的处理声音、文字、图像等媒体信息能力的高科技技术。

在互联网的多媒体关键技术方面,有专家认为可以按层次分为媒体处理与编码技术、多媒体系统技术、多媒体信息组织与管理技术、多媒体通信网络技术、多媒体人机接口与虚拟现实技术以及多媒体应用技术这六个方面,而且应该包括多媒体同步技术、多媒体操作系统技术、多媒体中间件技术、多媒体交换技术、多媒体数据库技术、超媒体技术、基于内容检索技术、多媒体通信中的 QoS 管理技术、多媒体会议系统技术、多媒体视频点播与交互电视技术、虚拟实景空间技术等。

 小资料

服务质量(quality of service,QoS)是网络的一种安全机制,是用来解决网络延迟和阻塞等问题的一种技术。在正常情况下,如果网络只用于特定的无时间限制的应用系统,则并不需要 QoS,如 Web 应用或 E-mail 设置等,但是对关键应用和多媒体应用就十分必要。当网络过载或拥塞时,QoS 能确保重要业务量不受延迟或丢弃,同时保证网络的高效运行。

11.2 多媒体素材的采集

多媒体素材是指多媒体课件以及多媒体相关工程设计中所用到的各种听觉和视觉工具材料。多媒体素材是多媒体课件的基本组成元素,是承载报告和教学信息的基本单位。作为业余影视爱好者,可以利用手中的数码设备,及时抓取身边的优秀素材。

11.2.1 素材的采集

多媒体素材相当于文章的初稿,一个优秀的多媒体作品创作源于它的素材。所谓素材的采集就是多媒体素材的获取,如拍照、录音、摄像等数字信息的制作过程。

1. 素材采集的基本方法

多媒体素材的采集与制作涉及的设备、接口、媒体和文件格式众多,耗费的时间较长,是一项十分繁重和细致的工作。对一些简单的素材,如比较简单的几何图形,一般可以用多媒体课件自带的图形工具来绘制(如利用 Office 中的图形工具和自选图形库绘制简单图形);还可以利用身边现有的资料,从中获取素材(如成品课件、素材光盘、网络等)。使用现有的资料,对大众来说是一条理想的捷径,不仅省时、省力、缩短课件制作周期,还可以节省设备投资;对创新内容、个性标示等独立性较强的素材必须自己制作,这就要求大家掌握一些多媒体工具的使用和多媒体设备的操作。

2. 收集的原则

(1) 真实性与科学性原则:使用多媒体素材,要注意内容的真实性与科学性。素材的选取对真实性要求很高、很严。科学本身就是求实、准确,反对弄虚作假,失去真实性就失去科学性。多媒体教学软件必须准确表达学科的知识,因此素材的选取必须严格把关,保证学科内容的正确性,不能违背科学原理,要做到阐述准确、表达严谨、数据可靠、资料翔实、操作表演规范和统一。素材选择必须符合客观实际,而且经得起实践检验,网上的"小道消息"式材料不可引用。

(2) 系统性原则:系统性是合理知识结构体系的主要特征。系统性原则要求选材有助于系统地、连续地按一定逻辑顺序来形成知识、技能和技巧。教学内容的系统性主要体现在学科内容的完整性和知识的整体性上,而不是零碎的、残缺的知识。其次,系统性还体现在将教学作为一个系统的整体,采用要素分析方法,将其分解为一个个要素,进一步将各要素分解为子要素,并加以有序地组合起来,使各知识点秩序井然,关系紧密。

11.2.2 图像信息

图像包含两种内容,一是自然物体的成像(照片),二是由基本图形汇合成的矢量图或位图。位图图像适合表现比较细致,层次和色彩比较丰富,且包含大量细节的图像。除照片之外,生成位图图像的方法有多种,最常用的是利用绘图软件的工具绘制,用指定的颜色画出每个像素点来生成一幅图形。由于绘图的专业性比较强,以下仅以图片素材的采集为例。

在多媒体报告和教学中,用以表示所要传达的信息的图片内容可以源于生活或工作素材,图像内容涵盖风光、人物、特写。要想获取一幅理想的作品,首先要了解一些相关的专业知识。

1. 风景

我国幅员辽阔,名山大川的壮丽景色、工业基地的蓬勃景象、乡村遍野的诱人风光、城镇建设的崭新面貌、少数民族的风土人情等,皆为风景摄影提供了取之不尽的丰富素材。放眼看世界,美好的素材皆可引用。

在报告或教学中,可以借助意境深远的风景图片以景抒情。它通过对自然景色的生动描绘来表达或寄托人的思想情感,引起人们的深刻联想。

现代社会,照相是再简单不过的事情了,手机的拍照功能发展得十分迅猛,诸如四镜头带广角、手机内安装美容和编辑软件等,众多方便之处使之成为"拍照手机"。由于每个人的知识和技能的不同,产生作品的表现能力相差甚远。

获得一个好的图像作品,构图是摄影的第一步。了解构图规则可以避免一些初级的错误,在观赏好作品的时候,也可以了解拍摄者为什么要"这样拍",对提高自己的摄影技术很有帮助。下面就摄影的构图思想进行介绍,侧重讲解风景摄影的构图,因为风景构图是最为复杂的一种,所以掌握了这些规则以后,很多知识也可以应用在其他类型的摄影上。

1)吸引人的景物

构图第一步就是要找一个吸引人的景物(见图 11-1)。摄影不是简单地拿起照相机按快门,在按下快门之前,你要问自己,这个景物有什么吸引你的地方?是颜色?云彩?倒影?还是落日?确定了主体后,下一步就是怎么去表现它了。通常,主体在画面中要有足够的尺寸,才能引人注目。主体太小,就不成为主体,这时候就要用长焦距镜头拍摄,或进行后期裁剪处理。

图 11-1 风景构图——彩虹

2)避免居中

初学摄影者最容易犯的错误,就是把最吸引人的景物放在正中间。的确,正中间的景物是最容易吸引人的注意力的,但是一张好的照片应该是在吸引读者的目光后,能够引导读者的目光到其他的地方去。如果吸引人的物体放在正中间,很容易让人只专注在那个物体上,而令画面变得呆板。同时,尽量不要把水平线放在画面的正中间,因为那样容易导致主次不明显,不知道重点是要表达天空还是地面。但有时候,在天空和地面同样重要时,人们常会把水平线放在中间。

3)构图三分法则

既然要避免居中,就要知道"三分法则"(rule of the thirds),也称"黄金分割""九宫格"等。三分法则是构图的基本规则,意思是把画面按水平方向在 1/3、2/3 位置画两条水平线,按垂直方向在 1/3、2/3 位置画两条垂直线,然后把景物尽量放在交点的位置上,如图 11-2 所示。

图 11-2 构图三分法则

注:为维护知识产权,书中所引用的图片将保留画面上的标注信息,另对作品原创者表示感谢。

4)前景、中景、远景

因为我们有两只眼睛,所以我们看到的世界是三维的,但照片是两维的,要在两维的照片里表达出三维不是一件容易的事情。我们的大脑告诉我们:大的物体是比较近的,小的物体是比较远的,所以通过物体大小在照片里的对比,就可以让人感觉出距离。在摄影的世界里,长焦拍摄效果是把景物"压缩"在一起,而广角的效果则是缩小了远处的景物,让人产生距离感。所以,在需要展现宽阔的场景时,我们一般使用广角镜头。

5)简单

有人说摄影是"减法",就是将画面上与主题无关的物体最好全部去掉,越简单越好。这就是人们常常感叹的"你拍出来的照片怎么比真实场景美呢"。特别是初学者,构图更应该从简单开始。

6)天空

在风景摄影里,天空是很重要的部分,很多时候天空是构图的主要部分,而自然界很多自然的美就足以让人震撼。所以摄影爱好者,应该时常留意天气的变化,这样就会总结一些自然的规律,例如雨后的晚霞是最漂亮的,雨后如果出太阳就会见到彩虹等。图 11-3 所示的是表现雨后的天空。

图 11-3 风景构图——敦煌月牙泉

7）纹理

世间万物都有纹理，美丽的纹理很容易能把人吸引住。谈到美丽的纹理，总让人想起那浩瀚的沙漠，那如同大海波浪一样的纹理，使人陶醉。另外，像丹霞地貌、喀斯特地貌、云贵梯田、霞浦滩涂等都会表现出自然界的美丽风光。

8）参照物

单凭照片里的景物，有时候我们很难判断物体实际的大小，而通过我们熟悉的参照物，对比后我们就能"感觉"到景物的大小了。这种参照物的作用通常用来表明大自然的雄伟、壮观。

总之，无论什么规则，其目的都是让画面显得"平衡"。至于什么是"平衡"，可以这样理解：画面的所有物体都是有"重量"的，通过合理安排，分布它们的位置，就可以获得较为平衡的画面。不管用什么规则，好的照片的整个画面总是显得平衡、和谐，规则是灵活的。例如，在拍摄倒影的时候，就需要把水平线放在画面的中间。

2. 人物

在大家的计算机里，肯定存放了不少你自己的摄影作品，但每次看到影楼和画册中的照片时，肯定会感到自己的不足。即便是那些摄影师们在拍摄人物时，也会经常陷入程式化的怪圈中。即使模特摆出新的姿势，但类似的构图和拍摄角度仍然会让照片看起来非常"俗气"。下面介绍一些大师们总结出的经验和摄影技巧，以帮助你拍摄出新效果。

1）使用更长焦距的镜头

很多摄影师都声称，50 mm 是"必备"的人物镜头，因为这种标准镜头拍出来的画面，虽然与人眼看到的非常类似，但画面过于普通。要获得更有趣的照片，我们应该避免使用标准镜头。

许多摄像师拍摄人物照片都使用 200 mm 或 85 mm 镜头，这种画面的"压缩"是 50 mm 镜头做不到的。这种压缩不仅会减少被摄体的变形，而且长焦镜头可以创造出非常动人的"背景虚化"效果，同时也"拉近"了模特与背景间的距离。

2）避免眼平角度拍摄

很多时候我们都习惯于从"正确"的角度来拍摄，毕竟这是最简单的。摄影创作就是挑战自我，找一个不同的角度：高于或低于眼睛，给画面带来全新的视角。这个技巧也可以用来突出不同的身材和身高。

3）逆光

训练一双能发现好光线的眼睛需要时间和练习。一旦学会了如何在任何情况下"发现光线"，你就总能拍出精彩的人像照片，毕竟光是摄影的基础。

无论是太阳、窗户、或普通的灯泡，当这些光源位于被摄体身后时都能制造出美丽的轮廓光。轮廓光效果可以加强照片的立体感，将人物与背景分离开。

4）剪影及反射

学会利用反光表面和剪影，能够让你的照片在视觉和内涵上都有极大的突破。对于剪影，关键是强烈的逆光光源。对于反射，尝试利用一些反光表面。有时最好的道具是那些你意料之外的，如地板、玻璃、水洼及大理石墙面。

5）利用前景

要善于利用眼前一切可利用的东西。事实上，很多时候我们都会主动寻找前景元素。学会发现树枝之间形成的"洞"、抽象的物体，甚至日常用品等都能加强照片的"感觉"。使用长焦镜头还可以将前景虚化，营造更加梦幻的效果。

6）以太阳为光源

对摄影师来说，回避阳光和寻找阴影以获得平均的曝光是很常见的事，甚至连逆光都被认为比在直射的阳光下拍摄更加容易。但太阳也可以当作点光源来利用。对太阳照射的区域曝光，背景和周围的阴影会产生戏剧性的暗化效果，自然地将焦点集中于人物身上。在不同光线环境下运用这条技巧可以创造不同的视觉效果。

7）使用"特殊效果"拍摄夜景人像

在黑暗的环境中又没有光源可用时，效果灯是一个不错的选择。这种灯的好处是它持续地发光，你可以实时地看到画面的最终效果。摄影师使用 LED 效果灯，可以提供 2 h 以上的电力。它们是闪光灯的良好替代品，容易使用和调整。

另外，许多相机提供了"夜间人像"的拍摄功能。其工作原理是：利用闪光灯照亮人物对象，通过快门的曝光延时获取景物图像。使用此种拍摄方式拍照时，在相机闪光灯闪烁之后，相机的快门并没有关闭，所以要求人物对象一定要保持静止状态 2~5 s（具体参数视背景光强度而定），并且要使用三脚架或其他固定物体为依托，以保持相机的稳定。图 11-4 所示的是湘西凤凰虹桥，焦距为常规，F 值为 2.8，曝光时间为 1/5 s，ISO 速度为 320。

3.　特写

人物肖像是摄影师的一大挑战，优秀的摄影师都是肖像特写的高手。因为他们可以利用自己的经验拍摄别具一格的人物肖像。随着人们生活水平的提高，人们对肖像特写的欣赏水平也大大提高。对摄影师来说，创造更好的人物拍摄手法就非常重要了，所以需要挖掘自身的潜力，发现更多、更好的创意灵感，这样才能把优秀的摄影作品展现在人们的眼前。下面讲解几种常用的人物肖像摄影技巧。

1）逆光拍摄

逆光拍摄是一种常用的拍摄手段，如果是拍摄人物头像并且头部占整个画面的比重比较

图 11-4　湘西凤凰虹桥

大的话,最好将逆光的光源打在发丝间形成明亮的发光效果。这种逆光肖像作品有很大的创意空间。

2)移动抓拍

动感的画面总能给人们带来新的感受,我们可以利用物体在移动中形成一种新的主体进行移动抓拍。这种主体表现出的风格或许会超越原本人物给人的视觉冲击力,尤其是形成一种模糊感。

3)拍摄专注

专注可以体现一个人的性格,尤其是刚毅十足的男性。微笑的画面太过普通,但专注的画面能给摄影师一个更好的创意空间,也能给观众一种新的感受。

4)抓住姿态

时尚大片的拍摄都是把模特的姿态看得很重,一个超乎想象的姿态会给一个前卫的肖像作品增色不少。在拍摄定位与先锋肖像或者创意肖像时,设计姿态的构成会对最后的拍摄效果产生决定性的影响。

5)拍摄反光

反光的物体可以利用多种构图方法来表达主体,反光的人物会给观众留下更深刻的印象。我们可以利用窗户、镜子、水面等外在因素拍摄人物肖像的反光效果。

6)近处拍摄

人物都会有不同的轮廓,近处拍摄可能只会拍出人物的半边脸,但半边脸也许就可以满足摄影师的需求,半边脸可以给观众更多的遐想,并且更加专注摄影作品的效果。

7) 抓住阴影

阴影是影像的重要部分,有阴影可以更加凸显立体。阴影也可以衬托主体的拍摄并将主题表达得更加完美。多利用阴影拍摄人物肖像会得到意想不到的收获。

8) 高调光

增加高光区域,制造高调形象能让肖像呈现一种轻快的感觉。高调的相片的另一个优点就是能够掩盖小细节的缺陷,使肖像看起来更加光鲜。如表现医护人员的照片"白衣天使"就特别适合此种手法。图 11-5 所示的是采用高调光的特写抓拍:天使鹭鸶。

9) 低调光

暗部或低调图像会自然而然地让你的眼睛关注较明快的部分。低调作品往往还能让观者感到厚重与沉稳,深沉的画面甚至不需要任何图注。

图 11-5　高调光的特写抓拍

11.3　影视信息技术

视频与动画一样,由连续的画面组成,只是画面是自然景物的动态图像。视频一般分为模拟视频和数字视频,电视、录像带是模拟视频信息。当图像以 24 帧/秒甚至以上的速度播放时,由于眼睛的"视觉暂留"作用,人们感觉到的就是连续画面。多媒体素材中的视频是指数字化的活动图像,播放速度一般设定在 30 帧/秒以上。

计算机中播放的视频是以文件的方式存在的。视频文件是由一组连续播放的数字图像和一段随连续图像同时播放的数字伴音共同组成的多媒体文件。其中的每一幅图像称为一帧(frame),随视频同时播放的数字伴音简称为"伴音"。

11.3.1　拍摄内容

影视作品通常源于著名小说或畅销文艺作品,也可以由影视人直接编写剧本。小说和剧本有着很大的区别,小说比较完整流畅,而剧本只写出重点,相对片段残缺,需要读者自己在心里补充勾出场景。

小说和剧本只有两个接近的地方:一是两者都是通过文字媒介来表述的;二是在大众层面传播的小说和电影(所谓"商业类型"),都是以追求故事叙述为目的。它们的不同之处:完成后的小说是一个艺术成品,是拥有独立价值的文本,剧本只是一个拍摄蓝本,是对影片的叙述性和指导性说明;小说的创作具有较大的随意性,剧本则必须严格按照一定技巧、一定格式、一定创作周期、一定创作要求来完成;小说可以通过文字,超越客观角度,直接切入人物精神层面,剧本则只能通过戏剧技巧来表达客观事件和人物动作;小说具有语感性和阅读快感,剧本则不需要具备这些……

从小说到影视,首先是改写成适合拍摄的剧本,剧本再按照剧情要求列出具体拍摄内容和技术要求的场记单,演出团体在导演、场记、摄影等的指挥下,逐条(分镜头)完成拍摄内容。

了解上述影视制作的大体过程,将对多媒体作品的制作有一定的指导意义。对于简短的素材拍摄,我们可以"随心所欲";要完成一个教科书的配套光碟或企事业单位的宣传片,则应该遵循影视制作规则编写剧本和制定场记单。

 小资料

场记单简称场记,是团体协同工作必须指定的文本资料。场记是影视片拍摄中每个镜头的现场记录,也是各有关部门在现场工作的备忘录。

场记单内容除包括分镜头剧本中所规定的各个项目(如本场剧情)外,还列有镜头拍摄的次数和长度、备用镜头或不同方案处理的镜头、重拍的原因、日景或夜景、有无烟雾、特技等。场记单在影视片剪辑、配语言、效果,以及在后期套底、配光号等工作中起着极其重要的作用。如果某镜头需要重拍、补拍,必须从场记单中查明服装、化妆、道具等各项细节上的要求,以免在镜头拍摄和影视片剪辑时发生不必要的差错,导致公演时出现"穿帮"现象。

11.3.2　影视拍摄的基本操作

人们经常把摄像机比作人的眼睛,应该是"一只眼睛看世界"。眼睛在观看时受方向、视野、视线和运动状态的限制。当方向固定时,视野固定,被摄空间也固定,视线只能在有限空间内"扫描";当方向发生变化时,视野随之变化,便出现了运动观看。不管对象是运动的还是静止的,这两种观看都可以对它们进行扫描和跟踪观察。摄像机的拍摄和人的眼睛一样,也有固定和运动之分。运动摄像是指在一个镜头中通过摄像机的机位移动、摄像机光轴方向的改变和光学镜头焦距的变化进行摄像的一种拍摄方式。运动摄像必然造成景物、方向、视角、速度等的变化,这为摄像的表现提供了一种新的叙事方法,鲜活的场景牵引着观众的心。

运动摄影打破了画幅对空间的限制。横向运动(包括横摇和横移)实质上是打破画幅左、右两个边界,在屏幕上展示出连续的横向空间的广度。垂直摇摄和移动(升降运动)是打破画幅上、下边界对空间的限制,展示出空间的高度和深度。所以运动摄影的基本功能是展示空间的广度和高度。

虽然大众化的数码摄像机拍摄并不需要像电影那样进行很多的镜头切换、组合,但是掌握一些必要的基本镜头技巧会让你的作品看起来更专业。在摄影过程中,使用的镜头繁多,如推、拉、摇、移、跟、甩、升降、旋转、晃动、综合等,下面仅介绍使用频繁的前四种镜头的相关知识。

1. 推镜头

推镜头简称推,是一种被摄体位置固定、摄影机借助运动摄像工具或人体,由远及近渐渐向被摄体靠近,实现整体到局部的转移,形成视觉前移的拍摄效果。图 11-6 所示的是用这种方法拍摄的月亮,焦距为 72 mm,F 值为 3.7,曝光时间为 1/10 s,ISO 速度为 80。

图 11-6 月亮

该照片用于科学研究、教学演示很好，但用于影视背景不妥。因为人的眼睛对月亮的观察，其分辨率是看不到月亮上面的陨石坑的。若生硬地搬到荧幕上衬托夜色的美丽，则背离了视觉观察的真实性。

推镜头具有明确的主体目标，主要是为了突出主体和细节，同时在一个镜头中介绍整体与局部、客观环境与主体人物之间的关系。推镜头在镜头推向主体或细节的同时，取景范围由大到小，随着次要部分不断地移出画面，所要表现的主体或细节逐渐变大，达到提醒观众注意的目的。推镜头的画面最后会使被摄主体或细节处于醒目的视觉中心位置，给人以鲜明的视觉印象。

 小资料

景别：电影画面中的主题形象，如人物、景物等一般称为"景"，摄像机与被摄主体的空间距离称为景别。有远景、全景、中景、近景、特写几种类型。

蒙太奇（montage）：在法语中是"剪接"的意思，但到了俄国它被发展成一种电影中镜头组合的理论。蒙太奇一般包括画面剪辑和画面合成两方面。画面剪辑由许多画面或图样并列或叠化而成的一个统一图画作品。画面合成是制作组合方式的艺术或过程。

起幅：运动镜头开始的场面。要求构图讲究，有适当的长度。一般有表演的场面应使观众能看清人物动作，无表演的场面应使观众能看清景色。具体长度可根据情节内容或创作意图而定。由固定画面转为运动画面时要自然流畅。

落幅：运动镜头终结的画面。要求由运动画面转化为固定画面时能平稳、自然，尤其要准确，即能恰到好处地按照事先设计好的景物范围或主要被摄体位置停稳画面。

---

2. 拉镜头

拉镜头简称拉，是被摄体位置固定，摄影机借助工具和人体，由近而远地移动，从而实现局部到整体的转移，形成视觉后移的拍摄效果。它可以表示拍摄者由近而远、逐渐展示场景的意图,也可表示处于运动状态的人渐渐远去的视觉效果。

拉镜头画面的取景范围和表现空间从起幅开始不断地拓展画面,不断地融入新的视觉元素,而原有的画面主体则与不断入画的形象构成新的组合,产生新的联系,每一次形象组合都可能使镜头内部发生结构性的变化。一些拉镜头以不易于推测出整体形象的局部为起幅,有利于调动观众对整体形象的想象和猜测,随着镜头的拉开,被摄主体从不完整到完整,从局部到整体,给观众一种疑惑得到解答的满足。这种对观众想象的调动本身形成了视觉注意力的起伏,能使观众对画面造型形象的认识不是被动地接受,而是主动地参与。

拉镜头是一种纵向空间变化的形式,它可以通过纵向空间上的画面形成对比、反衬或比喻等效果。拉镜头可以通过镜头运动先出现远处的人物和景物,再出现近处的人物和景物,然后将前景的人物、景物、背景的人物同处于落幅画面之中,形成结构上的前后呼应。

拉镜头的内部节奏由紧到松,与推镜头相比能发挥感情上的余韵,同时由于画面表现空间的扩展反衬出主体的远离和缩小,从视觉感受上来说,往往有一种退出感、凝结感和结束感。在最终的落幅画面中,主休仿佛是戏剧舞台上的"退场"和"谢幕"一般。

需要特别指出的是,使用移动数码摄像机和使用变焦距镜头来实现镜头的推拉效果是有着明显区别的,因此在拍摄构思中需要有明确的意识,不能简单地将两者互相替换。

3. 摇镜头

摇镜头简称摇,其拍摄技巧是法国摄影师狄克逊在 1896 年首创,是根据人的视觉习惯加以发挥而来的。摇也称摇摄,是摄影机机位固定,机身借助三脚架的云台或人体作上下、左右、斜线、曲线、半圆、360°等各种形式的摇拍,用于表示人物处在静止位置,只作身体、头部、眼球转动时的主观视觉的拍摄效果,或者向观众渐次展现场景的拍摄效果。

摇摄多侧重于介绍环境、故事或事件发生的地形、地貌,展示更为开阔的视觉背景。它具有大景别的功能,又比固定画面的远景有更为开阔的视野,它扩展了画面的表现空间,在表现山群、草原、沙漠、海洋等宽广、深远的场面时有其独特的表现力。对较为宽广的物体,如跨江大桥、拦河大坝等横线条景物用横摇,而对较高耸的被摄体,如摩天大楼、电视塔等景物则用垂直摇摄,能够完整而连续地层现其全貌。摇镜头运动的扩张把被摄体的全貌、形状表现出来,形成壮观雄伟的气势。而对有些被摄体,如长幅会标、旗杆等,可根据物体特征运用较小的景别,让物体充满画面,将无意义的部分排除在画面之外,达到用小景别出大效果的目的。

4. 移镜头

移镜头简称移,拍摄技巧是法国摄影师普洛米奥于 1896 年在威尼斯的游艇中受到的启发,设想"用移动的摄影机来拍摄,使不动的物体发生运动",于是在电影中首创了"横移镜头",即把摄影机放在移动车上,向轨道的一侧拍摄的镜头。

移摄是摄影机借助于运载工具或人体,作左右、斜线、曲线、半圆或是 360°等各种形式的运动而达到的拍摄效果,它与摇摄的区分是机位发生了位移。这类镜头可代表人物处于运动中的主观视线,也可表达作者特殊的创作意图。

移动拍摄多为动态构图。当被拍摄体呈现静态效果的时候,摄像机移动,使景物从画面中依次划过,造成巡视或者展示的视觉效果;被拍摄物体呈现动态效果的时候,数码摄像机伴随移动,形成跟随的视觉效果,还可以创造特定的情绪和气氛。

11.3.3 教学场景的摄制

1. 素材内容

多媒体演讲报告与多媒体课件有许多相似之处,以多媒体教学课件制作为例,其主要素材源于"板书教学"和"教学演示"两个方面。

1) 板书教学

板书是一种课堂艺术,是一种可视语言,是教师口语的书面表达形式,是传递教学信息的手段。板书教学具有自身的艺术特点,表现在直观性、简洁性、启发性、趣味性、示范性和审美性六个方面。在信息技术与学科教学整合的过程中,板书对课堂教学是有着积极作用的,教师如果能精心设计,有效利用,会使教学效果有很大的不同。而对于学生来说,好的板书,既是智慧的凝聚,也是艺术的结晶,它能给学生美的享受,更能给学生以思想的启迪。

2) 教学演示

教学演示是课堂教学内容之一。它主要是把要研究的物理现象展示在学生眼前,引导学生观察、思考,配合讲授或穿插讨论等方式完成课堂教学任务,是一种最有效、最直观的教学手段。正确地选择和安排教学演示能使学生对物理现象获得鲜明、具体的印象,并为学生独立训练创造条件。它是教师讲授和学生理解概念、规律的基础,是学生进行观察和获得感性知识的重要源泉,也是培养学生观察力、注意力和思维力的重要途径。

鉴于上述教学方法和教学内容的安排,多媒体素材的拍摄侧重于操作实践、教学演示和物品展示等方面。特别是在实践教学环节中,那些需要给学生演示的事件而又不可重复发生的事情,如天体变化、生命过程、偶发事件、特殊故障等要及时记录下来。当然,对于一些优秀的课堂教学和配合演示实验的板书教学也是多媒体素材摄录的内容,使创作的多媒体作品既科学又鲜活,既充实又珍贵。

制作教学内容影像,其拍摄操作讲究"匀、准、稳、平",对镜头中的人物动作速度有一定的要求,特别是教学演示中的手势动作要慢,一般为常规移动速度的1/2,以学生的眼睛能够跟上手势的指引为标准。

2. 拍摄手法

(1)"匀"是指摄像机在运动拍摄时,其运行的速度要均匀,节奏要统一,不能忽快忽慢,以免破坏节奏的连续性。起幅和落幅镜头的速度要缓慢,加速或减速时的变速要均匀。"抽风"性的摇摄,是拍摄的大忌,同时也要避免刷墙式的来回扫摄,这些都会使摄像中的均匀程度受到破坏,严重影响画面质量。

(2)"准"是指拍摄时画面的构图,以及运行摄像时的起幅和落幅要符合影视作品所表现的内容。同时还应准确地再现被摄对象的真实色彩,使光源的色温和摄像机的色温相匹配。

(3)"稳"是指摄像机所摄的画面应排除不必要的抖动和晃动,保证画面的质量。以肩扛机为例,要使画面相对稳定,要注意掌握好镜头的焦距,因为画面的稳定程度与镜头焦距长短有很大的关系。摄像者最好在拍摄前进行这样的测试,即肩扛摄像机在静止不动的情况下进行拍摄,然后变化镜头的焦距,并查看画面在多长焦距时开始晃动,从而记住这个焦距的长度,并将其作为平稳与晃动的分界线,拍摄时如果超过了这个分界线,就要运用三脚架以保证其稳定。

(4)"平"是指摄像者通过录像器看到的被摄对象应该是横平、竖直的,也就是从录像器中看到的被摄体的水平线条应与录像器的横边框平行,垂直线条应与录像器的纵边框平行,这样拍出来的画面才不会歪斜。

3. 拍摄现场的操作要求

影视拍摄现场的设备与操作的对象很多,如道具、灯光、音响、烟火、摄像器材等。但作为制作多媒体素材的业余摄影,我们只需了解部分知识,即操控和控制部分内容,如环境光的适当搭配、环境噪声的基本控制、摄像机的附件选择等为数不多的具体工作。

(1)灯光:专业摄影几乎都有配光设备,除非远景拍摄。简单地使用反光板,利用阳光对主体对象进行局部补光,以获得复合要求的清晰画面;专业团体的灯光设备是必不可少的,各种灯光运作起来,黑夜可以变成白昼。而业余影视工作者,可以利用办公室或工作间的照明灯光适当为素材的拍摄进行补光。

(2)环境噪音控制:数码相机具有同期录音的功能,并且它的录音灵敏度比手机的强许多,像窗外的叫卖声、发动机的轰鸣声、摄像场所内人的走路声等都会一并录制在内。拍摄影视同期声音的素材时,关窗、关门、静场都是必要的。

(3)摄像器材:影视设备的投资是一个无底洞,小到几百元的手机、相机,大到几十万元的专业设备,虽然都是拍摄,但图像质量却天壤之别。业余影视工作者可以利用身边的拍摄素材,对图像质量的要求适可而止,通过多媒体素材的制作,只要能够提高自身技能、实现创新思想、完成知识的传承即可。

制作多媒体素材,数码相机必不可少,最好是具备定焦拍摄的、较为高档的相机,如单反相机、专业摄像机。因为民用的数码相机多数采用自动聚焦功能(傻瓜机),当拍摄近景或特写教学演示时,相机的自动聚焦功能将使画面飘忽不定,展示给观众的画面颤动模糊,使人眩晕。同时,固定相机的三脚架机架必不可少,至于摄像机轨道和摇臂等专业设备,视工作单位的具体情况"量体裁衣"。目前,多款"拍照手机"的影视功能相当前卫,非常适合非专业摄像使用。

📖 **小资料**

光圈:大光圈可以拍出"虚化效果"(见图 11-7);小光圈拍出的景物纵深清晰范围大。

图 11-7 大光圈拍出的"虚化效果"

快门速度:高速可以拍出清晰的运动物体;低速可以突出物体的动感。

焦距:长焦镜头相当于望远镜;短焦镜头能够获得"广角"效果。

感光度:低感光度适合白天摄影;高感光度适合夜景或舞台摄影。

解析度:图片的像素高,方便后期裁剪或作广告使用;使用较低像素拍摄时,占用较少的存储空间(例如,选用 3 M 像素时,分辨率是 2048×1536,约 1.2 MB)。

4. 分镜头拍摄技巧

分镜或分镜脚本是指电影、动画、电视剧、广告、音乐等各种影像媒体,在实际拍摄或绘制之前,以故事图格的方式来说明影像的构成,将连续画面以一次运镜为单位作分解,并且标注运镜方式、时间长度、对白、特效等。

分镜是在文字脚本的基础上,导演按照自己的总体构思,将故事情节内容以镜头为基本单位,划分出不同的景别、角度、运动形式、镜头关系等,等于是未来影片视觉形象的文字工作本。后期的拍摄和制作,基本都会以分镜头剧本为直接依据,所以也称导演剧本或工作台本。

在个人或者是小团体制作多媒体作品时,如果拍摄的影视内容较多、时间较长,为使具体工作完善、有序,也可仿效专业人员的工作方式,制定分镜脚本、规划工作步骤。用分镜头拍摄时,注意留有适量的片头和片尾拷贝长度(约 3 s 以上),以便于后期剪辑制作中场景的过渡。

11.4 语音信息

声音通常有语音、音效和音乐三种形式。语音指人们讲话的声音;音效指声音的特殊效果,如雨声、铃声、机器声、动物叫声等,它可以从自然界中录音,也可以采用特殊方式人工模拟制作;音乐则是一种最常见的声音形式。

在多媒体课件中,语言解说与背景音乐是重要的组成部分。最常见的声音通常有三类:波形声音、MIDI 和 CD 音乐。多媒体课件中使用最多的是波形声音。声音素材可以是即兴演讲,也可以是文稿录制,但通常还需要后期处理。

11.4.1 即兴演讲

即兴演讲又称即席说话,是表达者事先未做准备,临场因时而发、因事而发、因景而发、因情而发的一种言语表达方式。相对来说,生活中的言语表达,以即兴的为多。在言语交际过程中,深谙此道者常常是口若悬河、滔滔不绝、有条不紊、对答如流、要言不烦、一针见血;而缺少技巧者则无言以答、结结巴巴、颠三倒四、言语木讷、哼哼唧唧。

即兴演讲因为"即兴"而有一定的难度,其表达的结果应该符合特定目的、切合特定语境,表达方式应该正确、效果良好。即兴演讲应该符合以下一般标准:

　　　　　　　　思维敏捷,反应迅速;立意明确,内容集中;
　　　　　　　　条理分明,逻辑严密;语势连贯,跌宕起伏;
　　　　　　　　用语规范,贴切易懂;适切语境,话语得体;
　　　　　　　　生动优美,诙谐幽默;委婉含蓄,蕴藉深邃;
　　　　　　　　把握时机,灵活善变;言语和谐,语气适宜。

作为多媒体作品的创作,教学语言必不可少,如果你对课程十分熟悉,对教学演示的内容和操作步骤十分清楚,在设备维修时对其工作原理和故障分析有把握,则此时的录音工作可以采用"即兴演讲"方式。即兴演讲具有灵活性,生活气息浓厚,与人交流融洽,由此方式制作出来的多媒体作品亲和力强,有利于学习者从中获取知识。但在此模式下的语言表达,演讲人难免会有一些语病存在。为使作品精炼,必须进行后期剪辑处理。

11.4.2　文稿录音

顾名思义,文稿录音就是在录音时,由教学者朗读事先准备好的书面资料。当然,这里即使是"念书",也有教学教法方面的要求,不是平庸的读读而已。语音素材有两种形式:一种是画面配音或旁白,你只要事先熟悉文稿内容,正确运用抑、扬、顿、挫,合理地掌握情感流露,完成此类录音并不难;另一种是显示人物画面的同期录音,这就要求不仅要达到配音和旁白的各项标准,还要注意画面人物的仪容仪表、表演姿态。视频教学可以将电视播音员和主持人作为仿效对象。

11.4.3　MP3 录音机的使用技巧

多媒体作品的录音素材通常采用计算机软件工具完成,市面上的录音软件很多,如单轨录音的 Sound Forge、Wave CN、Gold Wave 和多轨录音的 Sonar、Vegas Video、Cool Edit 等。

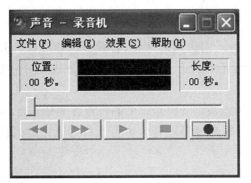

图 11-8　Microsoft 附件中自带的"录音机"

1. Windows 自带的录音软件

大家所熟知的是 Windows 自带的"录音机"(见图 11-8),但这一软件录制的文件占据的存储空间偏大,并且录制时间短(限定为 60 s)。专业的影视制作人员通常安装较为专业的语音录制软件,如多音轨录制的 Cool Edit 语音制作软件。

2. 录音专用软件

作为多媒体作品的语音素材,一般采用市面流行的 MP3 格式,这种格式的语音文件占据的存储空间很小,一般是普通录音文件的 1/10。下面介绍一款使用简单、界面活泼、软件小巧的录音软件——超级 MP3 录音机(见图 11-9),它能够无限时的录制声音(为 MP3 文件或者 WAV 文件)。在录制 MP3 文件时完全采用实时编码,不使用任何临时文件,免去了后期格式转换的烦琐步骤。

超级 MP3 录音机在录制过程中可以暂停工作,随时切换音源和调节音量,在录制完毕后还可以对录音文件进行修剪。可以用它制作多媒体作品中的语音素材,或录制影音文件中的对白和音乐,把录制的 MP3 文件传到手机上,可以制作出与众不同的个性化铃声。

MP3 录音机的操作十分简单,仅有几个操作按钮,其作用如下。

Start:准备工作完成后,点击此键开始录音。

Paused:录制过程中的暂停键。

Resume:录制工作暂停后,重返录制过程的返回键。

Play:播放键,用于检查语音的录制效果。

Record To:指定录制文件的存放位置。

Record From:指出录音信号来自何处。

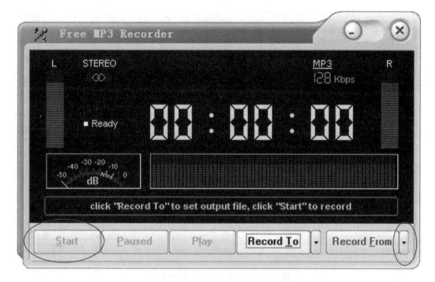

图 11-9 超级 MP3 录音机

3. 超级 MP3 录音机的操作步骤

（1）选择录音信号来源。点击"Record From"键右侧的箭头，在弹出的列表中有 CD 音量、麦克风音量、线路音量、立体声混音四种音源，系统默认的录音信号是麦克风音量。

（2）选择录制文件的格式和为录音文件命名。点击"Record To"键右边的箭头，弹出的列表中有 MP3 Files 和 WAV Files 两种，系统默认的是 MP3 Files；点击"Record To"键，在"另存为"窗口中指定录音文件的保存位置，并输入文件名（见图 11-10）。在点击"保存"按钮后，系统进入录音准备就绪状态。

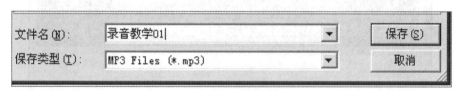

图 11-10 录音文件的命名和格式选择

（3）点击左边的"Start"键，系统开始录音（见图 11-11）。此时，在工作界面上显示出文字信息和图形信息两类，每种类型包含四个方面的工作信息，如表头指针式音量提示、语音波形、左右声道、录制时间等。

（4）当暂停录制工作时（见图 11-12），原来的暂停键变成了返回键"Resume"。暂停工作时，可以改换音源、调整音量控制和中场休息。点击"Record From"键，弹出录音控制窗口（见图 11-13），拖动麦克风音量的滑块可以调整左右声道的均衡和音量大小。

（5）当录制工作完成后，按下"Stop"键，结束该 MP3 语音文件的录制。

4. 录音机界面的信息解释

1）文字信息

"STEREO"表示双声道（立体声）语音信息录制方式；黄色的数字表示目前录制的时间，可以显示出当前已经录制的时、分、秒。

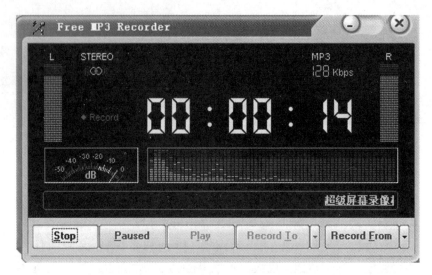

图 11-11　录音时的界面信息

图 11-12　暂停时的界面信息

右上角的"MP3""128 Kbps"表示语音文件的录制格式和录制的技术参数"位率",即每秒钟录制的文件所需要的存储空间。

左边的"Record"字符表示当前处于录音状态。

2)图形信息

左右两个竖条显示两个声道(L、R)的音量幅度;横长的动态波形图显示当前录音的音色状况,图 11-1 中显示左侧的波形幅度较宽、较高,表示目前的语音信号中低音比较丰富。

界面左下方的"分贝表"是这一软件的特色,借助指针显示的"录音电平"提示,能够录制音质较高的语音作品。

5. 录音信号的要求

录音时,输入的语音信号电平强度不能超过"0 分贝"。"0"不是无声,是音源信号的电平幅度最大值,与录音设备允许输入的最高电平值相等,它的电学参量表示为 0 分贝。

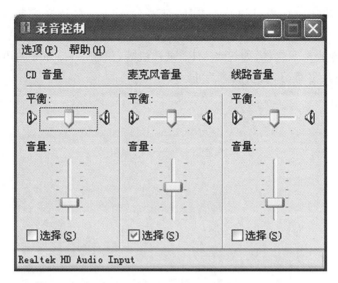

图 11-13　录音控制窗口

录音时要控制自己的噪音,注意调节音源信号的电平值,使分贝表的指针摆动在绿色区域,即－20分贝以下。指针不要靠近－10分贝的黄色临界区,更不要使指针进入红色警戒区(爆音)。

专业部门使用价格昂贵的"调音台"控制声音信号的输入电平,而业余爱好者则可以通过调整噪音或改变话筒之间的距离来控制输入信号的大小,避免"破音"或"音弱"的现象,争取制作出语音清晰、声音洪亮的配音效果。

 小资料

(1) 位率:位率又称码率,是指单位时间内,单个影音通道所产生的数据量,其单位通常是 bps、Kbps 或 Mbps。可以根据录制的时间与位率,估算出一定时间内的影音文件大小,位率＝采样频率×量化位数×声道数。

(2) 语速:语速分快、慢、中三种,慢速为 2 字/s,中速为 4~5 字/s,快速为 8 字/s。

(3) 分贝:分贝是一种计量单位,用来表示一种物理参数的两个量比值的对数计算。如电功率或声功率之比的对数值,电压值或电流值之比的对数值。在声学领域中,分贝的定义是声源功率与基准声功率比值的对数乘以 10 的数值。用分贝表示声音变化符合人类的听力规律,常用于形容声音的响度。当使用电参量(V)进行计算时,对数计算的系数是 20。分贝的计算公式为

$$K = 20\lg(V_o/V_i)$$

练　习

1. 利用相机或手机,练习拍摄出专业水平的风景、人物、夜景等照片。

2. 练习使用 Microsoft 提供的录音工具,录制 1～2 min 的语音信息,并播放检验录音的效果。

3. 练习使用专业录音软件,如超级 MP3 录音机等,录制 3～5 min 的语音信息,并播放检验录音的效果。可反复练习,直至满意为止。

第 12 章　图片的后期优化

多媒体作品中使用的图像和影视资料,通常是由平时采集的素材经过加工处理而来的。对于图片加工处理的软件很多,其中 Windows 系统自带的"画图"工具就是最常见的一个,笔者在实际工作中常用到的图像处理工具是图像大师(Photoshop)和光影魔术手(nEO iMAG-ING)。

每一个软件都有它的独到之处。图像大师属于专业级的图像制作和加工处理软件,而光影魔术手则面向大众,它的照片加工处理、相框添加、艺术照生成等功能深受大众欢迎,并且这两个软件在多媒体制作中相辅相成、相得益彰。

12.1　轻松上手的图片处理软件——光影魔术手

光影魔术手是一个对数码照片画质进行改善及效果处理的软件,简单、易用,能制作精美的相框、艺术照,而且完全免费。它不需要任何专业的图像技术,就可以制作出专业胶片摄影的色彩效果,是摄影作品后期处理、图片快速美容、数码照片冲印整理时必备的图像处理软件。

12.1.1　图片的相关参数

数码照片不同于以前的胶片,它的成像像素可以调整。为更好地理解图像处理的相关知识,有必要对数码相机进行介绍。

1. 数码相机的感光元件

数码相机有三个关键部件,分别是镜头、感光元件、图形处理器,其中核心部件是感光元件,可以说它是数码相机的心脏。传统相机使用"胶卷"作为其记录信息的载体,与传统相机相比,数码相机的"胶卷"就是其成像感光元件,与相机融为一体。

感光器是数码相机的核心,也是最关键的技术,数码相机的更新换代,可以说就是感光器研发过程的具体表现。目前数码相机的核心成像部件有两种:一种是广泛使用的电荷耦合器件(charge coupled device,CCD);另一种是互补金属氧化物半导体(complementary metal-oxide semiconductor,CMOS)器件。

1) CCD 图像传感器

电荷耦合器件图像传感器也称光电耦合器,它使用一种高感光度的半导体材料制成,能把光线携带的能量转变成电荷,通过模/数转换器芯片转换成数字信号,数字信号经过软件处理,压缩以后由相机内部的闪速存储器或内置硬盘卡保存,因而可以轻而易举地把数据传输给计算机,并借助计算机的处理手段,根据需要和想象来修改图像。CCD 由许多感光单位组成,通常以百万像素(M)为单位。当 CCD 表面受到光线照射时,每个感光单位会将电荷反映在组件上,所有的感光单位所产生的信号组合、加工在一起,就构成了一幅完整的画面。

与传统底片相比,CCD 更接近于人眼对视觉的工作方式。只不过,人眼的视网膜是由负责光强度感应的杆细胞和色彩感应的锥细胞分工合作组成视觉感应。CCD 经过长达 35 年的发展,大致的形状和运作方式都已经定型。CCD 的组成主要是由一个类似马赛克的网格、聚光镜片以及垫于最底下的电子线路矩阵组成的。

2）CMOS 图像传感器

CMOS 与 CCD 一样同为在数码相机中可记录光线变化的半导体。CMOS 的制造技术与一般计算机芯片的没什么差别,主要是利用硅和锗这两种元素所做成的半导体,使其在 CMOS 上共存着带 N(带负电）和 P(带正电)级的半导体,这两个互补效应所产生的电流即可被处理芯片记录和解读成影像。然而,CMOS 的缺点就是太容易出现杂点,这主要是因为早期的设计使 CMOS 在处理快速变化的影像时,由于电流变化过于频繁而产生过热的现象。

两种感光元件虽然使用同属性的半导体材料,但是它们有不同之处。由两种感光元件的工作原理可以看出,CCD 的优势在于成像质量好,但是由于其制造工艺复杂,制造成本居高不下,特别是大型 CCD 价格非常昂贵,这也是单反相机价格不菲的原因之一。

在相同分辨率下,CMOS 的价格比 CCD 的便宜得多,但是 CMOS 器件产生的图像质量相比 CCD 的来说要低一些,主要应用在摄像头和廉价的手机上。

3）感光元件的色彩深度

色彩深度是感光元件的一个重要指标,即色彩位,也就是用多少位的二进制数字来记录三种原色。非专业型数码相机的感光元件一般是 24 位的,专业型数码相机的感光元件至少是 36 位的,高端专业机采用 48 位的 CCD。

对于 24 位的器件而言,感光单元(单色)能记录的光亮度值最多有 $2^8 = 256$ 级,每一种原色用一个 8 位的二进制数字来表示,最多能记录的色彩是 $256 \times 256 \times 256$(三色),约 1677 万种。如果每一种原色用一个 12 位的二进制数字来表示,则最多能记录的色彩是 $2^{12} = 4096$ 级。例如,如果某一被摄体最亮部位的亮度是最暗部位亮度的 400 倍,使用 24 位感光元件的数码相机来拍摄的话,如果低光部位曝光,则凡是亮度高于 256 倍的部位均曝光过度,层次损失,形成亮斑,如果使用 36 位感光元件的专业数码相机,就不会有这样的问题。

2. 数码照片的分辨率

数码照片存储容量的大小主要取决于图像分辨率和软件处理方式(色彩位数)两个方面。早期(1998 年)数码相机的图像标准是准 VGA 格式,图片分辨率是 756×504(柯达),图片容量大小随拍摄景物的内容而变,约 110 KB。中期(2005 年)数码相机的图像标准有所提高,图片的像素设置可有不同选择,如 VGA、2M、3M、6M,当时的 600 万像素数码相机是一个顶峰。随着科技技术的不断发展,相机的像素大幅提高,近期(2010 年后)数码相机的像素可达 1300 万像素。不过若使用相机的最高像素去拍摄,不仅存储卡存放不了几张照片,并且在计算机屏幕上浏览时也不会很清晰。目前,大多数显示器的分辨率设置为 1024×768（3/4)或 1280×720(宽屏),在使用"Windows 图片和传真查看器"浏览照片时,软件默认的方式为"最合适",即"全幅"显示(见图 12-1)。当照片的分辨率大于屏幕分辨率时,软件会自动进行压缩并满屏显示,此时的画面会稍显模糊。当点击"实际大小"按钮后,照片的内容将超出屏幕范围。

图片压缩的显示方式是将过多的像素点在软件控制下进行合并后输出显示,那么原本清晰可辨的两个点或许被拼成一个点输出,看到的图像自然会模糊些。

图 12-1 照片"全幅"显示

为使大家对数码相机的成像效果和印刷要求有一个初步的了解,下面以表格形式列出几种常见照片的基本参数(见表 12-1)。

表 12-1 常见照片的基本参数

像素数/M	最大可印刷	分辨率/ppi	存储容量
2	10×15 cm/4×6″	1632×1224	约 500 KB
3	13×18 cm/5×7″	2048×1356	约 1.4 MB
6	A4/8×10″	3072×2480	2 MB

12.1.2 图片的压缩方法

使用光影魔术手对图片进行压缩有三条途径:缩放、裁剪和改变保存图像文件的质量。其中最简单的压缩技术就是使用"缩放"功能,此种方式的特殊效果是保留了照片的原有内容。

1. 缩放

缩放是将图像原有的分辨率进行缩小或放大,目的是减少图像所占的存储空间,就是改变图像的分辨率,将其数值减小,光影魔术手的操作界面如图 12-2 所示。在图 12-2 中的常用工具栏,点击"缩放"按钮将弹出如图 12-3 所示的调整图像尺寸窗口。

调整图像尺寸窗口中的"比例单位"是像素,可以重新设置。我们主要关心的是"设置新图片尺寸",在窗口中可以看到,系统默认的是"维持原图片长宽比例"。这样在设置新图片尺寸时,只需输入宽度和高度两个参数中的一个,例如原图像的分辨率是 1632×1224,在 32 开文稿中插入的图形宽度大约是 510 像素,当我们在"新图片宽度[像素]"一栏输入"500"时,则"新图片高度[像素]"的参数自动填入,点击"开始缩放"完成本次任务。

图 12-2　光影魔术手的操作界面

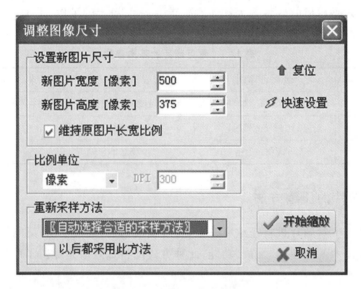

图 12-3　调整图像尺寸窗口

2. 裁剪

对于拍摄的多媒体素材,通常在取景时都留有不少的富余量,特别是对运动物体的抓拍,一般都会留有众多的空间。当进行图像加工处理时,为显示主题内容,通常需要去除画面上多余的部分。采用裁剪方式,不仅使图像的像素数大为减小,而且达到了突出主体的目的。

首先打开需要加工的照片,然后点击"裁剪"按钮,弹出裁剪窗口(见图 12-4)。虽然光影魔术手的裁剪图标和 Word 图形工具栏中的图标一样,但是 Word 中的裁剪是逻辑性的,而光影魔术手图像处理软件中的裁剪是真实性的,经过裁剪的图片一定小于未裁剪的图片所占的存储空间。

图 12-4　光影魔术手的裁剪窗口

　　图像的裁剪方式有三种模式，即自由裁剪、按宽高比例裁剪、固定边长裁剪，通常采用系统默认的自由裁剪模式。在自由裁剪模式中又有四种图像选择工具，分别是矩形选择工具、椭圆形选择工具、套索工具、魔术棒工具，其功能不逊色于专业级的图像大师——Photoshop。

　　通常使用系统默认的矩形选择工具对图片进行加工处理。用矩形选择框剔除图像右边无内容显示的黑色区域，另外在图像的上下和左方裁剪掉多余的场景，实际裁剪操作过程如图12-5 所示。

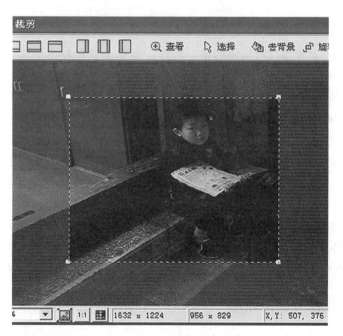

图 12-5　实际裁剪操作过程

在矩形边框落定以后,还可以通过单边线的拖曳操作对不满意的区域进行调整,最后点击"确定"按钮完成本次任务。在裁剪操作完成并加以保存后,只要没有关闭该图像处理软件,都可以通过"撤销"操作,重新对图片进行裁剪操作。

裁剪后的图像内容若有不足之处,还可以对图像进行其他方式的加工处理,图 12-6 就是经过其他图像处理软件再加工的效果。

图 12-6   经过其他图像处理软件再加工的效果——盼

"盼"这张照片取自于某景区喧闹夜市的一个黑暗角落,听到孩子发出凄凉而微弱的叫卖声时撼动了作者,只见他或胆怯或羞涩地把头埋在怀里,面对着熙来攘往、人声嘈杂的人群,像小猫一样喃喃自语……

3. 改变保存图像文件的质量

使用光影魔术手对图像进行压缩的第三种方法就是改变保存图像文件的质量,这一操作效果十分有效。改变保存图像文件的质量既不对图像进行裁剪,也不用缩小图像的分辨率,只是在"保存"或"另存为"时改变了图像文件的保存质量。例如,将一幅图像分别以 100% 和 90% 的图像文件质量保存,存储容量几乎相差一倍。

点击"保存"按钮后,系统弹出保存图像文件窗口(见图 12-7),界面提示"Jpeg 文件保存质量"的操作项和存储文件大小的估算值。改变图像文件的保存质量只需鼠标拖动滑块即可,通常采用 95%、90%、80% 几种压缩方式。计算机屏幕显示的图像减少 10% 的信息量,人们的视觉观察一般不会发现变化。

一个 170 KB 的图像文件,若采用 95% 的图像文件质量保存时,文件大小为 94 KB;若采用 90% 的图像文件质量保存时,文件大小为 70 KB;若采用 80% 的图像文件质量保存时,文件大小为 51 KB。改变保存图像文件质量的方式属于"有损压缩法",对图像有所伤害。

12.1.3   提高图片的清晰度

如果图像素材的清晰度不足,则重新拍摄为佳,如果当时的拍摄场景不复存在,则可以通

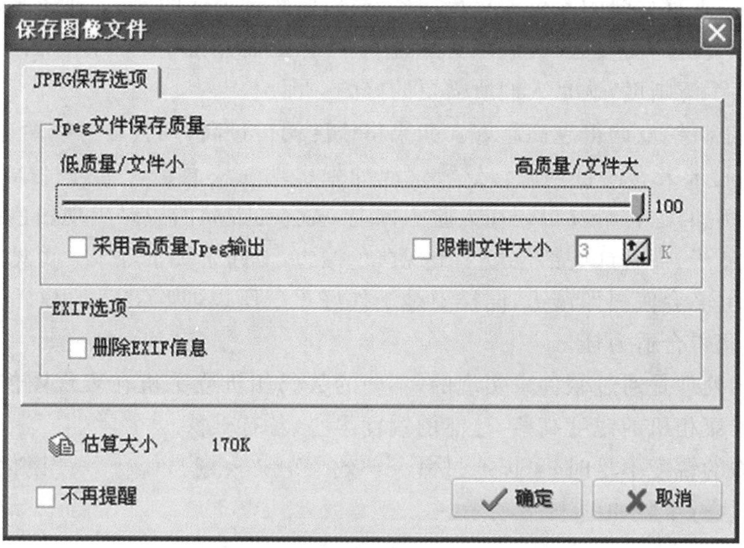

（a）以高质量保存时，文件大小约为170 KB

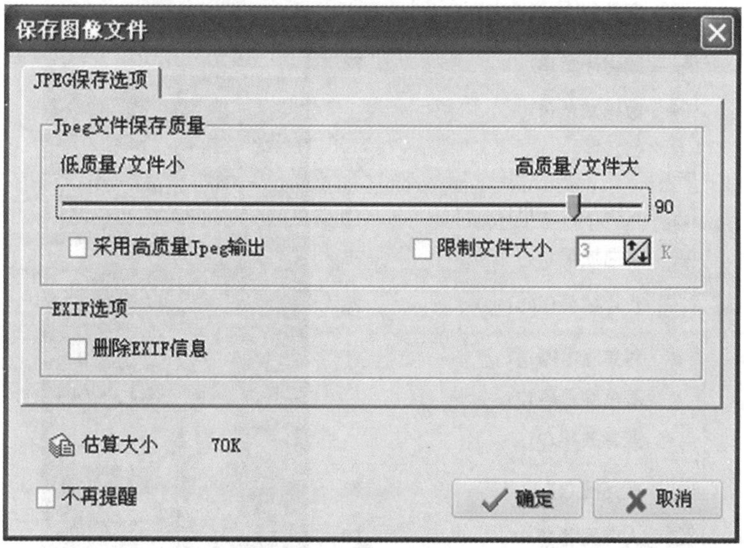

（b）以较低质量保存时，文件大小约为70 KB

图 12-7　保存图像文件窗口

过软件对其进行加工处理，以提高图像的可视度。无论是裁剪方式还是降低分辨率的操作过程，都会降低清晰度。同样，在图片进行缩放处理时会降低原始图片的清晰度，因为对图像的缩放过程就是使用软件对原始图像的每一个点重新进行采集和编码处理，对反映图像"锐度"的一些参数会造成无辜伤害。

1. 锐化处理法

锐度有时也称清晰度，它是反映图像平面清晰度和图像边缘锐利程度的一个指标。如果将锐度参数调高，图像平面上的细节对比度也更高，看起来就更清楚。例如，在高锐度的情况下，不仅画面上人脸的皱纹、斑点更清楚，而且脸部肌肉的鼓起或凹下也表现得栩栩如生。在另一种情况下,即垂直方向的深色或黑色线条,或黑白图像突变的地方,在较高锐度的情况下,线条或黑白图像突变的交接处,其边缘更加锐利,整体画面显得更加清楚。因此,提高锐度,实际上也就是提高了清晰度,这是人们所需要的好的一面。

但是,并不是将锐度调得越高越好。如果将锐度调得过高,则会在黑线两边出现白色线条的镶边,图像看起来失真而且刺眼。这种情况如果出现在块面图像上,图像就会显得严重失真,不堪入目。例如,这种情况出现在人脸图像上,就会在人脸的边缘出现白色镶边,而且在发际、眉毛、眼眶、鼻子、嘴唇这些部位边上出现白色镶边,看起来很不顺眼。可见,锐度太高虽然提高了清晰度,但又会使图像镶边,同样不是一件好事。所以,为了获得相对清晰而又真实的图像,锐度应当调得合适为佳。

锐度参数的处理是通过软件来实现的,不同的数码相机或手机在表现图像时有不同的偏好,一般来说,尼康相机的锐度高些,佳能的锐度柔些,各有千秋。

当感觉图像的锐度不足时,可以通过命令:"效果"→"模糊与锐化"→"锐化",对图像的清晰度进行调整,执行步骤如图 12-8 所示。

图 12-8　锐化执行步骤

如果不想使用软件锐化时提供的固定参数,也可点击"精细锐化"自行设置锐化的精度。精细锐化的操作窗口如图 12-9 所示,通过拖拉对话框中的滑块即可改变参数数值,同时在预览窗口中可以见到实际的调整效果。

在相关参数设置完毕后,点击"确定"按钮后系统即可输出锐化加工后的图片,视其效果可以反复试验,以获得满意的图像作品。

模糊操作也称柔化处理,它可以把锐度过高的照片通过柔化处理使展现在人们眼前的图像温柔、可爱,柔化操作是锐化的反向采样处理过程。

2. 清晰度的调整法

图像清晰度的调整除"锐化"处理之外,还可以通过软件提供的其他工具实现这一目的,如"曲线""亮度/对比度/Gamma"等调整工具都可以使用。

1)"曲线"调整工具

执行命令:"调整"→"曲线",弹出如图 12-10 所示的曲线调整窗口。"通道"下拉列表有四项选择,即 RGB、R 红色通道、G 绿色通道、B 蓝色通道。通道是一种术语,选择某种颜色通道时,其操作仅对该色进行操控,系统默认值是 RGB(三色通道同时调控的模式)。

图 12-9　精细锐化的操作窗口

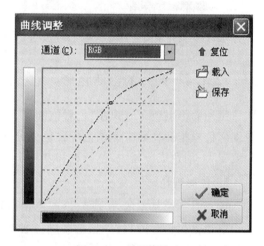

图 12-10　曲线调整窗口

图 12-10 中的直线代表中性区,即不做任何调整的位置,通过鼠标点取直线的不同位置向左上方或右下方拖曳,图像的亮度和对比度将同时发生变化,并且会形成四种不同的调整效果,变化效果如图 12-11 所示的文字标示。

2)通过 Gamma 调整清晰度

Gamma 表示一种亮度,如屏幕、游戏、视频、影像等的亮度,特别是在计算机显示器中应用较为普遍。Gamma 值是用曲线表示的,这是人的眼睛对光的一种感应曲线,其中涉及物理量、生理感官及心理的感知度。从物理量方面,其单位是亮度单位,为 cd/m^2。对一个正常人来说,人的眼睛对光的感应曲线是一"非线性"的曲线,而且对显示器上的三种发光体 R、G、B 也分别感应出三种不同的曲线。所以人们在设计显示器的 R、G、B 三种发光体时,同步设计了三种 Gamma 曲线来分别对应 R、G、B 三种发光体,以及人的眼睛内的三种感光细胞,这就是发光体的 Gamma 值。

光影魔术手的参数调整工具中的"亮度·对比度·Gamma"就是通过三者之间的调整与平衡实现图像画面的清晰、亮丽。执行命令:"调整"→"亮度·对比度·Gamma"后,系统弹出如图 12-12 所示的窗口。

图 12-12 中亮度、对比度的滑块是向左拉,参数的数值减小;向右拉,参数的数值加大。而

Gamma 值的调整与之相反,向左拉,参数值变大,图像变暗,清晰度加强;向右拉,参数值变小或为负值,图像变亮,画面柔和、清淡。

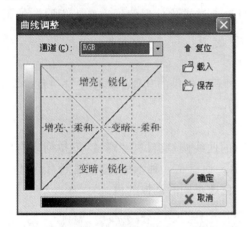

图 12-11　曲线调整的四种不同的调整效果

图 12-12　亮度·对比度·Gamma 窗口

12.1.4　照片的艳丽色彩

照片的艳丽色彩表现在"色彩饱和度"上。色彩饱和度是指色彩的鲜艳程度,也称色彩的纯度。色彩饱和度取决于该色中含色成分和消色成分(灰色)的比例。含色成分越大,色彩饱和度越大;消色成分越大,色彩饱和度越小。

1. 色彩理论

色彩有三个基本的表现要素,即色相、彩度、明度。

色相是指色彩的相貌,它是区别一种物质色彩的名称,如红、黄、蓝等及相互混调的色彩(如红+黄=橙,蓝+红=紫等)。

彩度是指色彩的纯度、浓度,色彩越强,则纯度越高,彩度越大。

明度是指色彩本身的明暗度,在无色彩上由白到灰至黑的整个过程都是调节明度,所以低明度色彩是指阴暗的颜色,高明度色彩是指明亮的颜色。在色相中,黄色明度最高,蓝色明度最低。

理论上,色彩可以分为无色彩(白、灰、黑)与有色彩(红、橙、黄、绿等)两大类别。

根据人们的心理和视觉判断,色彩有冷暖之分,可分为三个类别:暖色系(红、橙、黄),冷色系(蓝、绿、蓝紫),中性色系(绿、紫、赤紫、黄绿等)。

饱和度可定义为彩度除以明度。要注意的是,饱和度与彩度完全不是同一个概念,但因为饱和度代表的意义与彩度相同,所以才会出现视彩度与饱和度为同一概念的情况。

2. 饱和度的调整

调整饱和度可以把颜色变得更加鲜艳或者相反,调整明度可以把颜色整体变亮或者变暗。光影魔术手的饱和度调整指令在"调整"菜单中,执行命令:"调整"→"色相/饱和度",如图12-13所示。

光影魔术手工作窗口的右侧是快捷工具栏,"基本调整"项目中的"高级调整"内也含有"色相/饱和度"的操作。点击"色相/饱和度"按钮后,弹出调整饱和度窗口,如图 12-14 所示。

图 12-13 "调整"菜单中包含许多相关指令

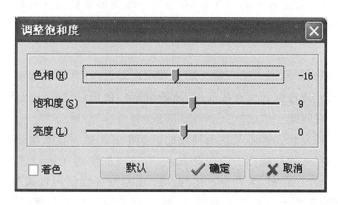

图 12-14 调整饱和度窗口

调整饱和度含有三项操作：色相、饱和度、亮度。通过调整三个参数，图像可以呈现不同的效果。

色相可以纠正来自相机的色差，例如 SONY 相机以蓝色偏重而提高照片的清晰度，那么就可以通过色相调整使照片还原景色的真实面貌。色相滑块向左拉添加绿色成分，向右拉添加红色成分。调整时融入了操作者自身的判断。

饱和度的调整较为简单，向右拉滑块，参数值增大，颜色浓度得到提升，形成"花红柳绿"的艳丽景色。反向操作，则色彩浓度减弱。

亮度调整用于补偿摄影时天气状况的不足。对于不理想的光照下的照片，或明或暗的场景都会影响照片质量。亮度滑块向右拉动，参数值增大，亮度提高；反之可以使场景亮度稍暗一些。图 12-15 所示的是经过色相和饱和度调整后的图片，供大家参考。

图 12-15　经过色相和饱和度调整后的图片

12.1.5 "红眼"消除法

"红眼"是出现在人物照片上的一种缺陷,特别是戴隐形眼镜的主题对象,当光线处理不当时,出现"红眼"的概率很大。

1. 产生原因

"红眼"是由于闪光灯的闪光轴与镜头的光轴距离过近,在外界光线很暗的条件下,人的瞳孔会相应变大,当闪光透过瞳孔照在眼底时,密密麻麻的微细血管在灯光照映下显现出鲜艳的红色反射到镜头里,在眼睛上形成"红色斑点"的现象,俗称"红眼"。

不难发现,"红眼"是瞳孔来不及收缩导致的。如果在拍摄时让人物处在有光源的位置上,由于环境光线的照射,人物的瞳孔不会张开太大,有效地控制进光量,则"红眼"现象可以有效地削弱。如果环境光线非常暗,为避免产生"红眼"现象则可以使用可调节角度的闪光灯。首先拍摄过程中必须保证拍摄对象都看着镜头,然后调节闪光灯的角度,使它与镜头的角度为30°,由于此时产生的闪光接近环境光线的照射效果,可有效地避免强光进入瞳孔,从而避免产生"红眼"现象。

如果没有可以调节角度的闪光灯,让人物对象的面部稍微偏转 20°左右,同样可以避免产生"红眼"现象,但是呈现的不再是人物的正面像了。对于戴眼镜的人物对象,在使用闪光灯拍摄时总会产生镜片反射的现象,人物的头部只要稍微偏转 5°左右即可避免反射现象。

2. 修正方法

光影魔术手的工具中具备"去红眼"的功能,首先打开需要去除"红眼"的照片。在软件界面的右边有一排选项,在这些选项中找到"功能选择",在"功能选择"中点击"祛斑"和"去红眼"选项,然后会弹出操作窗口,如图 12-16 所示。在该窗口中选择需要的"光标半径""力量"的参数值。

选择好参数后,鼠标所在位置将变成一个绿环,将这个绿环放置于"红眼"部位后点击左

图 12-16 去红眼窗口

键,原先"红眼"的部位将被修正为黑色,用同样的方法将另一只"红眼"去除,修正后的照片如图 12-17 所示。

图 12-17 去除"红眼"后的图像效果

💡 **小提示**

　　注意:"光标半径"的调整至关重要,通过参数改变,一定要使绿环的直径与选择的红眼区域差不多大小。绿环直径太大了会把瞳孔之外的虹膜等地方也描黑;太小了又不能完全去除红眼现象。所以光标的半径一定要调整好,软件允许反复调试。"力量"参数的设置,一般采用默认值即可,它是描述"红眼"擦除力度的参数。

12.1.6 艺术相框的添加

在多媒体教学中,艺术相框的使用虽然不多,但作为图片的美化用在演讲报告中和家庭照片的艺术化处理方面还是很不错的。

艺术相框也称精美边框或艺术边框,使用光影魔术手可以给照片轻松添加精美边框,制作个性化相册。除了光影魔术手软件自带的边框以外,还可以在线下载论坛中光影迷们制作的优秀边框。

光影魔术手自带边框有四种类型,即轻松边框、花样边框、撕边边框、多图边框。轻松边框可使照片显得简单朴素;花样边框是将素材画在照片四周或边上,它可以使加工后的照片显得轻松、活泼;撕边边框可使输出的艺术照片边缘呈现不规则形状,彰显浪漫色彩。"边框图层"的操作窗口如图 12-18 所示。

图 12-18 "边框图层"的操作窗口

在添加艺术边框时,首先打开需要添加边框的照片,然后在"工具"中选择需要的边框类型。也可以在工作窗口的快捷工具栏右侧栏中点击"边框图层",展开"边框合成"项目栏,选择相应的边框类型,即可对图像添加中意的花样图案,例如,添加撕边边框后的效果如图 12-19 所示。

光影魔术手中,"艺术边框"每一类都有两个选择目标,一个是"在线素材",另一个是"本地素材"。光影魔术手软件为了瘦身(网上下载的压缩软件只有 15 MB 左右),其边框素材携带的不是很多,对于联网的计算机可以选择"在线素材"上的相应模块,点击相应边框后,屏幕出现提示"正在下载素材……"的进度条,下载完成后马上可以展现修饰后的图像效果。

艺术边框就像衣服,不同的人物和景色搭配的边框也不一样。由于审美观的不同,用户可以试用多种艺术边框,最后选择中意的一款。

在"场景"艺术边框中,有很多漂亮和浪漫的制作效果。由于这种边框的素材文件较大,通常放置在网上的图库中。图 12-20 所示的是"在线素材"艺术边框,可以选择的边框类型有逼

图 12-19 撕边边框

真场景、桌面、阿凡达三种,具体艺术效果可参看软件提供的实际图像。

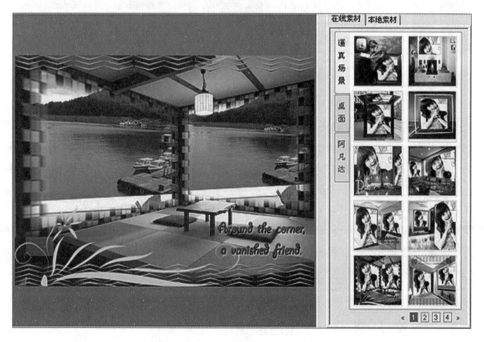

图 12-20 "在线素材"艺术边框

12.1.7 照片的艺术加工

如同 Photoshop 中"滤镜"的艺术加工一样,光影魔术手也有丰富的数码暗房特效,如 Lomo 风格、背景虚化、局部上色、褪色旧相、黑白效果、冷调泛黄等,可让你轻松制作出彩的照片风格,特别是影楼风格效果、反转片效果等都是光影魔术手最重要的功能之一,可得到专业的胶片效果。例如，图 12-21 所示的就是使用"数码暗房"中的"铅笔素描"效果，突出表现那种"顾影自怜"的场景。

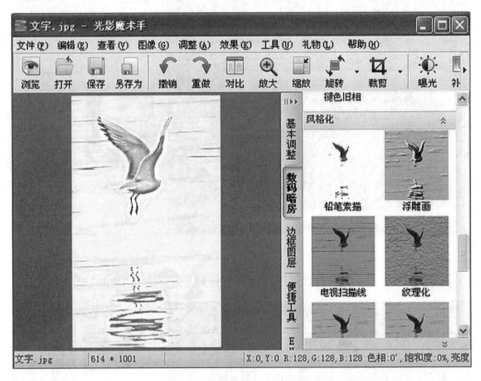

图 12-21　铅笔素描的图像效果

事实上，光影魔术手的功能还有很多，可以说在数码照片处理上大型工具软件所具有的功能，在光影魔术手中都可以找到相应的功能，如正片效果、黑白效果、晚霞渲染、数码补光、褪色旧相片、PS 中的主打手段色阶、曲线等。而且它还有专门针对数码照片的死点修补，对 CCD（电荷耦合器件）上有死点的相机，一次设置就可修补它拍摄的所有照片上的死点，方便、有效。

本节仅仅介绍了光影魔术手在多媒体素材的加工处理上用到的一些手法。市面上关于专业图像处理的教材很多，要想设计出出类拔萃、与众不同的优秀作品，还需要认真领会、细心操作，从中发现运用技巧，才能够操作得得心应手。本书内容融汇百家，仅是抛砖引玉，成功的影视作品、教学课件还需读者自己努力完成。

12.2　图像大师——Photoshop

Adobe Photoshop 是一个由 Adobe 公司开发和发行的图像处理软件，主要处理以像素所构成的数字图像，广泛应用在图像、图形、文字、视频、出版等各方面，该软件拥有众多的编修与绘图工具，可以有效地进行图片编辑工作。Photoshop 具有非常专业的图像编辑功能，被人们赞誉为"图像大师"，简称"PS"。随着时代的发展，Photoshop 不断丰富软件、增加功能，最新版本的 Adobe Photoshop CS6 是 Adobe Photoshop 的第 13 个主要版本。

12.2.1　功能特色

从功能上看,该软件可分为图像编辑、图像合成、校色调色及特效制作等。图像编辑是图像处理的基础,可以对图像进行各种变换,如放大、缩小、旋转、倾斜、镜像、透视等,也可进行复制、去除斑点、修补、修饰图像的残损等。这在婚纱摄影、人像处理制作中有非常广泛的用途,去除人像上不满意的部分,进行美化加工,得到让人非常满意的效果。

图像合成则是将几幅图像通过图层的操作、工具应用,合成完整的、传达明确意义的图像,这是美术设计的必经之路。该软件提供的绘图工具让外来图像与创意很好地融合,有可能让图像的合成天衣无缝。

校色调色是该软件中深具威力的功能之一,可方便、快捷地对图像的颜色进行明暗、色偏的调整和校正,也可进行不同颜色的切换以满足图像在不同领域(如网页设计、印刷、多媒体等方面)的应用。

特效制作在该软件中主要由滤镜、通道及工具综合应用完成,包括图像的特效创意和特效字的制作,如油画、浮雕、石膏画、素描等常用的传统美术技巧都可通过该软件特效完成。各种特效字的制作更是很多美术设计师热衷于该软件的原因。

Photoshop 的主要应用有以下几个方面。

1)平面设计

平面设计是 Photoshop 应用最为广泛的领域,无论是图书封面,还是大街上的招贴、海报,这些具有丰富图像的平面印刷品,基本上都需要用 Photoshop 软件对图像进行处理。

2)修复照片

Photoshop 具有强大的图像修复功能。利用这些功能,可以快速修复一张破损的老照片,也可以修复人脸上的斑点等缺陷。随着数码电子产品的普及,图像处理技术逐渐被越来越多的人应用,如美化照片、制作个性化的影集、修复已经损毁的照片等。影楼中对数码照片的修复调整工作,以前大多使用 Photoshop 软件。

3)广告摄影

广告摄影作为一种对视觉要求非常严格的工作,其最终成品往往要经过 Photoshop 的修改才能得到满意的效果。广告的构思与表现形式是密切相关的,有了好的构思,接下来则需要通过软件来完成它,而大多数的广告是通过图像合成与特效技术来完成的。通过这些技术手段可以更加准确地表达出广告的主题。

4)包装设计

包装作为产品的第一形象最先展现在顾客的眼前,称为"无声的销售员"。Photoshop 的图像合成和特效的运用使得产品在琳琅满目的货架上越发显眼,达到吸引顾客的效果,增加商品的销售量。由此可见包装设计的重要性。

5)插画设计

Photoshop 使很多人开始采用计算机图形设计工具创作插图。计算机图形软件功能使他们的创作才能得到了更大的发挥,无论是简洁还是繁复,是传统媒介效果(如油画、水彩、版画风格)还是数字图形无穷无尽的新变化、新趣味,都可以通过它更方便、更快捷地完成。

6)影像创意

影像创意是 Photoshop 的特长。通过软件的技术处理,可以将原本风马牛不相及的对象组合在一起,也可以使用"狸猫换太子"的手段使图像发生改头换面的巨大变化。

7) 绘画

由于 Photoshop 具有良好的绘画与调色功能,许多插画设计者往往使用铅笔绘制草稿,用该软件填色的方法来绘制插画。除此之外,近些年来非常流行的像素画也多为设计师使用 Photoshop 创作的作品。

动漫设计近年来十分盛行,有越来越多的爱好者加入动漫设计的行列,Photoshop 的强大功能使得它在动漫行业有着不可取代的地位,从最初的形象设定到最后的渲染、输出,都离不开它。

8) 视觉创意

视觉创意是艺术设计的一个分支,此类设计通常没有非常明显的商业目的,但由于它为广大设计爱好者提供了广阔的设计空间,因此越来越多的设计爱好者开始学习 Photoshop,进行具有个人特色与风格的视觉创意。视觉创意给观者以强大的视觉冲击,引发观者无限的联想,并在视觉上带来极高的享受。

9) 界面设计

界面设计是一个新兴的领域,已经受到越来越多的软件企业及开发者的重视。如果你经常上网的话,会看到:有的界面设计得很朴素,但给人一种很舒服的感觉;有的界面设计得很有创意,能给人带来视觉冲击。界面设计,既要从外观上进行创意设计以达到吸引人的目的,还要结合图形和版面设计的相关原理,使界面设计变成独特的艺术。

为了使界面效果满足人们的要求,设计师需要在界面设计中用到图形合成等效果,再配合特效的使用,使界面变得更加精美。

除了上述所列的几项功能外,Photoshop 在婚纱照片设计、艺术字、图标设计、二维动画、三维贴图等方面也广为大家所使用。

12.2.2 基础知识

Photoshop 的一个重要应用就是"图层",正确理解图层的概念可以更好地帮助你处理好图形对象。通俗地讲,图层就像是含有文字或图形信息的胶片。若在图形处理时使用了多个图层,我们所看到的就像一张张透明的玻璃纸按顺序叠放在一起组合起来形成页面的最终效果。通过图层的移动,可以将页面上的元素精确定位。图层中可以加入文本、图片、表格、插件,也可以在里面再嵌套图层。

Photoshop 的工作窗口通常分为五部分,如图 12-22 所示。第一行的菜单形式和其他软件一样,在菜单中可以找到该软件的所有应用工具;第二行是某项操作所对应的"属性栏",例如当前所处的"画笔"操作状态,在属性栏中可以调换画笔类型、改换显示模式、调整压力参数等。

窗口的中间是图形对象编辑区,左侧是工具栏,右侧是在 Photoshop 的操作中一些相关的信息窗口,如颜色、图层、历史记录等。在 Photoshop 中,工具箱等均是独立的活动窗口,拖动各自的蓝色标题栏,可移动窗口位置、自由摆放。

工具箱中有丰富而实用的各种工具,可用来选择、绘画、编辑以及查看图像。点击可选中工具,属性栏会显示该工具的属性。有些工具的右下角有一个小三角形符号,这表示在该工具位置上存在一个工具组,其中包括若干个相关工具。例如,右键点击"直线工具"的小三角形符

图 12-22　Photoshop 的工作窗口

号，弹出画线工具列表。画线工具列表如图 12-23 所示。

12.2.3　操作技巧

Photoshop 的应用功能很多，为降低学习难度，我们仅从多媒体课件制作和撰写文章所需要的角度出发，介绍几种弥补光影魔术手欠缺的图像加工处理方式。

1. 图片的拼接技巧

图 12-23　画线工具列表

在教学演示中，经常需要将两幅图片的内容进行比较说明，此时将两幅图片拼接在一起，在投影展示和著书立说中是十分必要的，图 12-24 所示的是使用 Photoshop 拼接的 CPU 插座的两种形式图片。

图 12-24　CPU 插座的两种形式图片

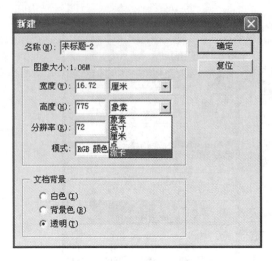

图 12-25 图像拼接时的新建窗口

图片拼接时,首先要在 Photoshop 的编辑窗口中打开需要拼接的图片,然后选择:"文件"→"新建",在弹出的"新建"窗口输入新建图像的参数值,如图 12-25 所示。系统默认的图形宽度与高度单位是"像素",如果对此不习惯,可以点击单位框右边的黑色箭头,在弹出的列表中将单位改为厘米。

在图像显示的参数中,还有一个"分辨率",系统的默认值是"72"。这个参数直接影响图像显示的幅度大小,在进行图像索取和精细加工时,可以将此参数加大。如改写为"150",此时图像将扩大一倍多,有利于使用"索套工具"选取对象和提高"画笔"加工等操作的便利性。

新建文档,系统默认的"文档背景"是"透明",还有"白色"和"背景色"。背景色最好使用透明方式,它可以使新制作的图片更好地与其他媒介吻合。

在建立新文档后,用"选择工具"选取需要拼接的图形对象,使用"复制"和"粘贴"功能将所需内容添加在新文档中,再使用"移动工具"调整图形的位置,使其达到满意的效果。值得注意的是,每"复制"一次,就会在编辑的文档上添加一个图层。由于图层是透明的,有时会迷失当时的操作对象,使调整图像时不能拖动所指图像,此时需要在编辑区右侧的"图层"窗口内先指定需要操控的图层,再进行加工处理。

如图 12-26 所示,若要编辑"背景"图层,就要先在窗口中点击第三行的背景状态条,使其激活。当前可以编辑的图层显示为蓝色,"眼睛"的右侧显示出一只"毛笔"形状,表示可以对其进行编辑处理。

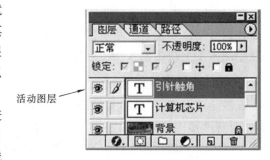

图 12-26 活动图层是"引针触角"

对两个宽窄不相同的图片拼接,还需要进行幅度方面的调整。执行命令:"编辑"→"自由变换",此时活动图层的画面边沿出现虚线和控制柄,如同 Word 中对图片修饰的推拉、缩放、旋转等操作一样,通过修正可以完成设计。

2. 图片中的文字注释

无论是教学图片还是宣传广告,都有可能在一定的位置添加文字和图形信息。但是在 Photoshop 中添加的文字不再具有矢量特性,而是和图形内容一起以位图方式存储。如果想在文稿中得到清晰的矢量文字,还是要使用 Word 中的图文混排的编辑效果,注意将所插入图片的文字环绕方式定义为"紧密型环绕"。

在 Photoshop 中,某项操作完成之后,转向另一操作内容时系统会提问是否保存本次操作,如"斜切"调整后,当点击其他操作时,系统弹出如图 12-27 所示的窗口,此时要确定对本次操作的处理决定。

图 12-27　Photoshop 的文字编辑处理

3. 背景处理

在教学或工作中,有些图片为了突出主题,需要把背景去除,使用 Photoshop 中的橡皮、套索选取、喷枪、油漆桶等工具都可以达到目的。使用橡皮工具擦除不需要的景物;使用套索选取工具选择需要去除的背景将其删除;使用油漆桶工具可以大面积地消除不需要的背景。Photoshop 有多种背景处理方法可供灵活运用。

图 12-28 显示的 U 盘是在信封袋上拍照的图像素材,若要将其用于教学投影,其背景不太美观。无论使用何种方法去除背景,第一步就是选取对象。选择"魔棒"工具,点击需要去除的背景,软件自动选取同一像素环境的区域,如图 12-28 所示的虚线所围区域。

1）填充颜色法

可以使用"涂鸦"方式将所选的区域涂抹成需要的颜色。首先挑选需要涂抹的颜色,一般文章中镶嵌的图片背景色最好是白色,有利于与纸张融合在一起。点击颜色"拾取器",如图 12-29 所示,这里选择的是纯白色,点击"确定"按钮;然后点击油漆桶工具,在所选区域内浇灌油漆(点击),此时的选择区域即刻变成了白色。重复使用此法,直至把背景区域涂成白色为止。

在涂鸦之后,或许还会留有星星点点的小色点,此时可以改用喷枪工具将小色点分别用白

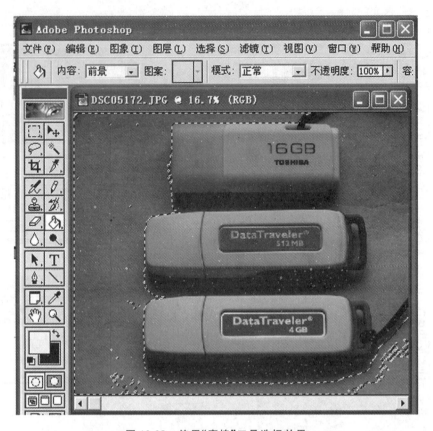

图 12-28 使用"魔棒"工具选择效果

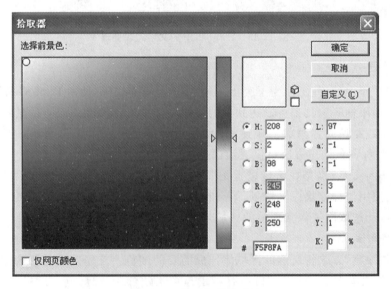

图 12-29 填充颜色的选取

色覆盖。

2）删除法

如果需要清楚的背景,可使用删除法使图像背景变为无色(透明)模式。在使用魔棒工具选取需要清理的背景后,点击键盘上的删除键,此时虚线闪烁的区域内变成了"白灰小方格",白灰小方格表示屏幕画布的场景,即那一块区域已经是无色透明的了,如图 12-30 所示。

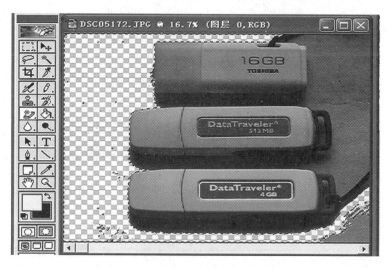

图 12-30　使用删除法清除背景

在删除之后,或许还会留有星星点点的小色点,此时可以改用橡皮工具将小色点分别擦去。图 12-31 所示的是去除背景后的效果图,如果对图像有更高的要求,只需要再花费一些时间对其进行精细加工处理。

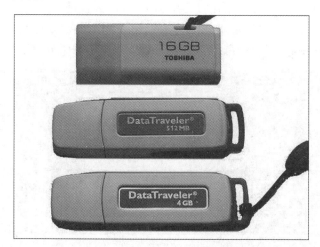

图 12-31　去除背景的效果图

12.2.4　滤镜简述

滤镜主要用来实现图像的各种特殊效果,它在 Photoshop 的图像处理中具有非常神奇的作用,所以图像处理模板都按分类放置在"滤镜"菜单中,使用时只需要从该菜单中执行这些命令即可。滤镜的操作是非常简单的,但是真正用起来却很难恰到好处。滤镜通常需要同通道、图层等联合使用,才能取得最佳艺术效果。如果想在最适当的时候应用滤镜到最适当的位置,除了平常的美术功底之外,还需要用户具有熟练的滤镜操控能力,甚至需要具有很丰富的想象

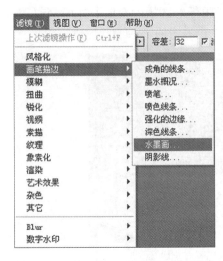

图 12-32 Photoshop 所具有的滤镜类型

力。这样，才能有的放矢地应用滤镜，将自身的艺术才华发挥出来。

Photoshop 包含风格化、画笔描边、艺术效果等多种滤镜，如图 12-32 所示。

图 12-33 所示的是 Photoshop 滤镜的一个应用实例，通过图层的运用将该图产生云雾效果，运用了滤镜中的"渲染"技术增添了光晕效果和黄昏气氛，使人感悟出"一对老人面对沧海桑田，诉说千年史话"的情景。

12.2.5 文件的输出格式

在结束 Photoshop 的图像编辑工作的时候，要注意选择正确的文件保存格式。Photoshop 的文件保存有几十种文件格式，可以很好地支持多种应用程序。在 Photoshop 中，常见的格式有 PSD、BMP、PDF、JPEG、GIF、TGA、TIFF 等。其中 PSD 格式是 Photoshop 的固有格式，相比其他格式，PSD 格式能够更快速地打开和保存图像，很好地保存层、通道、路径、蒙版等设置，压缩计划不会招致数据丢失。但是，很少有应用程序能够支持这种格式。

Photoshop 支持 PDF 格式，允许在屏幕上查看电子文档，PDF 文件还可被嵌入 Web 的 HTML 文档中。一般在图像文件保存时选用 JPEG 格式，它是一个有效的有损压缩格式，支持大多数图形处理软件。也可以选用 TIFF 格式，它使用 LZW 无损压缩方式，大大减小了图像尺寸。另外，TIFF 格式能够保存通道，这对今后处理图像是十分有益处的。

图 12-33　滤镜的处理效果——千年史话

练　习

　　1. 应用光影魔术手或其他图片制作软件,练习图片的裁剪、压缩、饱和度、清晰度等技术处理,使其加工的图片更加清晰、艳丽。

　　2. 应用光影魔术手或其他图片制作软件,练习图片的加工,制作出满意的艺术相框。

　　3. 学习图像大师软件,练习使用它的"滤镜"功能,并制作一幅简单的宣传广告。

第 13 章　屏幕拷贝技术

屏幕拷贝是屏幕录像的俗称。在办公、教学和生活中,时常需要记录计算机屏幕所显示的内容,如计算机软件操作过程、教学课件演示、网络影视节目、视频监控录像、聊天视频和游戏等。计算机作为辅助教学工具,广泛应用于各个学科,如会计电算化、现代物流管理、工商税务、广告设计、影视制作等课程都需要使用计算机作为教学和实习设备,特别是计算机科学与技术及其相关专业,使用屏幕录像技术辅助教学尤为重要。

13.1　屏幕录像软件

计算机屏幕的录制现已成为人们热衷的一项计算机操作技术,广泛用于办公、教学和家庭中。随之而来的屏幕录像软件蜂拥而至,所以对计算机的屏幕录像和视频制作技术应有一定的了解。

13.1.1　软件性质

屏幕录像软件,在多媒体领域,属于录像软件的范畴。一直以来,人们对屏幕录像软件的理解,都是录制桌面操作的软件。但严格意义上来说,"屏幕录像软件"是计算机多媒体术语,除了包含录制计算机桌面操作,还包括了另一个重要来源,即录制计算机视窗环境中的视频内容,譬如录制播放器视频、录制 QQ 视频、录制游戏视频等。由于录制计算机视窗环境的视频内容同时是视频录像软件的功能范畴,因此,录制计算机视窗环境视频是屏幕录像软件和视频录像软件的交集,而视频录像软件和屏幕录像软件的并集,即是完整的录像软件的定义。

综上所述,屏幕录像软件最终的定义是:录制来自计算机视窗环境的桌面操作、播放器视频内容,包括录制 QQ 视频、游戏视频、视窗播放器视频等的专用软件。屏幕录像软件主要用于视频图像的采集,教学操作视频的制作。

13.1.2　屏幕录像软件介绍

在 Windows 7 及以上的版本已经自带了屏幕录像功能,但很多用户依然习惯使用简单、方便的第三方屏幕录像软件。屏幕录像软件很多,较为流行的有以下四种。

1. KK 录像机

KK 录像机是由杭州凯凯科技有限公司出品的免费软件,可以说它是一款简单、好用的"录屏高手",可以轻松录制桌面、PPT、游戏、影视剧和摄像头等所有屏幕活动;比其他录屏软件的性能更加卓越,录制的视频容量更小,不仅保证原文件的质量,还支持录制视频后期编辑、添加字幕、添加音乐。

2. 超级捕快

超级捕快是国内首个拥有捕捉家庭摄像机 DV、数码相机 DC、摄像头、TV 电视卡、计算机屏幕画面、聊天视频、游戏视频或播放器视频画面并保存为 AVI、WMV、MPEG、SWF、FLV 等视频文件的优秀录像软件。

3. EV 录屏软件

EV 录屏软件是一款功能强大的桌面屏幕录像软件,在该软件中几乎包含了常见视频录制软件的所有功能,它主要分为全屏录制、选区录制、摄像头录制,以及同时录制麦克风声音、系统声音、麦和系统声音等,当然用户还可以在屏幕与声音之间以二选一的方式进行录制,录制后的视频支持添加水印、嵌入摄像头等。

4. 屏幕录像专家

屏幕录像专家是一款专业的屏幕录像制作工具,这款中文界面的软件,具有操作简单、功能强大、录制文件小等特点,是制作各种屏幕录像和软件教学动画的首选。

用于计算机屏幕录像的软件众多,其他软件大家可以通过网络自行了解。

13.1.3　屏幕录制应用的注意事项

屏幕录制软件在办公和教学中得到了广泛应用,使多媒体课件的制作更简易、直观。在教育工作中应用屏幕录制技术对充实教学资源、优化教学过程、提升教学效果具有重要的实践价值,但在具体实用中还要注意以下问题。

(1) 注重软件功能的互补,发挥其最大功效。将屏幕录制软件与其他多媒体处理软件相结合,可使多媒体课件制作更简洁、更有效。毕竟屏幕录制软件的功能有限,将其录制生成的视频(如 AVI 格式)导入专业视频处理软件(如 Premiere)中,添加片头、片尾字幕,在多段视频间可添加特技或过渡效果等,继而可导出其他格式的文件。专业屏幕录制软件一般可生成 AVI、ASF、SWF 及 EXE 等格式,但其转换效率都差强人意,可以使用更有效的视频格式转换软件来处理,如格式工厂、快乐影音以及 WinAVI 等。

(2) 突出教学需求,兼顾经济实用的原则,选取适当的表现内容。屏幕录制软件自身的局限性有多方面,如减少师生之间的互动,交互性较差;对学生的学习自觉性提出更高的要求,易于养成对教学录像的依赖;屏幕录制软件的适用范围有限,比较适合计算机软件课程的操作学习,对其他主要依靠教师口头讲解进行教学的课程并不适用。因此在教学中,应遵循教学必需、突出重点难点的原则,符合媒体使用的最小代价,充分发挥媒体的最大效用。

13.2　EV 录屏软件

EV 录屏软件是一款非常实用的免费计算机录屏直播软件,同时也是一款非常好用的桌面视频录制软件,界面简洁、容易操作。EV 是湖南一唯信息科技有限公司的代名词,该公司致力于为用户提供全套视频解决方案,旗下产品包括 EV 录屏、EV 加密、EV 剪辑、EV 课堂,让每一个用户都能简单、快速地满足对视频的录屏、剪辑、加密等需求。

13.2.1 软件界面组成

EV 录屏软件的主界面简洁、明快,包括录制模式、录制区域与音频,以及录制过程中常用的辅助功能,如图 13-1 所示。

准备录制时,先要参见图 13-1 上的表示完成以下几个步骤。① 选择使用的录制模式(本地录制、在线直播)。② 选择录制区域(全屏录制、选区录制、只录摄像头、不录视频)。③ 选择录制音频(仅系统声音、仅麦克风、麦和系统声音、不录音频)。④ 熟悉"辅助工具"区域,录制工作的"开始和停止"按钮在窗口的左下角。

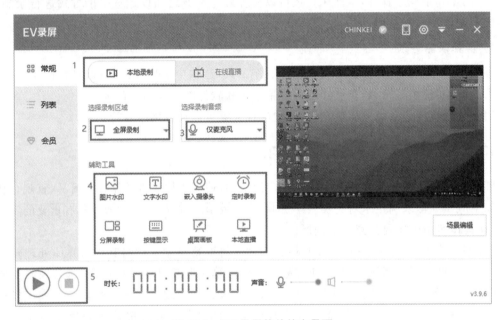

图 13-1 EV 录屏软件的主界面

13.2.2 EV 录屏设置的专业术语详解

在录屏设置时会遇到一些专业术语,正确理解它们,对录屏参数的设置会有所帮助。

1. EV 录屏设置

EV 录屏设置的界面如图 13-2 所示,其相关参数解释如下。

(1)视频帧率(fps):指视频画面每秒钟采集到的画面数量,数值越大,每秒钟采集到的画面数量越多,视频越流畅,同时对 CPU 的消耗也越大。

建议:录制教学视频采用 7~10 fps;录制游戏视频采用 20~30 fps。

(2)音频码率:单位时间内音频的数据流量,输出码率越大,音质越好。

(3)音频采样率:单位时间内的音频数据采样频率,采样率越大,音质越好。

(4)编码级别:编码级别越快,画质越差,CPU 消耗越少。

(5)画质级别:从第 1 级原画到第 6 级一般画质,清晰度依次降低,文件体积也相应地减小。

(6)保存文件名:录屏结束后软件会自动生成名称,格式为年.月.日-时.分.秒。保存文

图 13-2　EV 录屏设置的界面

件格式目前支持.mp4、.flv、.avi（.avi 在程序异常退出时，视频也能正常播放）。

（7）窗口穿透：仅在 Windows 7 且带 areo 效果系统下有用，录制时软件自身窗口不会被录进去，QQ 窗口也不会被录进去。

（8）开始录制倒计时：延迟几秒开始录制由设置的数值决定。

（9）保存到文件夹：录制视频的保存位置。

2. 直播设置

直播设置相关参数有 rtmp 网络串流地址、视频码率等内容，鉴于教学目的，下面仅做简要介绍。

（1）rtmp 网络串流地址：可到直播平台获取，如果直播到斗鱼 TV 就到斗鱼平台获取，具体教程可参考 http://www.ieway.cn/help/desc-evcapture-pc-108.html。每次直播完，都需要重新获取，因为每次串流地址都不一样。

（2）视频码率：数值越大，画面越清晰。请依据网络状况自行调整，如果数值太大，则会导致直播画面卡，如果数值太小，则会模糊。

原画：如果没有起飞的网速，此项不要勾选。

地址密钥：和斗鱼平台地址是一起的，平台用来校验直播地址的合法性。

保存本地视频：如果勾选，则直播过程中会同步保存到本地。

（3）关键帧间距：数值建议设置为视频帧率的两倍，该数值除以视频帧率为直播时的黑屏时间；数值变大，则视频流量呈一定比率下降。

3. 鼠标设置

在屏幕录制时鼠标的使用不容忽视，特别是在录制教学软件时，鼠标的显示可以及时地告知教师讲解的位置，以提高视频教学效果。鼠标设置界面如图 13-3 所示。

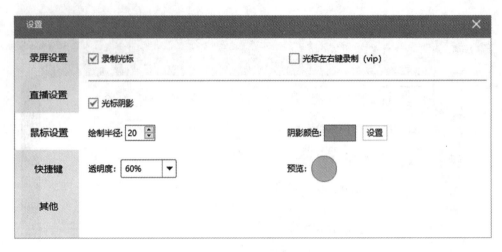

图 13-3　鼠标设置界面

各参数说明如下。

（1）录制光标：录制视频时，桌面显示的光标。

（2）光标左右键录制：在录制过程中，点击鼠标左、右键画面中光标会分别进行闪动响应，区分左、右键。

（3）光标阴影：光标下面半透明带颜色的圈，表示光标所在的位置。

（4）绘制半径：光标圆圈的半径大小。

（5）透明度：光标圆圈的透明度。

（6）阴影颜色：光标圆圈的颜色。

4. 快捷键设置

快捷键即键盘组合键，快捷键设置如图 13-4 所示。

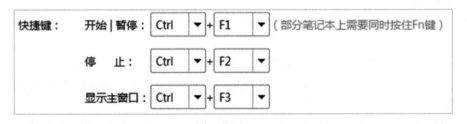

图 13-4　快捷键设置

快捷键无效时的解决方案：① 如果是笔记本电脑，部分计算机需按"Fn＋自定义"键；② 更换为不常用的快捷键。

5. 其他

悬浮小球是一个辅助功能，用以改善软件的使用环境，其他相关参数设置界面如图13-5所示。

（1）显示悬浮小球：在录制时开启显示悬浮小球会显示录制时长，选择开始、暂停以及结束。

（2）恢复默认：恢复系统初始默认设置。

图 13-5 其他相关参数设置界面

13.2.3 如何录制视频

在准备录制之前,首先要下载并安装 EV 录屏软件。EV 录屏分为本地录制和在线直播两种模式,如果是录制计算机屏幕上的内容或是录制网课,则一定要选择"本地录制"(见图 13-6),这样录制的视频才会保存在计算机中。

图 13-6 EV 录屏的"本地录制"

1. 图像录制区域

EV 有四种录制区域设置,如图 13-7 所示。

(1)全屏录制:录制整个计算机桌面。

(2)选区录制:录制自定义区域(录制完成后,要去除选区桌面虚线,只需再点击"全屏录制"选项)。

(3)只录摄像头:选择"只录摄像头"时会弹出"摄像头"窗口,要求检测设备是否正常(添加时,如果添加摄像头失败,请尝试选择不同大小的画面)。

(4)不录视频:录制时只有声音,可实现音视频分离效果。一般用于录制 MP3 格式。

2. 选择录制音频

选择录制音频也有四个选项,如图 13-8 所示。该软件在屏幕录制时可以对声音来源区分得很干净,可以达到预期效果。

图 13-7 录制区域设置   图 13-8 选择录制音频

（1）仅麦克风：声音来自外界，通过麦克风录入 。

（2）仅系统声音：计算机系统本身播放的声音，Windows XP 系统不支持录制。

（3）麦和系统声音：麦克风和系统的声音同时录入到视频里，既有系统播放的声音，也有通过麦克风录制的声音。

（4）不录音频：录制时只有画面，没有声音。

3. 录制的开始-停止

如果选择区域模式，下方显示的 1920×1080 表示即将录制的视频尺寸，此时拖动蓝色矩形边角可任意调节录制的视频范围。点击"录制"箭头按钮或按"Ctrl＋F1"（默认）开始录制；再点击"结束"方块按钮或按"Ctrl＋F2"结束录制；在录制过程中如需暂停，点击"暂停"双竖线按钮，若再次点击该按钮，则继续录制。

注意：如果录制的视频画面变得特别快，建议帧率设置为 20 以上；录制 PPT 网课，帧率设置为 10 左右即可；如果没有录到目标内容，只录到内容后方的桌面，则点击 EV 录屏→"设置"→"录屏设置"，勾选"抓取窗口加强"。

4. 查看视频

点击"列表"，打开视频列表，双击视频文件即可播放视频；点击右侧"更多"下的圆圈按钮即可打开保存目录查看文件；点击"文件位置"可快速定位到文件在计算机的哪个位置。

13.2.4 如何录制声音

EV 录屏软件可以作为录音机使用，一些视频节目经过此项操作能够把音频内容摘录出来，形成一个 MP3 音乐文件。

1. 选择录音种类

选择录音种类与选择录制音频（见图 13-8）的设置一样。

2. 开始录音

在音频录制设置完成后，可点击"开始"按钮。开始录制后，声音波形条左右波动，说明有录到声音；波动越大，音量越大。如果没有波动，则表明没有声音，需要修改录音设置。

13.3　屏幕录像专家软件

屏幕录像专家是一款专业的屏幕录像制作工具，这款中文界面的软件具有操作简单、功能强大、录制文件小等特点，是制作各种屏幕录像和软件教学动画的首选。使用它可以轻松地将屏幕上的软件操作过程、网络教学课件、网络电视、网络电影、聊天视频等录制成 AVI、WMV 或者自动播放的 EXE 文件。它具有长时间的屏幕录像功能，还可以实现同步录制声音。

13.3.1　软件的安装与注册

屏幕录像专家安装非常简单，按照提示点击"下一步"按钮直到完成就可以，只是在安装的最后会提示是否要安装 LEX 播放器，这是屏幕录像专家的专用播放器，在没有进行其他格式转换前，原影像文件还可以使用屏幕录像专家进行编辑处理，可自由选择。安装之后，在桌面上自动生成快捷图标，只需双击即可使用。

该软件在首次使用时，需要注册安装。当然也可以试用，只是试用时录制下来的文件会在屏幕图像的中间打上红色烙印"屏幕录像专家，未注册"，稍微会影响影视作品的观展效果。所以在使用之前，最好按以下步骤进行注册。

（1）启动屏幕录像专家，暂且不管它的提示，按"OK"键，在弹出的欢迎注册窗口中，再按"注册"按钮，弹出注册对话框，如图 13-9 所示。

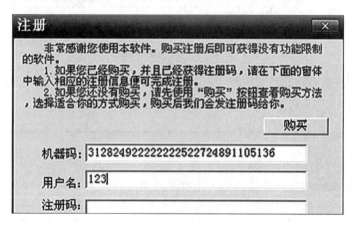

图 13-9　注册对话框

（2）在"用户名"输入框内，任意输入一个用户名，例如输入 123，再用鼠标选定机器码，按"Ctrl＋C"快捷键，复制机器码到注册机内寻求匹配的注册码。

（3）双击注册机文件，启动注册机，如图 13-10 所示。

在"机器码"栏内，按"Ctrl＋V"快捷键，将机器码复制到此处；在"用户名"处输入"123"（与第（2）步一致），按下最后一行的按钮，在"注册码"栏内将显示一长串自动生成的注册码，而且对话框马上提示"恭喜！注册码已经复制到剪贴板-by WAN"。

（4）回到刚才的屏幕录像专家的注册界面（见图 13-9），将光标停放在"注册码"栏的空白

图 13-10   注册机窗口

处,按"Ctrl＋V"快捷键,将剪贴板中的注册码输入,如图 13-11 所示。

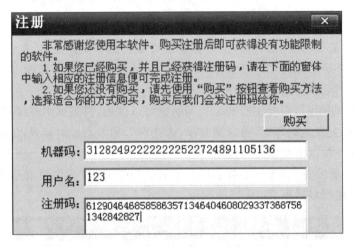

图 13-11   输入注册码

（5）按"确定"按钮,界面弹出注册成功窗口,点击"OK"键,随后关闭注册机、屏幕录像专家。此时的屏幕录像专家就可以正常使用了。

 小提示

屏幕录像专家软件在操作过程中会不时地弹出一个提示窗口,对初学者来说,应该认真看提示的内容。当使用熟练到一定的程度,就可以让它以后不再出现,以节省时间。

13.3.2   操作界面介绍

屏幕录像专家的主界面由主菜单、工具栏、录像模式/生成模式、录像文件列表框、帧浏览框等组成,如图 13-12 所示。

其中,主菜单包含该软件所有的功能,录像文件列表框显示临时文件夹存放的录制好的文件。我们最常用到的是工具栏与录像模式,下面重点介绍它们。

如同其他应用软件一样,屏幕录制专家通常需要设置的参数有文件名、临时文件夹、录制

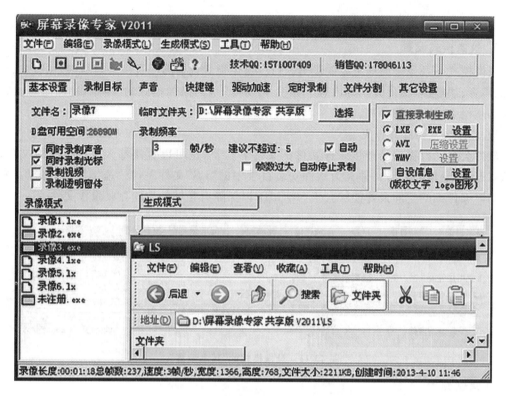

图 13-12　屏幕录像专家的主界面

频率、直接录制生成、同时录制声音、同时录制光标等。

1. 工具栏介绍

图 13-13 所示的是工具栏中最重要的几个按钮，"向导""开始录制""暂停/继续录制""停止录制""打开/关闭屏幕画板"等。

图 13-13　工具栏

该软件的"暂停/继续录制"功能十分重要，突破了普通数码相机的视频录像功能的控制瓶颈，可以在间断工作的情况下，录制出完整的、不需要剪辑的影视作品。

在平时的屏幕录像素材制作中，一般操作就是"开始""暂停""停止"几项功能的使用。软件提供的"屏幕画板"可以对录像画面进行特殊标记。

屏幕录像专家的屏幕画板功能特别适合制作计算机操作教程。例如在录制的过程中，我们希望对某一句话或者屏幕中的某个地方做特别提示，可按 F11 键开启屏幕画板，拖动鼠标就能画出线条或者图案。默认状态下，这个画出的线条是黑色的，能按需要更改线条的颜色及粗细，在开启画板的情况下，将鼠标移动到屏幕右侧中间地带，就会自动弹出一个小窗口，如图 13-14 所示。选择"铅笔"可

图 13-14　屏幕画板窗口

以随意画图,选择"直线"可以绘出平直、美观的直线。

2. 录像模式设置

录像模式是录像之前最重要的设置窗口。这个模式内有多个选项卡,包括基本设置、录制目标、声音、快捷键、文件分割等内容。如图 13-15 所示的录像模式的"基本设置"是每次录像操作必须检查或更改的参数。

1) 文件名与临时文件夹

软件会自动根据编号产生录像文件的文件名,当然也可以直接输入自己定义的文件名。默认状态下,录像的临时文件夹为软件安装目录中的"LS"文件夹,按"选择"按钮可以重新设定。临时文件夹的空间最好能够大于 500 MB,以保障有足够的空间存放录像文件。

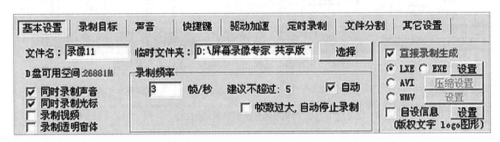

图 13-15　录像模式的"基本设置"

2) 录制频率

录制频率是指每秒钟录制多少个画面,频率越高,动画越流畅,但录制的影像文件也越大。所以频率并不是越高越好,而是在满足需求的情况下,选择合适的录像频率。

3) 同时录制声音与光标

计算机屏幕录像的目的就是显示教师教学演示的每一动作,所以声音和光标必须同时录制。系统的默认参数是"录制",如果不需要时,取消这项勾选。

4) 生成文件设置

直接录制生成框默认生成 EXE 文件,作为录制的多媒体作品的影视素材,一般选择"WMV"格式,可以根据需要而定。

13.3.3　屏幕拷贝方法

1. 屏幕录像的简单操作

双击桌面的屏幕录像专家图标,启动软件。默认值是"直接录制生成"状态,格式"EXE"处于选中状态,输入录像文件名后,在已经准备好的情况下按"Ctrl＋F2"组合键开始录制(若已设置组合键),录制完成按"Ctrl＋F2"键停止。此时在左下角的录像文件列表框中就能看到刚刚录制的影像文件,双击它马上可以观看播放效果,不满意可以重新录制。

每分钟的文件大小与每秒录制帧数、屏幕大小成正比。相比较而言,录制 EXE 文件的大小要比录制其他文件的小得多,因为 EXE 文件只记录屏幕上的变化区域,屏幕不动时,它不会记录,所以如果屏幕上基本没有变化,那么得到的文件会非常小。

2. 制作最小的 EXE 录像

要使屏幕录像生成的 EXE 文件尽可能地小,那么就要注意做到以下这些环节。

（1）降低屏幕分辨率。如果录制全屏，在满足要求的前提下尽量使用 800×600 的分辨率。

（2）尽量使屏幕内容变动较少，尽量不要有动画播放等。

（3）设置合适的帧数。一般软件演示的录像，帧数设置范围在 2～5 之间，通常选 3 即可。

（4）尽量使屏幕简单，不要有复杂的图像（如照片）。如果桌面上有背景图，则把桌面上的背景图去掉。如果 Windows XP 的界面比较花哨，则会使录制的影像文件较大，把 Windows 主题改成经典型，可以使录制文件瘦身。

（5）录制好 EXE 后，还可以使用"修改 EXE 播放设置"功能转换压缩方式，将图像压缩设置为"高度无损压缩"，将声音压缩设置为"有损压缩（MP3）"或"有损压缩（True Speech）"，可以根据需要考虑将图像质量设置为"低"，转换完成后可以得到比原来小很多的文件。

（6）如果不需要录制声音、光标，在基本设置中取消对这两项的勾选。

3. 录制视频

录制视频相对比较麻烦。要想录制工作流畅、顺利，需要按下面的步骤设定一些参数。

（1）录制操作软件时，将屏幕调整为 16 色。

（2）启动屏幕录像软件后，选中"基本设置"页中的"录制视频"及"同时录制声音"选项，并将录制频率改为 15 帧/秒（计算机性能好的话，可以选择 25 帧/秒）；再在"直接录制生成"框勾选"AVI"。

（3）打开被录制的应用软件（需要提醒的是，要录的软件演示一定要在屏幕录制专家启动录像之后再打开）；注意要录的内容一定要以原来大小播放，千万不要在全屏播放时进行录像。

（4）设定录像窗口。如果只录制播放的视频窗口，则按原窗口大小播放是最好的，所以不用默认的"全屏"录制方式，而应该选择录像窗口，在图 13-16 所示的"录制目标"中勾选"范围"，再按"选择范围"按钮，然后拖动鼠标指针将要录制的窗口圈定。

图 13-16 "录制目标"的参数设置

（5）进一步设置声音。选择"声音"，默认的声音设置一般选"16 位"和"11025"，如果觉得录出的声音音质不够好，可以选"22050"及按"录电脑中播放的声音"按钮。

完成以上设置工作后，可以进行屏幕录像。

在进行全屏录制时，一般需要设定屏幕的分辨率，特别是制作教程，因为它可能会在不同分辨率的计算机上播放，所以建议设置为 800×600。这样不仅容易在其他计算机上播放，而且文件也比较小。一般教学都要录制声音，故要准备好话筒。

13.3.4 文件输出格式的选取

屏幕录像专家的文件输出一般有四种格式：LEX、EXE、AVI、WMV，而且还提供了它们之间相互转换的工具。

录制成 LEX 文件,在播放时需要安装 LEX 播放器。所以一般不建议非专业人士使用这种格式。如果是录制软件操作过程(如制作教程)、网络课程或课件(非视频内容),建议使用直接录制 EXE 文件(软件默认方式),录制帧数设置为 5 帧/秒左右比较合适,也可以根据自己的需要增加或减少。因录制 EXE 文件不像 AVI 记录每一帧的图像,它只记录屏幕中变化的部分,如果屏幕没有变化,那么就不需要记录,这样使得录制成的文件比较小。

若要录制网络电视节目、电影片段或者聊天视频,如 RealOne Player、Media Player、暴风影音、百度影音等软件中播放的影片,一般使用直接录制 AVI 文件的方式录制。AVI 压缩设置建议用 MPEG-4,通常有"Microsoft MPEG-4 Video Codec"和"Xvid MPEG-4",软件自动选择的是"Microsoft Video 1",不过此压缩效果没有前面两种好。

如果需要做成在网页播放的 FLASH 文件,可以先录制成 EXE 文件,再通过"编辑"菜单下的"EXE/LEX 转换成 FLASH"功能进行转换。要注意的是,最好不要把过长的 EXE 文件转换成 FLASH,建议控制在 10 min 以内,较长的演示可以做成多个 FLASH 动画,再通过网页组织起来。

练　习

1. 打开 EV 录屏软件,熟悉录屏工作中几个主要参数的设置。
2. 利用 EV 录屏或其他类似软件,录制 10 min 的网络视频节目。
3. 利用 EV 录屏或其他类似软件,录制 5 min 计算机操作的演示过程。

第14章　影视编导与剪辑技术

一部影视作品的完成,通常需要许多专业人才和众多设备,需要专业的知识理论。学习和了解影视编导与制作的相关知识,有利于提高多媒体作品的艺术水平和欣赏价值,更加高效地实现教学目标。

14.1　影视编导

影视编导简称编导,是影视纪实作品中最主要的创作核心工作,具体是指从现实生活中选取有价值的题材进行策划、采访、制定拍摄提纲、组织拍摄、编辑制作,最后对作品进行把关的系统性创作活动。

影视编导也指从事这项工作的人,通常是一个团队。对于多媒体课件制作或演讲报告撰写而言,如果纯属个人研究,通常一人身兼数职。

在影视作品的具体创作中,编导所做的主要工作如下。

1. 前期编导

前期编导工作包括以下几项基本内容。

(1) 选题:作为编导,选题正确是成功的一半。一般选题主要基于四点,第一,时代要求;第二,观众兴趣;第三,本影视机构的经济技术条件;第四,如果在电视栏目中播出,则要考虑栏目定位、对象性和栏目基调。

(2) 构思、确定拍摄方案:在对选题进行了解或前期采访的基础上,编导要对选题进行深入的、富有创造性的思考,从而确定主题、表现方式及基本结构,制定拍摄提纲。

(3) 拍摄前的准备:拍摄前的准备工作充分与否,直接关系到拍摄能否顺利进行。拍摄前的准备工作主要包括以下三项。

① 筹建电视摄制组,进行合理而严密的分工。

② 对拍摄对象、场地、环境等的了解、勘察。

③ 拍摄设备、器材的准备。

2. 现场拍摄或采访

现场拍摄或采访是影视创作中获取影像和声音材料的重要环节。编导在此期间一要对外联系,落实拍摄地点、时间等具体事项;二要对内安排拍摄进程、采访事宜;三要在拍摄现场进行场面调度、安排,或指挥拍摄、指导现场采访,发现问题,并及时决断处理。

3. 后期编制

后期编制是编导的一项极其重要的工作。在此期间,编导的主要工作如下。

(1) 对文字稿的审查、定夺。

（2）向剪辑人员阐明自己的创作构思和要求。

（3）指导剪辑工作，把握作品画面和声音的表情达意、节奏、风格。

（4）特技、字幕等技术手段的使用。

（5）认真全面地把关、检查。

14.2　影视剪辑基础知识

影视剪辑类似于文章的修改，同样需要一定的知识和技能才能够顺利完成工作，使作品具有艺术性和创新性，赢取大家的好评。

14.2.1　影视剪辑技术

一部 2 小时的电影通常需要半年或更长时间的拍摄和制作过程，只有将各分镜头所拍摄的数小时素材经过剪辑处理和艺术加工，才能最终发行，就算各分镜头拍摄得再好，也缺少不了影视剪辑的过程。

一般，在影视制作后期剪辑时，要注意剪接影视片段。对于胶片电影的制作，首先要将拍摄的底版进行冲洗，制作出一套工作样片，利用这套样片进行剪辑；然后剪辑师从大量的样片中挑选需要的镜头和胶片，用剪刀将胶片剪开，再用胶条或胶水把它们粘在一起，然后在剪辑台上观看剪辑的效果。电影胶片的剪辑就是这样一个不断重复的过程，直至导演满意为止。

数码影视作品的制作思想和道德规范与胶片电影是相同的，只不过数码影视素材是以计算机代码形式存在的，它的剪辑工作不需要剪刀和胶水，而是在"影视编辑软件"的操作窗口由剪辑师进行编辑处理和艺术加工。

14.2.2　基础知识

虽然胶片与数码是两种不同的存储介质，但在影视剪辑处理的思想意识和艺术欣赏等方面，它们是一致的。为使大家能够对影视创作有更好的了解，下面介绍一些影视编辑方面的专业知识。

1. 剪辑

剪辑就是将一部影片拍摄的大量素材，经过选择、取舍、分解与组接，最终编成一个连贯、流畅、含义明确、有艺术感染力的作品，是电影艺术创作的主要组成部分、电影制片不可缺少的一道重要工序、影片从拍摄到完成的一次再创作。

剪接指胶片的具体工艺处理，其中蒙太奇既指镜头组接的艺术技巧，又常指由剪辑而获得的艺术效果，在影视编辑处理方面，可以是"剪辑"的同义语。

早期的电影只是将舞台剧原封不动地拍摄到胶片上，实际上是舞台剧的活动照相。20 世纪初，从美国电影导演 D. W. 格里菲斯开始，采用了分镜头的拍摄方法，将内容分解为一个个不同的镜头分别拍摄，譬如用近景、特写等镜头来突出细节，用全景、远景来介绍环境，用一系列短镜头的快速转换来制造气氛和节奏，从而使电影摆脱了舞台剧活动照相的框框，成为一门独立的现代艺术，也由此产生了剪辑的艺术。

剪辑是导演工作的一部分,而且是非常重要的部分。随着科学技术的不断发展,电影从早期的无声片进化到当前的数码科技,剪辑的工艺越来越复杂,加上电影表现手法的不断更新,导演的创作任务也愈来愈繁重,于是逐步产生了剪辑专业人员:剪辑师和剪辑助理。剪辑师同摄影师、美工师、录音师一样,是导演的亲密合作者,从摄制组的筹备阶段开始,参与导演有关的一切创作活动,如讨论分镜头剧本、排戏(即拍摄前的分镜头排练)等。剪辑师必须充分理解编、导、演的构思和设想,然后根据导演提供的分场、分镜头剧本和拍摄时的更为具体的方案剪辑影片。分镜头(导演设计)与蒙太奇(镜头剪辑)是同一事物的两个方面。前者是意图,后者是实施。因此,也有人称剪辑为"分镜头的后期工作"。但"后期"并不意味着单纯的工艺操作,它是一个富有创造性劳动的阶段。镜头组接是否恰当,直接影响到银幕形象的完整性和感染力,决定着完成影片的质量。

对剪辑依赖的程度,因不同导演的工作习惯而异,但剪辑师除了较完整地体现导演创作意图外,还可以在导演分镜头剧本的基础上提出新的剪辑构思,建议导演增加某些镜头或删减某些镜头、重新调整和补充原来的分镜头设计,以使影片的某个段落、某个情节的脉络更清楚、含义更明确、节奏更鲜明。

2. 素材的工艺处理

剪辑是一项既繁重又细致的工作。一部故事影片往往少则几百个、多则上万个镜头。画面部分有内景和外景,有实景和搭制的景。同一景中的内容通常都是集中拍摄的,剪辑时要按照内容的顺序重新编排;影片中的重要镜头因表演或技术上的原因,往往要反复拍摄数次,剪辑时需要进行选择。大部分的镜头都拍得较长,需要从中寻找最为理想的剪接点;有的要做长短镜头交叉出现的画面,连续拍在了几条胶片上,需要在剪辑时分切成很多的镜头,再按照最有效的镜头顺序排列起来。声音部分有先期、同期、后期三种录音方法,对这三种录音方法所录下的素材,要以不同的工艺和方式进行处理。先期录音大都是完整的唱段和乐段,必须严格按照音乐的旋律和唱词与画面组合;同期录音的声带多半是"对形"的对白和音响效果,通常都与相应的画面同时剪辑;后期录音的内容有"对形"的对白、内心独白及旁白,有气氛背景音乐,有"画面"和"画外"的音响效果等,一般都在画面剪定的基础上录音,这就要求剪辑时预先考虑声画结合和声音所能构成的一系列艺术效果。在影片没有最后剪辑定稿之前,需妥善、有条理地保存所剪下的画面和各种声音,以便需要时再连接上去。

3. 剪辑的过程和功能

从镜头到场景、到段落、到完成片的组接,往往要经过初剪、复剪、精剪以及综合剪等步骤。初剪一般根据分镜头剧本、人物的形体动作、对话、反应等将镜头连接起来;复剪是在初剪的基础上进行修正;精剪更为细致、准确,对画面反复推敲;综合剪是在全片所有场景的镜头都齐全、每个场景已基本剪好后,再对整个影片的结构和节奏作整体的调整和增减。有些片段孤立地看是可行的,但与前后场景连接起来看,会太紧凑或太松弛,这就需要通过剪辑加以调节。这关系到影片总体结构和节奏的调节工作,通常是导演和剪辑师共同研究决定的。

剪辑既要保证镜头与镜头组成的动作事态外观的自然、连贯、流畅,又要突出镜头并列赋予动作事态内在含义的表现性效果。叙事与表现双重功能的辩证统一是剪辑艺术技巧运用于电影创作的总则。为实现上述双重功能,需要掌握传统剪辑技法和创造性剪辑艺术技巧。

4. 传统剪辑技法

传统剪辑技法是连贯、流畅，也可称为剪辑的基本功。这一技法的功用主要有两个：一是在镜头的组接和修剪中，保证镜头转换的流畅感，使观众感到所有的画面是一气呵成地进行的；二是在影片的段落转换中，使上、下两个段落之间既有一定的连贯性，又能清楚地划分出段落的界限，观众不会把不同时间、不同地点的内容误认为是同一场面的。传统剪辑技法，就镜头转换而言，须注意以下几点。

1）防止错乱

镜头动作间的衔接必须准确无误，既不脱节也不重叠；人物行动的方向、彼此间的空间关系，不会因镜头转换而造成视觉印象的混乱。如画面中的人物在他的书房里活动，上镜头他由书柜向写字台方向走去，并且是由画面的右边走出画面，那么下镜头他走到写字台旁，必须是从画面的左边进画面。右出左进的方向是一致的，因此是流畅的。如果上镜头是右出画面，下镜头又是右进画面，同一人物在两个镜头中的行动方向势必相对起来，容易在视觉上造成错乱。尤其是剪辑敌我交战和追击等场面，方向性必须清楚，否则就会使观众难以区分敌我。

2）镜头转换协调

剪辑往往以不同镜头中动作事态的造型、节奏类似的部分为剪接点，以达到和谐的转换。常见的技法是"动接动""静接静"。"动接动"指在镜头的运动中人物形体动作中的切换镜头，如上镜头是摇摄，在未摇定时切换到另一个摇摄镜头上，而且摇的方向、速度接近，衔接起来的效果相当流畅，观众会随着镜头摇动非常自然地从一个环境或景物过渡到另一个环境或景物。在推、拉、移、摇等的运动中转换镜头，"动接动"的原理是相同的。"动接动"更多的是在人物的形体动作中切换镜头，如人发怒时拍桌子的动作，在电影里往往就是上、下镜头的剪接点，即上镜头手举起，下镜头往下拍。"静接静"指在一个动作结束后切换镜头，切入的另一个镜头又是从静到动。"静接静"多半是转场时运用，即上一场结束在静止的画面上，下一场又从静止的画面开始。"静接静"既可衔接和谐，又可留给观众思考的余地。

3）省略实际过程

省略实际过程就是通常所谓的紧凑剪辑，即同一动作内容可通过镜头的转换来省略其间不必要的过程，而仍然保持动作的连贯流畅。有的省略人物意向表白，间接暗示行动过程，有的省略动向动势，压缩实际过程。

5. 连贯流畅的传统剪辑技法

镜头的转换习惯用"切换"（将分切的镜头画面直接相连），但场面段落的转换，一般用"渐隐、渐现"表现上一个场面段落的结束和下一个场面段落的开始；用"化"来表现一段省略掉的时间过程，划分两个不完整场面的段落；用"划"来表现地点、场合、事件的变换，划分两个以上的不完整场面的段落。此外，还可以用很多方法来划分段落，例如仍用切换方式，只是在前段落转换时沿用最有代表性的人或景物镜头作为下段落的开头。

传统的剪辑技法，遵循的是生活的逻辑，但又不是自然地再现生活中的一切过程。紧凑剪辑、省略剪辑也说明了镜头之间动作纯粹、自然的连贯并非总是必要的，压缩（或延伸）真正的时间，让有意义的动作事件全部表现，把自然动作减少到最低限度，是连贯流畅剪辑技法的一条重要补充原则。

6. 创造性剪辑

在习惯上称能提高影片艺术效果的剪辑方法为创造性剪辑。其主要有以下几种。

1）叙事、戏剧性效果剪辑

尽管经过剧作构思、分镜头摄录，但电影叙事的生动、戏剧性效果，最终还是取决于剪辑控制关键镜头的时间安排。叙事技巧的要点是，运用调整重点、关键性镜头出现的时机和顺序，在镜头动作事态的连贯中，选择恰当的剪辑点，使每一个镜头动作的新发展都在戏剧最合适的时刻表现出来。故事片常提前暗示或有意延缓"危机""事变"来制造紧张的悬念、出人意料的惊恐。

2）类比、表现性效果剪辑

内容或形式不同的镜头间的对列，是创造性剪辑广泛运用的表现手法。一般引人注意的是通过剪辑的安排和穿插，将一些与直叙故事的内容相对比，以达到渲染情绪气氛的艺术效果。表现性剪辑的要点是在保证叙事连贯性的同时，利用连贯性表现超越直叙事态之上的思想与情感。这样的剪辑非但不会使观众感觉到跳跃和不舒服，反而恰恰符合情绪和节奏的需要。它大胆地简化自然动作，有选择地运用统一的情绪来集中渲染气氛和情绪。

3）速度、节奏性效果剪辑

不同景别的镜头组接技巧在空间的具体造型方面成为电影独特表现手段，镜头持续的长短，在心理方面具有影响情绪的感染力。镜头短，画面转换快，引起急迫、激动感；镜头长，画面转换慢，导致迟缓乃至压抑感；长、短镜头交替切换可造成心理紧张度的起伏。因而，剪辑控制画面的长短，可强化或减弱镜头切换中动作事态的速度，调整与叙事内容格调相应的情绪节奏。这种通过镜头长短对比形成速度节奏的技巧效果，一般称为剪辑调子，通常称为快速剪接或慢速剪接。镜头的长短基本取决于镜头画面内容的繁简，而画面快慢的切换不能超越镜头内容含义的充分表达和观众了解的最低时限。剪辑调子也表现在场面或情节的段落。快速剪接段落，往往与慢速剪接对列，起互相强调的作用。一个场面（段落）的剪辑调子是由其中那些占有一定长度、一定放映时间的镜头数目来计算的，称为剪接率。数目少意味着场面内长镜头占优势，称为剪接率慢或慢调剪接；镜头数目多意味着场面内短镜头占优势，称为剪接率快或快调剪接。

准确运用速度节奏技巧的经典例子，是爱森斯坦的《战舰波将金号》。全片由三大段较大的运动组成，每段又分布着无数场面不同调子的运动。在叙述兵舰起义的第一大段中，水兵和军官冲突时调子越来越强烈，最后水兵起义夺取军舰达到高潮，是用逐渐强烈的画面片段以及相应的逐渐紧急的剪接调子；高潮后逐渐进入一个平静的场景，一个水兵的葬礼使用极长的回转的镜头，这些镜头都使用平静的、缓慢的剪接速率。这里显示出不同场面剪接调子间的强烈对照。

上述知识虽然是"科班出身"的必修课，但对此知识若有了解，则可以帮助你正确地使用视频剪辑软件制作出较为"入路"的影像作品。

14.3　影像编辑软件介绍

数码影视又称数码影像，它的后期制作软件分四类：采集、编辑、压缩、刻录。目前市场上的许多软件产品已经做到了"四合一",把这几种功能融为一体。常见的数码影像制作软件有Ulead VideoStudio(会声会影)、DV STUDIO(品尼高)、Premiere、Vegas、TMPGEnc(压缩软件)、Nero Burning Rom(刻录软件)等。

数码影像编辑是指利用计算机对视频信号进行加工、处理和输出。下面介绍两种较为流行的数码影像编辑软件。

14.3.1 编辑专家——Adobe Premiere

Adobe Premiere 是一款非常优秀的视频编辑软件,它可以使用多轨的影像与声音的合成、剪辑来制作多种格式的动态影像;它提供了各种操作界面来达成专业化的剪辑需求,通过对录像、声音、动画、照片、图画、文本等素材的采集,能制作出完美、炫目的视频作品。这个软件的编辑功能非常强大,完全可以满足后期制作的种种要求,是当前影视作品的专业编辑工具。目前这款软件广泛应用于广告制作和电视节目制作中。其最新版为 Adobe Premiere Pro 2020,图 14-1 所示的为其最新版本的软件界面。

图 14-1 Adobe Premiere Pro 2020 **的软件界面**

14.3.2 大众恋人——会声会影

会声会影是加拿大 Corel 公司制作的一款功能强大的视频编辑软件,正版英文名为 Corel VideoStudio,具有图像抓取和编辑功能,可以抓取,转换 MV、DV、V8、TV 和实时记录抓取画面文件,并提供超过 100 多种的编制功能与效果,可导出多种常见的视频格式,甚至可以直接制作成 DVD 和 VCD 光盘。

会声会影(见图 14-2)是一款专为个人及家庭所设计的影片剪辑软件。首创双模式操作界面,入门新手或高级用户都可轻松体验快速操作、专业剪辑、完美输出的影片剪辑乐趣。创

图 14-2　会声会影

新的影片制作向导模式,只要三个步骤就可快速制作出 DV 影片,即使是入门新手,也可以在短时间内体验影片剪辑乐趣。其中操作简单、功能强大的会声会影编辑模式,从捕获、剪接、转场、特效、覆叠、字幕、配乐到刻录,让你全方位剪辑出好莱坞级的家庭电影。

会声会影,不仅完全符合家庭或个人所需的影片剪辑功能,甚至可以挑战专业级的影片剪辑软件。其成批转换功能与捕获格式完整,让剪辑影片更快、更有效率;画面特写镜头与对象创意覆叠,可随意制作出新奇百变的创意效果;配乐大师与杜比 AC3 支持,让影片配乐更精准、更立体;同时酷炫的 128 组影片转场、37 组视频滤镜、76 种标题动画等丰富效果,让影片精彩有趣。

会声会影虽然无法与 EDIUS、Adobe Premiere 等专业视频处理软件媲美,但会声会影以简单易用、功能丰富的作风赢得了良好的口碑。

14.3.3　压缩之王——ProCoder

影视作品的一大弊病就是文件太大,而 ProCoder 压缩软件则正是它的"克星"。ProCoder 2.0 是 Canopus 公司近日推出的产品,这款压缩软件的实力不容小觑,它在色彩、画面细节的表现等方面超过了 TMPEGenc,更重要的是,它在压缩速度上更是大大超过了 TMPEGenc,做到了压缩速度和画质表现两者兼得。

Canopus ProCoder 是目前压缩软件中画质、画面细节处理得相当好的一款软件,它的设计基于 Canopus 专利 DV 和 MPEG-2 codecs 技术,支持输出到 MPEG-2、Windows 媒体、RealVideo、Apple QuickTime、Microsoft Video for Windows、Microsoft DV 和 Canopus DV 视频格式。

14.4　影视编辑技巧

　　对于影视制作的初学者来说,软件的易学易用尤为重要,下面为大家介绍"会声会影"的具体应用。总体来说,会声会影的影视编辑工作只需三步:第一步导入视频,第二步剪辑,第三步输出。在实际应用中,随着对软件的认识,影视的编辑步骤会逐渐增加,直至输出满意的影视效果。学习一款新的软件,注意各个按钮的字面意义,它会给你很大的帮助。

14.4.1　影视素材的编辑

　　通过命令"vstudio.exe"打开会声会影数码影像编辑软件,其工作界面如图14-3所示。该窗口可分为五个部分:上面菜单栏和工作按钮、左侧剪辑监控窗口、中间功能选项卡、右侧当前操作项目栏、下面剪辑控制的"飞梭"栏。

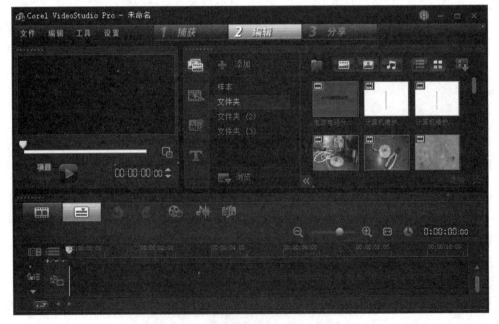

图14-3　会声会影软件的工作界面

（1）菜单栏和工作按钮：菜单栏有文件、编辑、工具、设置；工作按钮有捕获、编辑、分享。

（2）功能选项卡：不同的操作内容，显示不同的功能选项。

（3）剪辑监控窗口：该窗口类似于一个播放器，在进行剪辑工作时通过该窗口可以快速地找到影像的剪接点。数字时钟上面的"剪刀"十分重要，它是关键剪辑工具。

（4）当前操作项目栏：也称"画廊"，右侧的图像表示当前的操作选项，如导入视频时显示各段素材的内容，添加标题时显示各种挑剔的文字效果等。

（5）剪辑控制的"飞梭"栏：含有故事板视图、时间轴视图、音频视图，只有在"时间轴"启用时才显示视频轨、覆叠轨、标题轨、声音轨、音乐轨，此时可以得到精确的定位。

1．影像编辑工作的具体步骤

1）导入素材

软件打开后，可以通过文件菜单（见图 14-4）的操作导入影视素材，也可以在弹开的"画廊"列表（见图 14-5）中确定"视频"项目后，通过右侧的文件夹按钮加载视频文件。

图 14-4　文件菜单	图 14-5　弹开的"画廊"列表

通常的工作习惯是通过文件夹按钮导入编辑对象。在点击该按钮后，系统将弹出"打开视频文件"窗口，在此指定需要编辑处理的影像文件。

当需要编辑的影视素材导入之后，在屏幕右侧的"画廊"区域会出现对应图标，用鼠标左键点击其中一个影视素材，屏幕的参数区将显示当前影视素材的参数（见图 14-6），如显示视频时间参数的视频区间，显示时间的格式为时：分：秒：分秒；调整声音大小的素材音量，默认值为 100％；显示翻转视频、色彩校正、回放速度等内容。这些参数在影视素材编辑时通常可以不用干预，使用系统提供的默认值即可。

2）拖入视频轨

将右侧"画廊"中导入的影视素材拖曳到时间轴视图的视频轨，此时的视频轨会有影视素材的状态条和起始帧

图 14-6　影视素材的参数

的画面影像,并显示当前的"飞梭"位置及所对应的精确时间(时间的精确度为1/25 s)。编辑时拖动"飞梭"可以指定需要剪辑的确切位置,如图 14-7 所示。

图 14-7　时间轴视图中的控制轨

在影视素材拖入视频轨的同时,屏幕中央的剪辑监控窗口展示出当前"飞梭"位置的放大图像,便于观察图像细节的变化,如图 14-8 所示。

3) 剪辑处理

影视剪辑是一个更贴切于当前工作的词语,剪辑素材是整个影视编辑工作的重头戏,花费的时间几乎是整个制片时间。特别是对于"影视同期声"的素材加工,不仅要专心浏览画面,还要细心聆听对应画面中的每一句台词,剪除演员的废话或病句,要剪除多长的视频画面,可能要反复聆听多遍才能定夺。

图 14-8　剪辑监控窗口

如同胶片的剪辑一样,用系统提供的"剪刀"。在精确地确定了"飞梭"的位置后,点击数字时钟上面的"剪刀",剪断不需要的画面的起始位置;重复上述操作,剪断该段的结束位置。此时在时间轴视图中,当前正在编辑的影视片段表现为图 14-9 所示的虚线所围区域,点击"删除"键即可。

在"编辑"菜单中也有删除命令,使用快捷菜单同样可以删除冗余片段,只不过在实际应用中,键盘操作最快。当出现操作失误时,系统提供了"反悔"的撤销功能,其快捷键是"Ctrl+Z"。

在进行影视文件剪辑时,屏幕的左侧参数区的内容发生了相应的改变,影视文件的时间参数如图 14-10 所示,显示了被编辑的文件(项目)的总长度以及能够审查、预览的文件范围。

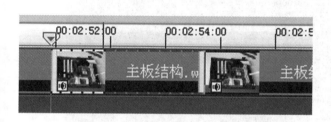

图 14-9　当前正在编辑的影视片段

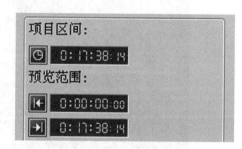

图 14-10　影视文件的时间参数

4) 素材拼接

拼接影视素材十分简单,先导入素材,然后将"画廊"中的影视素材一一拖入视频轨中,系统自动地将它们"黏合"在一起。

在工作中需要注意的是,平时摄制的影视素材要严格按照"场记"的要求与内容编写"文件名",如时间参数、分镜头号、与内容相关的名词等。对于多媒体课件来说,分镜头不多,即使一一重新浏览影视内容再剪接处理也不难。但是对于电影和电视剧的制作,若盲目寻找某一个分镜头素材,那可是一件难事。一个严谨的工作习惯,可以使编辑工作事半功倍。

2. 添加字幕

如同影视作品的"对白"字幕一样,会声会影同样可以为视频图像添加解说词,以及为影片添加片头和片尾。

在点击功能区"T"按钮(见图 14-11)后,此时"画廊"转换为众多的动态字幕模板,选择得体、心仪的模板后,将其拖曳到"字幕轨道"上,编辑监控窗口会立刻显示"双击这里可以添加标题"。并且左侧的参数区域的内容变为"编辑、动画"标签。标题编辑栏中可以设置文字显示的时间,可以设置文字的书写字体和大小,还可以使文字垂直排列等,如图 14-12 所示。标题的动画设置,要先选择"应用动画"才会展现标题的动画效果,如图 14-13 所示。系统的默认值是直接弹出的字幕形式,且无动画效果。

3. 添加"效果"

蒙太奇就是分镜头剪接的外来语,但通常的剪接效果可能过于平淡,会声会影为场景过渡添加了艺术蒙太奇效果。

点击"效果"按钮("AB"),右侧的"画廊"显示多种场景动画过渡效果,它以"底片"的名称分类,如滑动、擦拭、旋转、果皮、三维等几十种类型(见图 14-14)。具体操作是,拖放选中的"转

图 14-11 影视编辑——添加字幕

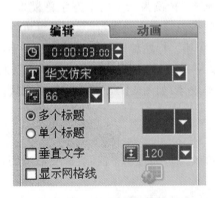

图 14-12 标题编辑栏

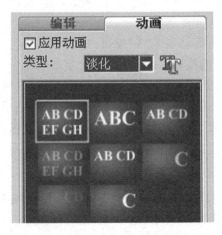

图 14-13 标题的动画设置

场效果"插入到时间轴上的两个素材之间。转场效果的动画将衔接在前一影视素材的结尾,并占用约 1 s 的播放时间,注意在添加场景过渡效果时要留足素材的片尾长度。转场效果可以反复调试,选择切合影视内容的过渡效果。在教学课件的制作中,多以朴素的转场效果为插入对象。

图 14-14　场景动画过渡效果

4. 语音编辑

语音处理是影视编辑工作之一。要进行语音方面的编辑工作,首先使"飞梭"栏的工作状态处于语音编辑模式,点击屏幕下方的"喇叭"使之变为"音频视图"窗口,此时的参数区显示与音频相关的内容。

图 14-15 所示的是控制视频轨、覆叠轨、声音轨、音乐轨的调音台,默认参数是 0 分贝,这里控制的是整个影视素材的音量大小。

若要对素材中间的某一区间进行音量的调节,则需使用鼠标在"飞梭"栏对活动影像的音量控制线进行调整(见图 14-16,初值为红线)。移动鼠标,指针靠近音量控制线,当鼠标的指针由"十字"变为"上箭头"时,点击需要音量调节的控制点,操作有效时将在音量控制线上生成一个"控制柄"。在鼠标指针变为"小手"时,上下拖动控制柄可以改变某一位置的音量值。

5. 视频双画面

在多媒体教学和演讲中,为突出重点知识内容,可以使用影视双画面的方式来实现。需要使用影视双画面时,将需要同时出现的影像素材托放在覆叠轨,此时的工作窗口随之改变,监控窗口中显示出叠加的影像,并且有 8 个控制柄用以调节叠加图像的幅度,如图 14-17 所示。

图 14-15　调音台

图 14-16　音量控制线的调整

图 14-17　视频双画面的编辑处理

　　左侧的参数区,其属性栏内还设置有叠加画面的进入方式,以及"淡入""淡出"效果。当鼠标指针变为"小手"时,可以拖动叠加画面改变其显示位置。

14.4.2　数码作品的输出——渲染

　　对影视文件的编辑处理,其最后一项工作就是影视加工的合成处理,它的计算机术语是"渲染"。点击"分享"按钮,在左侧的参数区选择输出类别,通常是"创建视频文件"(见图14-18)。

1. 数码视频文件的格式

　　数码视频文件的格式有多种,如 PAL、WMV、流媒体等,而且每种影视格式中又有不同的分辨率可以选择,如图 14-19 所示。通常选用 WMV 格式,因为这种格式保存的影视文件占用较小的存储空间。

图 14-18　输出类别选择

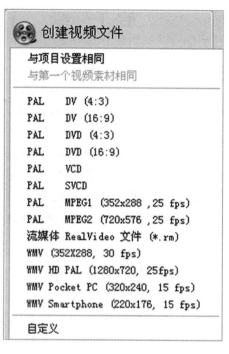

图 14-19　数码视频文件的格式选择

2. 屏幕分辨率与存储容量的关系

屏幕分辨率直接影响视频文件的存储容量,在同样的文件格式、每秒输出帧数相同的情况下,DVD 画质的 700 线标准比 VCD 画质的 300 线标准,其输出的文件大小相差许多倍,但是高清的画面图像的清晰度十分惹人喜爱。若想获得网络上下载的高清电影的效果,影视素材编辑之后还需使用压缩软件进行加工处理。

练　习

1. 利用会声会影视频剪辑软件或其他类似软件,剪辑出 10 min 的电影节目。
2. 利用会声会影视频剪辑软件或其他类似软件,练习在影视中添加字幕。
3. 利用会声会影视频剪辑软件或其他类似软件,练习在影视中添加音乐。
4. 利用会声会影视频剪辑软件或其他类似软件,练习在影视中添加配音。
5. 利用会声会影视频剪辑软件或其他类似软件,练习制作双画面电影节目。
6. 利用会声会影视频剪辑软件或其他类似软件,练习制作较为艺术性的片头和片尾。

第15章　H5的场景应用

H5的场景应用其实就是利用HTML5语言编写的一种HTML5页面,有商家将其命名为场景应用、微传单、H5广告、H5页面、H5画册、轻app等。在社会信息化的今天,大众习惯称其为H5。

如今H5在微信、微博和各大网站上得到了广泛应用,它有着很强的互动性、话题性,可以很好地促进用户进行分享传播。H5的应用场景相当广泛,例如"心灵鸡汤",微信朋友圈里很多文章都是用微传单制作出来,通过背景音乐的渲染、鲜活文字的触动,从而让用户从中得到共鸣。本章就H5的知识和应用展开学习和讨论。

15.1　认识H5

H5是指第5代HTML,也是指用H5语言制作的一切数字产品。这种产品的突出特点就是跨平台性,现在微信朋友圈流行的各种广告信息,很大一部分是用H5语言编写出来的。它已成为移动端的主流宣传方式之一。

H5又称互动H5,它把广告(信息模块)制作成一个场景,通过二维码或者转发链接,让用户更直观地体验互动。其场景包括文字、图片、视频、音频、地图、导航、会议报名、产品链接等多个模块,是一种新的移动媒体传播模式。H5支持各种移动端设备和主流浏览器,能够设计制作出PPT、应用原型、数字贺卡、招生培训、相册、简历、邀请函、广告视频等多种类型的交互内容。特别是智能手机的普及和5G通信的应用,H5已从过去的专业定制走向了大众化的普及应用。

1. H5的概念

H5是HTML5的简称,是一种高级网页技术。HTML5是万维网的核心语言、标准通用标记语言下的一个应用超文本标记语言(HTML)的第五次重大修改。用户使用任何手段进行网页浏览时看到的内容原本都是HTML格式的,在浏览器中通过一些技术处理将其转换成了可识别的信息界面(编码→页面)。HTML5的canvas元素可以实现画布功能,该元素通过自带的API结合使用JavaScript脚本语言在网页上绘制图形和处理,拥有实现绘制线条、弧线以及矩形,用样式和颜色填充区域,书写样式化文本,以及添加图像的方法,且使用JavaScript可以控制其每一个像素。

HTML5的设计目的是在移动设备上支持多媒体。新的语法特征被引进以支持这一目的,如video、audio和canvas标记。HTML5还引进了其他一些新的功能,可以真正改变用户与文档之间的交互方式。

2. 优点

新一代网络标准能够让程序通过Web浏览器,消费者能够从包括个人计算机、笔记本电脑、智能手机或平板电脑在内的任意终端访问相同的程序和基于云端的信息。HTML5 允许程序通过 Web 浏览器运行,并且将视频等目前需要的插件和其他平台才能使用的多媒体内容也纳入其中,这使得浏览器成为一种通用的平台,用户通过浏览器就能完成任务。此外,消费者还可以访问以远程方式存储在"云"中的各种内容,不受位置和设备的限制。

3. 新特性

HTML5 将 Web 带入一个成熟的应用平台,在这个平台上,视频、音频、图像、动画以及与设备的交互都进行了规范。相比 H4 的添加功能,H5 最为突出的功能有以下两个。

1) 多媒体

HTML5 的最大特色之一就是支持音频、视频,通过增加 audio、video 两个标签来实现对多媒体中的音频、视频使用的支持,只需在 Web 网页中嵌入这两个标签,而无须第三方插件(如 Flash)就可以实现音频、视频的播放功能。HTML5 对音频、视频文件的支持使得浏览器摆脱了对插件的依赖,加快了页面的加载速度,扩展了互联网多媒体技术的发展空间。

2) 地理定位

现今移动网络备受青睐,用户对实时定位的应用要求也越来越高。HTML5 通过引入 Geolocation 的 API,即可通过 GPS 或网络信息实现用户的定位功能,该定位更加准确、灵活。通过 HTML5 进行定位,除了可以定位自己的位置,还可以在他人对你开放信息的情况下获得他人的定位信息。

当使用 H5 的操作设计时,基本等同于 Microsoft Office PowerPoint,某些功能甚至超越了 PPT 技术。例如 H5 的动画设计中,添加了"动作"的重复次数设定,场景运行起来与 Flash 的效果相同。今天,人们将 H5 称为"微信中的 PPT"。

15.2　H5 的应用

相信很多人都开始制作 H5 了,对于初学者来说,认识制作平台的基本功能与操作方法是很有必要的,这能让你更加快速上手。

15.2.1　H5 操作平台与选用

计算机应用首先要考虑使用的工具和原料。图片、音乐、方案等在制作 H5 页面时,都是需要用到的素材。而制作 H5 场景所使用的工具(操作平台)众多,你只要在网页的搜寻栏输入"H5 制作",众多的操作平台呈现在你的面前,如易企秀、兔展、凡科、人人秀、WPS 秀堂等,可谓是铺天盖地。在经济社会中,这些网站的服务都会推出两种方式,定制和非定制。定制是由网站完成你所交付的任务而提交出完美的作品,条件是付费。但为了争夺市场,网站也会推出一些免费模板来聚集人气,这些称为"非定制"业务。

进入 H5 操作平台的基本方法如下。

(1) 在网上搜寻"H5 制作"。

(2) 在多个制作网站中选择一个中意的试用。

(3) 在网站提供的众多模板中选出一个心仪的模板。

（4）预览后,点击立即操作。

（5）根据页面提示,注册登录即可进入操作平台练习。

15.2.2　应用举例——秀堂 H5

在网上,各网站的表现形式有所不同。多数网站是在登录前将大量的 H5 作品模板摆在眼前,当你选中其中一个时,提示注册登录才可使用。也有一些网站要求先注册才可使用,如 WPS 秀堂。WPS 秀堂 H5 还有 PC 版软件可下载使用,兼容 WPS 的操作方法。下面介绍 WPS 秀堂 H5 线上和 PC 端的两种使用方法。

1. 网络版 WPS 秀堂 H5 的使用

1）选择模板

首先进入网站,打开 WPS 秀堂 H5 线上制作界面（见图 15-1）。界面上的模板分为两大类,H5 模板和海报模板。

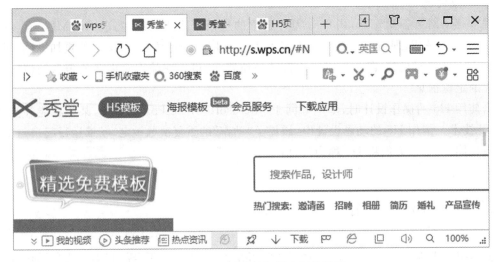

图 15-1　WPS 秀堂 H5 线上制作界面

2）进入制作平台

作为业余学习,可点击页面上的"精选免费模板"。界面转换以后,可以看到许多漂亮的场景,例如旅行日迹、踏青剪影、邀请函等。选择完模板后,系统自动进入浏览页面。

在作品展示界面上,主要分三大区域:左侧是作品结构显示区域,如清爽的旅行日迹;中间是原创的名字和"立即使用"按钮;右侧是一些其他操作提示,如 App 下载、免费资源等,如图 15-2 所示。

3）注册登录

浏览后感觉此模板不错,可点击页面下方的"立即使用"按钮。此时,网站将提示要注册后方可登录使用（见图 15-3）。

在完成个人信息输入后,将进入 H5 场景的制作页面。

进入操作页面后,其操作应用如同 PPT 一样,添加图形、输入文字、设置动画、配置音乐等,具体操作将在秀堂 H5 的功能中介绍。

图 15-2 H5 模板浏览页面

< 手机或邮箱登录

手机号或邮箱

密码

🛡 点击按钮开始智能验证

☑ 自动登录

立即登录

忘记密码   注册新帐号

图 15-3 提示使用手机和邮箱注册

15.3 秀堂 H5 功能介绍与画册制作

秀堂是金山 WPS 推出的一款易上手的 H5 页面制作工具,且完全免费。WPS 秀堂电脑版提供丰富的 H5 模板及应用场景,即使零基础的用户,也可以通过简单图文替换来生成集排版、动画、音乐、特效于一体的精美 H5。

首先下载 WPS 秀堂 PC 客户端 v10.1.0 官方版软件并安装,然后就可以在自己的计算机上直接使用,除上传作品和下载新的模板外,可以不用在线上注册、登录,操作步骤如下。

1. 打开 WPS H5

在本地计算机上打开 WPS 秀堂后,如同 PPT 制作一样选择 H5 式样,可下滑页面到"推荐",点击"创建空白画册",如图 15-4 所示。

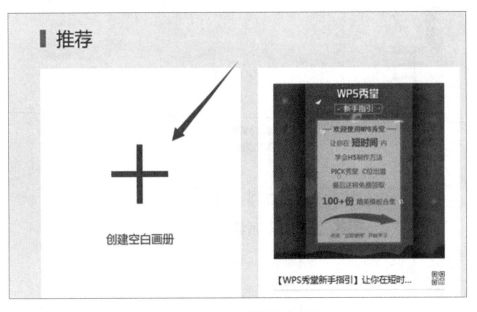

图 15-4　初次练习可使用空白页

2. 选择画册类型

在秀堂中,H5 页面称为画册。画册类型:竖屏为手机使用类型,横屏为 PC 机使用类型,长页面类型可供撰写文章时使用(见图 15-5)。目前的 H5 场景对象多数是发送给微信朋友圈,故选择竖屏。

3. 添加背景

秀堂的菜单栏中有文本、形状、图片、表单、背景、互动、音乐、图表、动画共 9 项。通常在选择空白页面后,在菜单栏点击背景可以给画册添加背景(见图 15-6)。

(1)功能解释:设置页面的背景颜色或者图片。

(2)操作方法:点击右侧的背景选项,对具体属性进行修改。

(3)属性说明如下。

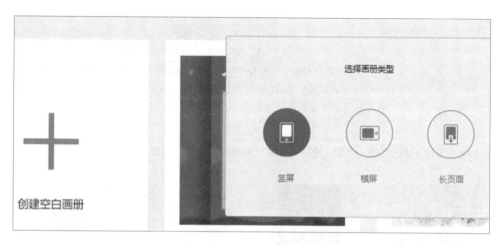

图 15-5　画册类型

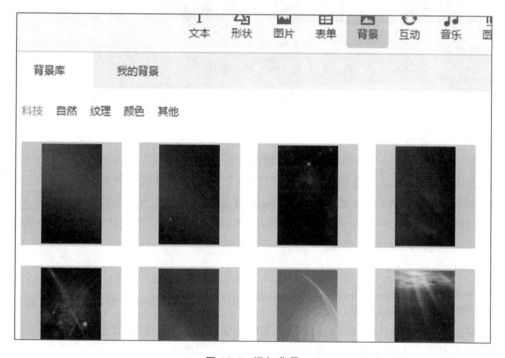

图 15-6　添加背景

① 背景色:修改背景颜色,背景颜色将以纯色显示。

② 上传新图片:点击属性栏中的"上传"按钮,上传本地计算机中的图片作为背景。

③ 图片库中的图片:如果之前已经上传过图片,则可以从图片库中选择需要显示的图片作为背景。

④ 截图:按住鼠标左键拖动选择图片区域,然后点击"截图"按钮或者双击选中的图片区域,便可以裁剪出选中的图片区域作为背景。

4. 插入图片

在菜单栏点击图片可以给画册插入图片(见图 15-7)。

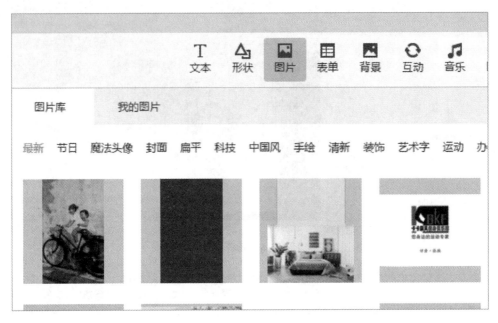

图 15-7　插入图片

（1）功能解释：用于显示图片，通过修改图片的显示属性，可以改变图片的大小、透明度、角度等。

（2）操作方法如下。

① 激活功能：点击右侧的图片选项，编辑面板的右上角会出现 logo 图片。

② 上传新图片：点击属性栏中的"上传"按钮，上传本地计算机中的图片。

③ 图片库中的图片：如果之前已经上传过图片，可以从图片库中选择需要显示的图片。

④ 截图：按住鼠标左键拖动选择图片区域，然后点击"截图"按钮或者双击选中的图片区域，便可以裁剪出选中的图片区域。

（3）属性说明如下。

① 宽度：修改图片的宽度。

② 高度：修改图片的高度。

③ 原比例：此选项打上钩后，图片的宽度和高度将按照图片原来的比例显示，修改其中的一个数值，另外一个数值会随之改变。

④ 透明度：修改图片的透明度，100％为不透明，0％为全透明。

⑤ 旋转：调整图片与水平线的夹角，正数为顺时针旋转，负数为逆时针旋转。

5. 插入文字

在菜单栏点击文本可以给画册插入文字（见图 15-8）。

（1）功能定义：用于展示文字内容，通过修改文字的显示属性，可以生成各式各样的显示效果。

（2）操作方法：点击右侧的文字选项，编辑面板的右上角会出现文字输入框，双击输入框可以修改文字内容；修改右侧的属性选项，可以改变文字的显示样式。

（3）属性说明如下。

图 15-8　插入文字

① 字体：改变文字的字体，提供的是本地计算机的字体。

② 字号：修改文字的显示大小。

③ 行距：修改两行文字间的间距。

④ 调色板：修改文字颜色。

⑤ 宽度：修改文字输入框的宽度，单位为像素。

⑥ 高度：修改文字输入框的高度，单位为像素。

⑦ 透明度：修改文字的透明度，100％为不透明，0％为全透明。

⑧ 旋转：调整文字与水平线的夹角，正数为顺时针旋转，负数为逆时针旋转。

6. 插入音乐

在菜单栏点击音乐可以给画册插入音乐（见图 15-9）。

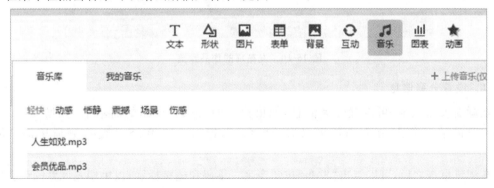

图 15-9　插入音乐

（1）功能解释：修改当前作品的背景音乐。

（2）操作方法如下。

点击右侧的"配置"选项，再点击"选择文件"按钮，从弹出的窗口中选择本地计算机的音频文件，点击"确定"按钮，然后点击"上传"按钮。

7. 表单功能

（1）功能解释：表单是允许用户在表单中输入并提交文本信息的功能组件，用户提交的信息可以在账户栏目下的表单数据中显示。表单中，可以自定义每个选项的名称和项目的数量。

（2）操作方法：点击右侧的"表单"选项，弹出"新建表单"窗口，并对表单内容进行添加。

（3）属性说明如下。

① 表单标题：添加表单的标题。

② 行标题：添加表单的行标题。

③ 按钮内容：添加按钮的显示文字。

8. 动画功能

（1）功能解释：用于设置组件的动画效果，使展示显得更酷炫。

（2）操作方法：选中需要设置动画效果的组件，点击右侧的"动画"选项，选择需要的动画效果。

（3）可设置动画的组件：文字、图片、按钮。

9. 预览/发布

在制作页面的右上角有"预览/发布""设置""更多"三个按钮（见图 15-10），用户在制作完成后，需要先点击保存，然后进入预览页面，把作品的标题、描述和封面图完善后，即可以发布。

在 WPS 秀堂制作 H5，H5 制作好之后，点击右上角的"预览/发布"按钮，在弹出的页面中，设置好标题和描述，点击"发布"按钮即可保存成功。返回"我的画册"可查看制作完成的 H5。

图 15-10　发布前的作品预览

10. 设置分享信息

在画册发布之前，可设置分享信息，如更换封面、标题、作品的简单描述（见图 15-11）。作为自己的独立作品，在发布前可以取消"页尾"，即可去除 WPS 秀堂在画册尾部添加的痕迹。

在浏览审查之后，可以点击"发布"按钮产生二维码和链接标示，以供朋友欣赏阅读。以上 H5 制作步骤在使用的软件版本不同时会有所偏差，实际操作以当前系统为准。

图 15-11　设置分享信息

练　　习

1. 利用网上提供的 H5 制作平台编辑一个场景——校运会的盛况。
2. 利用网上提供的 H5 制作平台编辑一个场景——精彩的班会。

部分参考答案

第1章　微机系统概述

2. 单项选择题。

（1）B　（2）C　（3）D　（4）C　（5）D　（6）B　（7）A　（8）D　（9）A　（10）C　（11）B
（12）B

3. 判断题。

（1）√　（2）√　（3）√　（4）√　（5）√　（6）√　（7）×　（8）×　（9）×　（10）√
（11）√　（12）√

4. 计算题。

（1）最小的是156_8。

（2）100011B、43_8、23H。

（3）67。

（4）0　0100011。

（5）1　0111101。

（6）1　1100000；-100000。

第2章　微机装配技术

2. 单项选择题。

（1）A　（2）B　（3）C　（4）D　（5）D　（6）A　（7）C　（8）B　（9）D　（10）D
（11）D　（12）B

3. 判断题。

（1）√　（2）√　（3）×　（4）√　（5）√　（6）√　（7）×　（8）√　（9）×　（10）√

4. 计算题。

（1）显存容量最少为3.15 MB。

（2）外频为1800 MHz。

第3章　微机软件系统概述

2. 单项选择题。

（1）D　（2）D　（3）B　（4）B　（5）C　（6）A　（7）C　（8）D　（9）A　（10）D

3. 判断题。

（1）√　（2）×　（3）×　（4）√　（5）√　（6）√　（7）×　（8）×　（9）√　（10）×

第4章　计算机科学与技术的拓展应用

2. 单项选择题。

（1）B　（2）C　（3）A　（4）D　（5）B　（6）A

3. 填空题。

（1）直通线；交叉线。

（2）192.168.1.1。

（3）发送；3、6。

（4）数字用户线路。

（5）视频。

（6）接收机。

4. 判断题。

（1）√　（2）√　（3）×　（4）√　（5）√　（6）×　（7）√　（8）√　（9）√　（10）√

第 10 章　多媒体技术应用

2. 单项选择题。

（1）B　（2）A　（3）B　（4）D　（5）A　（6）C　（7）A　（8）D　（9）B　（10）A

参 考 文 献

[1] 朱洪莉,林万琼.计算机应用基础[M].武汉:华中科技大学出版社,2019.

[2] 梅清,徐洁云,吴娟.办公自动化项目化教程[M].武汉:华中科技大学出版社,2016.

[3] 九州书源.PowerPoint 2013 幻灯片制作[M].北京:清华大学出版社,2015.

[4] 吕咏,葛春雷.Visio 2016 图形设计[M].北京:清华大学出版社,2016.

[5] 景怀宇.中文版 PhotoshopCS5 实用教程[M].北京:人民邮电出版社,2012.

[6] 凤舞,柏松.会声会影 2018 完全自学宝典[M].北京:电子工业出版社,2019.

[7] 许洁.Premiere Pro CC2018 从新手到高手[M].北京:清华大学出版社,2018.

[8] 李戈,钟樾.H5 产品创意思维及设计方法[M].杭州:浙江大学出版社,2018.

[9] 刘婷,胡玉娟,孟庆伟.家用无线路由器的设置与调试[J].中国新技术新产品,2012
(06):31-32.